演習で理解する
薬学の分析化学

福岡大学薬学部教授　　福山大学薬学部教授　　福岡大学薬学部教授
山 口 政 俊　　　鶴 田 泰 人　　　能 田　 均
編　集

東京 廣川書店 発行

―――― 執筆者一覧（五十音順）――――

井 尻 聡一郎	国際医療福祉大学薬学部助教
井 上 裕 文	福山大学薬学部准教授
大久保　　明	横浜薬科大学教授
大 庭 義 史	長崎国際大学薬学部教授
岡 崎 祥 子	崇城大学薬学部助教
黒 木 広 明	第一薬科大学教授
小 嶋 英二朗	福山大学薬学部准教授
高 井 伸 彦	長崎国際大学薬学部准教授
竹 下 啓 蔵	崇城大学薬学部教授
鶴 田 泰 人	福山大学薬学部教授
轟 木 堅一郎	福岡大学薬学部助教
能 田　　均	福岡大学薬学部教授
原 口 浩 一	第一薬科大学教授
藤 岡 稔 大	福岡大学薬学部教授
森　　浩 一	神戸学院大学薬学部教授
山 口 政 俊	福岡大学薬学部教授
山 田 明 史	第一薬科大学助教
吉 田 秀 幸	福岡大学薬学部准教授

演習で理解する薬学の分析化学

編集　山口 政俊（やまぐち まさとし）
　　　鶴田 泰人（つるた やすと）
　　　能田　均（のうた ひとし）

平成22年3月15日 初版発行©

発行者　廣 川 節 男

発行所　株式会社 廣川書店

〒113-0033　東京都文京区本郷3丁目27番14号
電話 03(3815)3651　FAX 03(3815)3650

序　文

　「医療人として社会から真に信頼される高質な薬剤師を育成する」ために，平成18年度から薬学教育6年制が始まった．

　新制度に伴い，カリキュラムが見直され，「薬学教育モデル・コアカリキュラム（コアカリ）」が日本薬学会から提示された．コアカリの中で，教員主体から学習者主体の教育になるように，一般目標（学習者が学習することによって得る成果：GIO）と到達目標（一般目標に到達するまでに必要な具体的な行動：SBO）が示された．薬学生は6年制教育の中で，1—4年次に全人教育及び薬学専門教育を主に学習し，5—6年次に病院・薬局実務実習及び特別研究（研究マインドの醸成のため）を行う．

　その間，4年次後期に共用試験を受験・合格しなければならない．共用試験は，医療現場で実務実習を受けるために必要な基本的な知識・技能・態度を身につけていることを担保するために実施される．共用試験の中で，CBT（Computer-Based Testing）は基本的知識を問う試験である．そして，6年間の薬学教育修了で薬剤師国家試験受験資格が与えられる．

　コアカリの物理系薬学専門教育の中で，C2コース「化学物質の分析」のGIOは，「化学物質（医薬品を含む）をその性質に基づいて分析できるようになるために，物質の定性，定量などに必要な基本的知識と技能を習得する」とされている．分析化学GIOとして，① 化学平衡，② 化学物質の検出と定量，③ 分析技術の臨床応用，④ 生体分子を解析する手法，⑤ 生体分子の立体構造と相互作用がある．GIOには，化学・物理分析など17項目に亘るSBOがある．

　本書は，このC2コースの部分に関する内容を，「対策と演習」という形で著わしている．

　分析化学教科書の副読本として利用し，コアカリ内容をCBTや国家試験の予想問題を解きながら理解できるよう工夫している．各章の初めに，教科書の重点内容を簡潔にまとめ，その解説から予想問題の解答を簡単に導き出せるように構成している．CBT・国家試験への目的意識を高め，実践感覚を身に付け，講義を効率よく理解すると共に，自習勉強にも最適な対策・演習問題集である．

平成22年2月

　　　　　　　　　　　　　　　　　　　　　　　　編　者

　　　　　　　　　　　　　　　　　　　　　　　　山口　政俊
　　　　　　　　　　　　　　　　　　　　　　　　鶴田　泰人
　　　　　　　　　　　　　　　　　　　　　　　　能田　均

目 次

第1章 濃度と単位 *1*

    1.1 濃度と単位 *1*

    1.2 原子量と分子量 *3*

    1.3 濃度の単位の表し方 *4*

    1.4 濃度に関する計算 *6*

第2章 酸と塩基 *11*

    2.1 酸・塩基平衡 *12*

    2.2 溶液のpH計算 *14*

    2.3 緩衝液 *19*

    2.4 化学物質のpHによる分子形とイオン形の変化 *23*

第3章 各種の化学平衡 *27*

    3.1 錯体・キレート生成平衡 *27*

    3.2 沈殿平衡（溶解度と溶解度積） *29*

    3.3 酸化還元電位と酸化還元平衡 *31*

    3.4 分配平衡 *35*

    3.5 イオン交換 *39*

第4章 容量分析 *41*

    4.1 中和滴定の原理，操作法および応用例 *46*

    4.2 非水滴定の原理，操作法および応用例 *53*

    4.3 キレート滴定の原理，操作法および応用例 *58*

    4.4 沈殿滴定の原理，操作法および応用例 *63*

    4.5 酸化還元滴定の原理，操作法および応用例 *68*

    4.6 電気滴定（電位差滴定，電流滴定）の原理，操作法および応用例 *77*

第5章 定性試験 ……………………………………………………………………… 81

- 5.1 無機イオンの定性反応 …………………………………………………… 85
- 5.2 医薬品の確認試験 ………………………………………………………… 88
- 5.3 医薬品の純度試験 ………………………………………………………… 94

第6章 金属分析 ……………………………………………………………………… 99

- 6.1 原子吸光光度法 …………………………………………………………… 99
- 6.2 発光分析法 ………………………………………………………………… 105

第7章 クロマトグラフィー ……………………………………………………… 109

- 7.1 クロマトグラフィーの原理 ……………………………………………… 109
- 7.2 ガスクロマトグラフィー（GC）………………………………………… 116
- 7.3 液体クロマトグラフィー（LC）………………………………………… 120
- 7.4 超臨界クロマトグラフィー（SFC）…………………………………… 128
- 7.5 平板クロマトグラフィー ………………………………………………… 129

第8章 光分析法 ……………………………………………………………………… 133

- 8.1 紫外可視吸光度測定法 …………………………………………………… 133
- 8.2 蛍光光度法 ………………………………………………………………… 138
- 8.3 赤外吸収スペクトル測定法 ……………………………………………… 143
- 8.4 屈折率，旋光度，旋光分散，円二色性測定法 ………………………… 149

第9章 核磁気共鳴スペクトル法 ………………………………………………… 155

- 9.1 ^{1}H–NMR …………………………………………………………………… 157
- 9.2 ^{13}C–NMR ………………………………………………………………… 166

第10章 質量分析法 ………………………………………………………………… 171

第11章 臨床分析法 ………………………………………………………………… 185

- 11.1 生体試料の前処理 ………………………………………………………… 185
- 11.2 免疫反応を用いた分析法（EIA, RIA など）………………………… 189

		11.3	酵素を用いた分析法 ………………………………………… ***195***
		11.4	電気泳動法 …………………………………………………… ***200***
		11.5	代表的センサー ……………………………………………… ***206***
		11.6	代表的な画像診断技術および画像診断薬 ………………… ***209***

第12章 その他の分析法 …………………………………………………… ***223***

	12.1	粉末 X 線回折測定法 ………………………………………… ***223***
	12.2	熱分析 ………………………………………………………… ***225***
	12.3	分析法バリデーション ……………………………………… ***227***

索　引 ……………………………………………………………………… ***231***

第1章 濃度と単位

1.1 濃度と単位

薬品の取扱いにおいては，その濃度管理はきわめて重要である．また，濃度を規定する単位は国際的に共通なものが使用されている．現在使用されている国際単位系（SI）のうち，SI基本単位を表1.1にまとめる．また，必要に応じて表1.2に示した大きさを表す接頭語を付して使用することができる．

表 1.1　SI 基本単位

長さ	メートル（m）	質量	キログラム（kg）	時間	秒（s）	電流	アンペア（A）
温度	ケルビン（K）	光度	カンデラ（cd）	物質量	モル（mol）		

表 1.2　大きさを表す接頭語とその記号

大きさ	接頭語	記号	大きさ	接頭語	記号	大きさ	接頭語	記号
10^{-1}	デシ	d	10^{-6}	マイクロ	μ	10^{-15}	フェムト	f
10^{-2}	センチ	c	10^{-9}	ナノ	n	10^{-18}	アット（アト）	a
10^{-3}	ミリ	m	10^{-12}	ピコ	p			

日本薬局方における主な単位については，以下の記号を用いると定められている（第15改正日本薬局方，通則）．

表 1.3　日本薬局方で用いられる主な単位と記号

メートル	m	センチメートル	cm	ミリメートル	mm
マイクロメートル	μm	ナノメートル	nm	キログラム	kg
グラム	g	ミリグラム	mg	マイクログラム	μg
ナノグラム	ng	ピコグラム	pg	セルシウス度	℃
平方センチメートル	cm^2	リットル	L	ミリリットル	mL
マイクロリットル	μL	メガヘルツ	MHz	毎センチメートル	cm^{-1}
ニュートン	N	キロパスカル	kPa	パスカル	Pa
モル毎リットル	mol/L	ミリパスカル秒	mPa・s	平方ミリメートル毎秒	mm^2/s
ルクス	lx	質量百分率	%	質量百万分率	ppm
質量十億分率	ppb	体積百分率	vol%	体積百万分率	vol ppm
質量対容量百分率	w/v%	ピーエイチ	pH	エンドトキシン単位	EU

例題 1.1A 次の単位の組合せの中で，SI単位のみからなるものはどれか．
a　メートル (m)，ミリミクロン (mμ)，アンペア (A)
b　カロリー (cal)，ケルビン (K)，カンデラ (cd)
c　キログラム (kg)，モル (mol)，秒 (s)
d　リットル (L)，キュリー (Ci)，オングストローム (Å)

〈第86回　問17　改変〉

〈解答と解説〉

SI単位を識別する．SI基本単位は覚えておこう．

a　×　ミリミクロンはミクロン (μ, 10^{-6} m) に 10^{-3} を表す接頭語のmが付いたもので，10^{-9} m を表す．これはSI単位ではない．
b　×　カロリーはSI単位ではない．1 cal = 4.184 J．
c　○　すべてSI単位である．
d　×　リットルはSI単位ではない．SI単位としては dm^{-3} が用いられる．キュリーもSI単位ではない．SI単位ではベクレル (Bq) が用いられる．オングストロームもSI単位ではない．1 Å = 10^{-10} m．

cのキログラム，モル，秒はすべてSI基本単位であり，その他の単位についてSI単位かの確信がもてない場合でも，正答にたどり着ける．できれば，SI基本単位から誘導できるSI組立単位のうち代表的なものについても調べておこう．これらもSI単位である．例：N (ニュートン，kg·m/s^{-2})，J (ジュール，N·m)．

演習問題 1.1.1 次の空欄に適切な数値を入れよ．
a　260 nm = (　　) m = (　　) μm
b　12 g = (　　) kg = (　　) mg
c　0.38 mmol = (　　) mol = (　　) μmol
d　5 μL = (　　) L = (　　) mL

〈解答と解説〉

大きさを表す接頭語を理解する．

a　260 nm = 2.6×10^{-7} m = $2.6 \times 10^{-1} \times 10^{-6}$ m = 2.6×10^{-1} μm (0.26 μm)
b　12 g = 1.2×10^{-2} kg (0.012 kg) = 1.2×10^{4} mg (12000 mg)
c　0.38 mmol = 3.8×10^{-4} mol = 3.8×10^{2} μmol (380 μmol)
d　5 μL = 5×10^{-6} L = 5×10^{-3} mL

1.2 原子量と分子量

原子量は，当該元素の質量を，質量数 12 の炭素（^{12}C）の質量を 12（端数なし）としたときの相対値で表される．原子量は，通常，当該元素を構成する安定核種の地球上での天然存在比をもとに平均値として算出されることから，整数値とはならない．

分子量は分子を構成する原子の原子量の総計として表される．

日本薬局方において用いる原子量は，2004 年国際原子量表によるものとし，また，分子量は，小数第 2 位までとし，第 3 位を四捨五入すると定められている（第 15 改正日本薬局方，通則）．

> **例題 1.2A** 塩素は，^{12}C の質量を 12 としたときの相対質量が 34.9689 の ^{35}Cl と 36.9659 の ^{37}Cl の混合物である．その存在比は，^{35}Cl を 100 としたとき，^{37}Cl は 31.978 である．塩素の原子量を算出せよ．

〈解答と解説〉

原子量の定義より，同位体の存在比を考慮した平均相対質量を計算する．すなわち，質量 a，b の 2 種類の物質が，存在比 $m:n$ で存在するときの平均質量は，

$$\frac{a \times m + b \times n}{m + n}$$

となるので，

$$\frac{34.9689 \times 100 + 36.9659 \times 31.978}{100 + 31.978}$$

を計算すればよい．

ここで，有効数字を考慮すると，まず分子の，34.9689 × 100 であるが，100 は定義した値であるので有効数字は無限桁となり，34.9689 の 6 桁が有効数字となり，34.9689 × 100 = 3496.89．

同じく 36.9659 × 31.978 は，有効数字 5 桁であるので，36.9659 × 31.978 = 1182.09… の 6 桁目の 9 を四捨五入して，1182.1．次に 3496.89 + 1182.1 であるが，足し算，引き算では小数点以下の桁数の最も少ないものに合わせるので，3496.89 + 1182.1 = 4678.99 の小数点 2 桁目の 9 を四捨五入して 4679.0 となる．

分母も同様にして 100 + 31.978 = 131.978．

4679.0 ÷ 131.978 = 35.4528…．有効数字は 5 桁なので，35.453．

〈計算結果の有効数字〉

かけ算，割り算の計算結果の有効数字の桁数は，その計算の有効数字中の最小の桁数にそろえる．足し算，引き算の計算結果の有効数字の桁数は，その計算の有効数字中の小数点以下の桁数の最小のものに合わせる．

> **演習問題 1.2.1** アスピリン（アセチルサリチル酸）の分子式は $C_9H_8O_4$ である．アスピリンの分子量を算出せよ．ただし C，H，O の原子量（2004 年国際原子量表）はそれぞれ，12.0107, 1.00794, 15.9994 である．

〈解答と解説〉

定義より，分子量は分子を構成する原子の原子量の総計であるので，
$$12.0107 \times 9 + 1.00794 \times 8 + 15.9994 \times 4 = 180.15742$$
有効数字は小数点以下 4 桁に合わせる．分子量は，5 桁目を四捨五入して，180.1574 となる．日本薬局方に従って小数第 2 位まで求める場合は，小数第 3 位を四捨五入して，180.16 となる．

1.3 濃度の単位の表し方

モル濃度（molarity）
溶液 1 L 中の物質量（mole）であり，mol/L で表される．モル濃度は M と略記されることがある．

規定度（normality）
溶液 1 L 中の当量数であり，N で表される．なお，現行の日本薬局方では使われていない．

質量百分率（%，w/w%，percentage）
溶質の質量とそれが溶けている溶液の質量の比による濃度の表記法．溶液の質量 100 に対する溶質の質量の値（1 g の溶質を 99 g の溶媒に溶かすと，1 %）．

体積百分率（vol%，v/v%）
溶質の体積とそれが溶けている溶液の体積の比による濃度の表記法．溶液の体積 100 に対する溶質の体積の値（1 mL の溶質（液体）を溶媒に溶かして 100 mL にすると，1 v/v%）．

質量対容量百分率（w/v%）
溶質の質量とそれが溶けている溶液の体積の比による濃度の表記法．溶液の 100 mL に溶けている溶質のグラム数の値（1 g の溶質を溶媒に溶かして 100 mL にすると，1 w/v%）．

質量百万分率（ppm，parts per million）
溶質の質量とそれが溶けている溶液の質量の比による濃度の表記法．溶液の質量 1,000,000 に対する溶質の質量の値．

> **例題 1.3A** 次の溶液の濃度を求めよ．
> (1) 25 g の塩化ナトリウムを 100 g の水に溶かした．塩化ナトリウムの濃度を質量百分率で求めよ．
> (2) 25 g の塩化ナトリウムを水に溶かし 100 mL とした．塩化ナトリウムの濃度を質量対容量百分率で求めよ．

(3) 25 g の塩化ナトリウム（分子量：58.44）を水に溶かし 100 mL とした．塩化ナトリウムの濃度をモル濃度で求めよ．

(4) 2 kg の溶液中に 120 mg のカリウムが含まれているとき，この溶液のカリウムの質量百万分率（ppm）を算出せよ．また，これを質量百分率で表せ．

〈解答と解説〉

(1) 25 g の塩化ナトリウムを 100 g の水に溶かしたときの溶液の質量は，125 g であるので，
$$25 \div 125 \times 100 = 20 \qquad 20\%$$

(2) 溶液 100 mL に塩化ナトリウム 25 g が含まれるので，
$$\frac{25}{100} \times 100 = 25 \qquad 25 \text{ w/v\%}$$

(3) 塩化ナトリウム 25 g を物質量（mole）に直し，それが 100 mL 中にあるので 1L に換算すると
$$\frac{25}{58.44} \times \frac{1000}{100} = 4.27 \fallingdotseq 4.3 \qquad 4.3 \text{ mol/L}$$

(4) 単位を合わせて，溶液と溶質の比を求める．
$$120 \times 10^{-6} \div 2 \times 10^{6} = 60 \qquad 60 \text{ ppm}$$
質量百分率では
$$120 \times 10^{-6} \div 2 \times 10^{2} = 6 \times 10^{-3} = 0.006 \qquad 0.006\%$$

〈割合を表す記号を正しく理解しておこう．濃度表記の基本である．〉

$$\text{ppm} = \text{mg/kg} = \mu\text{g/g}, \qquad \text{ppb} = \mu\text{g/kg} = \text{ng/g}, \qquad 1\% = 10{,}000 \text{ ppm}$$

演習問題 1.3.1 塩化バリウム二水和物（$BaCl_2 \cdot 2H_2O$），3.66 g を水に溶解し，塩化バリウム水溶液 50.0 mL を得た．この溶液について，以下の問に答えよ．
(1) この溶液の塩化バリウムのモル濃度を求めよ．
(2) この溶液のバリウム濃度を質量対容量百分率（w/v%）で求めよ．

〈解答と解説〉

(1) $3.66 \div 244.26 \times 1000/50.0 = 0.2996\cdots = 0.300 \qquad 0.300 \text{ mol/L}$

(2) この溶液（50 mL）に溶解しているバリウム（Ba：137.327）の質量は
$$3.66 \times 137.327 \div 244.26 = 2.057\cdots = 2.06 \text{ (g)}$$
となるので，この溶液のバリウムの質量対容量百分率（w/v%）は
$$2.06 \div 50.0 \times 100 = 4.12 \qquad 4.12 \text{ w/v\%}$$

1.4 濃度に関する計算

> **例題 1.4A** 日本薬局方塩酸（HCl = 36.46, 36.00 %, d = 1.18）について次の問に答えなさい．
> (1) この塩酸の質量対容量百分率（w/v%）を求めよ．
> (2) この塩酸のモル濃度（mol/L）を求めよ．
> (3) この塩酸 20.00 mL 中に含まれる塩化水素の物質量を求めよ．
> (4) この塩酸から，10.00 % 塩酸 100.00 g を調製するにはどうすればよいか．
> (5) この塩酸の 50 倍希釈液を 700.00 mL 調製するにはどうすればよいか．

〈解答と解説〉

(1) 36.00 % は，溶液 100 g 中に溶質が 36.00 g 溶解していることを意味している．

$$\left(100 \times \frac{1}{1.18}\right) \text{mL} : 36 \text{ g} = 100 \text{ mL} : x \text{ g}$$

$$x = \frac{36.0}{100 \times \frac{1}{1.18}} \times 100 = 42.48 \fallingdotseq 42.5 \text{ w/v\%}$$

または，d = 1.18 より，溶液 100 mL の質量は 118 g である．その 36.00 % が塩化水素なので，118 g × 36.00/100 ≒ 42.5 g の塩化水素が 100 mL に溶けていることになり，42.5 w/v% となる．

(2) 1 L 中には 1.18 × 1000 × 0.3600 g 含まれる．
塩化水素の式量が 36.46 なので

$$1.18 \times 1000 \times 0.3600 \times \frac{1}{36.46} = 11.651 \fallingdotseq 11.7 \text{ mol/L}$$

(3) 1 L 中に $1.18 \times 1000 \times 0.3600 \times \frac{1}{36.46}$ mol が含まれるので，

$$1.18 \times 1000 \times 0.3600 \times \frac{1}{36.46} \times \frac{20}{1000} = 0.233 \text{ mol} = 233 \text{ mmol}$$

と計算することができるが，次のように計算するほうが簡単である．このとき，単位も含めて計算すると間違いを防ぐことができる．

$$1.18 \times 1000 \times 0.3600 \times \frac{1}{36.46} \text{ mol/L} \times 20 \text{ mL}$$

$$= 1.18 \times 1000 \times 0.3600 \times \frac{1}{36.46} \times 20 \text{ mol/\cancel{L}} \times \text{m\cancel{L}} = 233 \text{ mmol}$$

(4) $$\frac{x\,\mathrm{mL} \times 1.18 \times 0.3600}{100.00} \times 100 = 10.00\,\%$$

$$x = 23.54$$
$$\fallingdotseq 23.5\,\mathrm{mL}$$

∴ 36.00 % 塩酸 23.5 mL に水を加えて 100.00 g とする．

《別解 1》 $\underbrace{x\,\mathrm{g} \times \dfrac{36}{100}}_{\text{塩化水素の質量}} = 100.00\,\mathrm{g} \times \dfrac{10.00}{100}$

$x = 27.78\,\mathrm{g}$

∴ 36.00 % 塩酸 27.78 g に水を加えて 100.00 g とする．

（27.78 g の塩酸は，比重（1.18）で割ると，23.5 mL に対応する）

(5) $x\,\mathrm{mL} \times 50 = 700.00$

$x = 14.00\,\mathrm{mL}$

∴ 36.0 % 塩酸 14.00 mL に水を加えて 700.00 mL とする．

演習問題 1.4.1 10.00 w/v% アンモニア水（$NH_3 = 17.03$, d = 0.956）について次の問に答えなさい．

(1) このアンモニア水の質量百分率（%）はいくらか．
(2) このアンモニア水のモル濃度（mol/L）はいくらか．
(3) このアンモニア水から 0.25 mol/L アンモニア水 500.00 mL を調製するにはどうするか．

〈解答と解説〉

(1) 100.00 mL（100 × 0.956 g）中に 10.00 g 含まれる．
よって，100.00 g 中に含まれる質量は，

$$\frac{10.00}{100 \times 0.956} \times 100 = 10.46$$

$$\fallingdotseq 10.5\,\mathrm{g}$$

《別解》 比重 × [%] = [w/v%] より

$$[\%] = \frac{[\mathrm{w/v\%}]}{\text{比重}} = \frac{10.00}{0.956} = 10.46 \fallingdotseq 10.5$$

(2) 10.00 g/100 mL より

$$10.00 \times \frac{1000}{100} \times \frac{1}{17.03} = 5.8719$$

$$\fallingdotseq 5.872\,\mathrm{mol/L}$$

(3)　10.00 w/v% アンモニア水は 5.87 mol/L より

$$\frac{5.872}{0.25} = 23.49 \text{ 倍}$$

$$\frac{500.00}{23.48} = 21.285$$

$$≒ 21.29 \text{ mL}$$

∴ 10.00 w/v% アンモニア水 21.29 mL をとり，水を加えて全量 500.00 mL とする．

《別解》　$10.00 \text{ w/v\%} \times \frac{x \text{ mL}}{100} \times \frac{1}{17.03} = 0.25 \times \frac{500.00}{1000}$

$$x = 21.287$$

$$≒ 21.29 \text{ mL}$$

演習問題 1.4.2　98.0 % 硫酸（$H_2SO_4 = 98.08$，$d = 1.84$）から 0.500 mol/L 硫酸溶液を 200 mL 調製するには，98.0 % 硫酸が何 mL 必要か．

〈解答と解説〉

0.500 mol/L 硫酸溶液 200 mL 中には，$98.08 \times 0.500 \times 200 \div 1000$ g の硫酸が含まれる．いま，必要な硫酸を，x mL とすると，

$$x \times 1.84 \times 0.980 = 98.08 \times 0.500 \times 200 \div 1000 \text{ となり，}$$

$$x = 5.439\cdots = 5.44 \qquad 5.44 \text{ mL}$$

演習問題 1.4.3　溶液調製に関する次の問に答えよ．
(1)　0.125 mol/L の水酸化ナトリウム水溶液 400 mL を調製するのに必要な NaOH の質量を求めよ．ただし，水酸化ナトリウムの分子量は，40.00 とする．
(2)　0.50 mol/L の塩化バリウム二水和物（$BaCl_2 \cdot 2H_2O$）の溶液がある．この溶液について，以下の問に答えよ．
　(a) この溶液を 200 mL とり，水を加えて 500 mL とした．この溶液の塩化バリウムの濃度はいくらか．
　(b) 初めの塩化バリウムの溶液を水で希釈して，0.02 mol/L の塩化バリウム水溶液 300 mL を調製するにはこの溶液何 mL が必要か．

〈解答と解説〉

(1)　0.125 mol/L の NaOH 溶液 400 mL 中に溶解している NaOH の質量は，

$$40.00 \times 0.125 \times 400 \div 1000 = 2.00 \text{ (g)} \qquad 2.00 \text{ g}$$

(2)

(a) $\frac{5}{2}$ 倍に希釈されるので $0.50 \times \frac{2}{5} = 0.20$ mol

(b) 初めの塩化バリウムの溶液を x mL 必要とすると

0.02 mol/L，300 mL 中の塩化バリウムの物質量は

$0.02 \times 300 \div 1000 = 0.006$（モル）となるので，

$0.500 \times x \div 1000 = 0.006$ より，

$x = 12.0$ 12.0 mL

演習問題 1.4.4　次の溶液中に含まれる溶質の物質量を求めよ．
(1)　0.10 mol/L 酢酸 25 mL 中に含まれる酢酸（モル）
(2)　0.10 mmol/L 酢酸鉛溶液 10 μL 中に含まれる酢酸鉛（モル）

〈解答と解説〉
数字を表す接頭語（m，μなど）を含む計算に慣れる．
(1)　0.1 mol/L × (25/1000) L = 2.5×10^{-3} mol = 2.5 mmol　と計算することができるが，むしろ m は（10^{-3}）を意味する接頭語なので，次のように計算するほうが簡単である．このとき，単位も含めて計算すると間違いを防ぐことができる．

0.1 mol/L × 25 mL = 0.1 × 25 mol/L̶ × mL̶ = 2.5 mmol

(2)　同様に数字を表す接頭語を残して計算できる．

0.1 mmol/L × 10 μL = 1.0 mμmol = $1.0 \times 10^{-3} \times 10^{-6}$ mol = 1.0×10^{-9} mol = 1.0 nmol

---

演習問題 1.4.5　次の医薬品中の主薬含有量に関する記述のうち，正しいものの組合せはどれか．
a　0.4 ％ フェノバルビタールエリキシル 7.5 mL は，フェノバルビタールを 30 mg 含有する．
b　0.005 ％ ジゴキシンエリキシル 20 mL は，ジゴキシンを 0.1 mg 含有する．
c　0.01 ％ ジギトキシン散の 0.1 g は，ジギトキシンを 0.1 mg 含有する．
d　0.1 ％ エピネフリン注射液の 1 mL は，エピネフリンを 1 mg 含有する．
1 (a, b)　2 (a, d)　3 (b, c)　4 (b, d)　5 (c, d)

〈第 81 回　問 225〉

〈解答と解説〉　**正解　2**
単位を含めた計算式を使うことにより，間違いを防ぐことができる．
医薬品の百分率表記の濃度においては，一般に，液剤は w/v ％ が用いられ，他の製剤は ％ が用いられる．

a ○　0.4 % という濃度は，0.4 g/100 mL を意味するので，次のように計算できる．

0.4 g/100 mL × 7.5 mL = 3 × 10^{-2} g = 3 × 10 × 10^{-3} g = 30 mg

以下同様に

b ×　0.005 g/100 mL × 20 mL = 1 mg

c ×　0.01 g/100 g × 0.1 g = 0.01 mg

d ○　0.1 g/100 mL × 1 mL = 1 mg

第2章 酸と塩基

【重要事項のまとめ】

1. 基本となる式

pH の定義：$pH = -\log[H^+]$

水のイオン積：$[H^+] \cdot [OH^-] = K_w = 1 \times 10^{-14}$

$pK_w = 14$

共役酸・塩基：$K_a \times K_b = K_w \longrightarrow pK_a + pK_b = 14$

2. 酸解離定数（K_a）から導かれる式

$HA \rightleftharpoons H^+ + A^-$

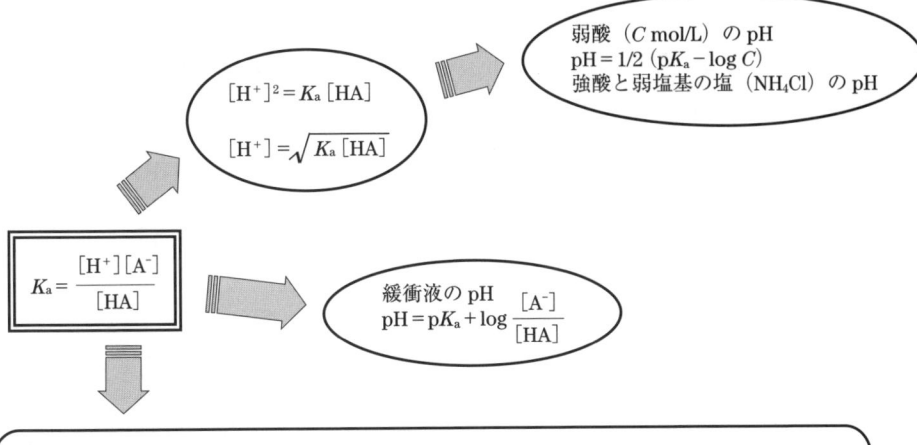

pH と解離（イオン化）

酸性物質（HA）

$HA\ (分子形) \rightleftharpoons H^+ + A^-\ (イオン形)$

$pH = pK_a + \log\dfrac{[A^-]}{[HA]}$ を使って

解離度 $\alpha = \dfrac{1}{1 + 10^{pKa - pH}}$

分子形分率 $\beta = \dfrac{1}{1 + 10^{pH - pKa}}$

塩基性物質（B）

$BH^+\ (イオン形) \rightleftharpoons H^+ + B\ (分子形)$

$pH = pK_a + \log\dfrac{[B]}{[BH^+]}$ を使って

解離度 $\alpha = \dfrac{1}{1 + 10^{pH - pKa}}$

分子形分率 $\beta = \dfrac{1}{1 + 10^{pKa - pH}}$

3. 塩基解離定数（K_b）

$$B + H_2O \rightleftarrows BH^+ + OH^-$$

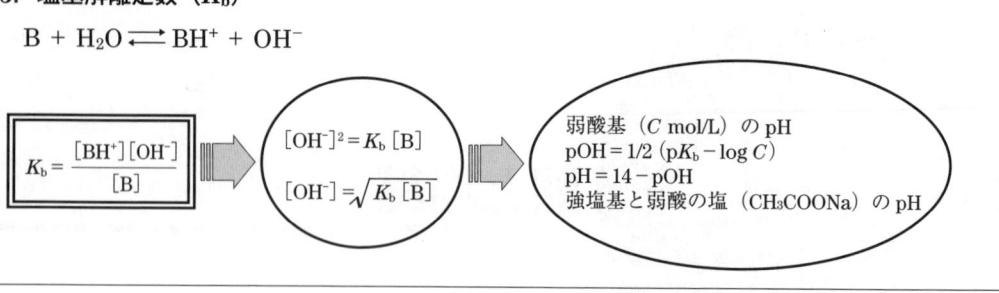

2.1 酸・塩基平衡

基本は，酸解離定数（K_a）と塩基解離定数（K_b）．

$$K_a = \frac{[H^+][A^-]}{[HA]} \qquad K_b = \frac{[BH^+][OH^-]}{[B]}$$

これらの式は，本章で扱う，弱酸，弱塩基，それらの塩，緩衝液などのpHを求めたり，pHと分子種（イオン種）の関係を導くときの基本となる式である．前ページのまとめを参考にして，これらから誘導される式とその意味・使い方を整理しておく必要がある．

例題 2.1A 100 mLのメスフラスコに1.0 mol/Lの酢酸水溶液10.0 mLおよび1.0 mol/Lの水酸化ナトリウム水溶液5.0 mLを加えて，蒸留水で標線まで合わせた．酢酸の酸解離定数をK_aとするとき，この混合液に関する次の等式について，正しいものに○，誤っているものに×を付けよ．

a $[CH_3COO^-] = [H_3O^+]$

b $K_a = \dfrac{[CH_3COO^-][H_3O^+]}{[CH_3COOH]}$

c $[H_3O^+] + [Na^+] = [CH_3COO^-] + [OH^-]$

d $[CH_3COO^-] + [CH_3COOH] = 0.10$ mol/L

〈第92回　問19〉

〈解答と解説〉

a ×　　b ○　　c ○　　d ○

このような問題を解くときには，まずどのような組成の溶液なのか理解する必要がある．すなわち，100 mLの溶液中に，1.0 mol/L × 10.0 mL = 10 mmolの酢酸と1.0 mol/L × 5.0 mL = 5 mmolの水酸化ナトリウムが入っている．当然，酸と塩基なので中和が起こり，5 mmolの酢酸，5 mmolの酢酸ナトリウムが存在していることになる．これは，酢酸塩緩衝液（2.3参照）であり，中和滴定なら，酢酸を水酸化ナトリウム液で滴定し，半分だけ中和された状態（半当量点）である．

選択肢 a ～ d を眺めて，まず，b は酢酸（分子形）が少しでも存在する場合に常に成立する酸解離定数の式であり，正である．同様に，c はこの溶液に存在するすべてのイオンの電荷均衡の式であり，正である．また，この式は，溶液が酸性であることから，[CH_3COO^-] ≫ [OH^-] であり，[H_3O^+] + [Na^+] = [CH_3COO^-] と近似できる．これは，a 式が誤っていることを示している．ちなみに，a 式の関係は酢酸のみの水溶液で成立する（水の自己解離は無視）．

d は，[CH_3COO^-] と [CH_3COOH] ともに，5 mmol/100 mL = 50 mmol/L = 0.05 mol/L であり，合計すると，0.10 mol/L で正である．

酢酸塩緩衝液では，以下の点も重要である．
- 酢酸はすべて分子形（CH_3COOH），酢酸ナトリウムはすべてイオン形（CH_3COO^-）と近似できる．
- 緩衝液の pH は，b の式から誘導される．　　$pH = pK_a + \log \frac{[CH_3COO^-]}{[CH_3COOH]}$

この溶液では，[CH_3COO^-] = [CH_3COOH] なので，　$pH = pK_a$

演習問題 2.1.1 酸の解離に関する次の記述について，正しいものに○，誤っているものに×を付けよ．ただし，数値は正しいものとする．

a acetic acid の下記の平衡式に関して，平衡定数 K と酸解離定数 K_a の間には，$K = K_a[H_2O]$ の関係がある．

$$CH_3COOH + H_2O \rightleftarrows CH_3COO^- + H_3O^+$$

b acetic acid の pK_a は 4.7 である．pH4.7 の水溶液中では，CH_3COOH と CH_3COO^- のモル濃度は等しい．

c 「ammonia の pK_a は 10 である」という記述は正しくない．「ammonium ion の pK_a は 10 である」とするべきである．

d 負の値の pK_a をもつものは特に強い酸である．

〈第 82 回　問 12〉

〈ヒント〉

酢酸の解離平衡に関する問題．すべて基本的な問題であるが，初めて眼にするととまどうかも知れない．

〈解答と解説〉

a ×　$K[H_2O] = K_a$　　K は，通常の平衡定数で，式の分母に [H_2O] を含んでいる．水は溶媒で濃度は一定と考えられるので，両辺にその濃度 [H_2O] をかけたものが K_a．

b ○　緩衝液の pH の基本．

c ○　アンモニアは塩基で塩基解離定数 pK_b，アンモニウムイオンはその共役酸で酸解離定数 pK_a が対応する．

14　第 2 章　酸と塩基

d　○　酸が強い = K_a 大 = pK_a 小　　例えば，

$$[A^-]/[HA] = 10 \longrightarrow K_a = 100 \longrightarrow pK_a = -2$$

2.2　溶液の pH 計算

　溶液の pH のうち，計算できるようにしておく必要があるのは，下記の 5 つ（式は，弱酸，弱塩基，緩衝液の 3 つ；重要事項のまとめ参照）．

(1) 弱酸（酢酸）

(2) 弱塩基（アンモニア水）

(3) 弱酸と強塩基の塩（酢酸ナトリウム）= 酢酸イオンという弱塩基

(4) 強酸と弱塩基の塩（塩化アンモニウム）= アンモニウムイオンという弱酸

(5) 緩衝液（酢酸–酢酸ナトリウム混液）

　酢酸を水酸化ナトリウム液で中和滴定するとき，(1)，(3)，(5) はそれぞれ滴定前，当量点，滴定途中の pH となる．

例題 2.2A　0.10 mol/L 酢酸ナトリウム水溶液の pH は次のどれか．ただし，酢酸の電離定数は 2.5×10^{-5} (mol/L)，水のイオン積は 1.0×10^{-14} [(mol/L)^2]，$\log_{10} 2 = 0.30$，$\log_{10} 3 = 0.48$ とする．

1	7.3	**2**	7.8	**3**	8.3
4	8.8	**5**	9.3	**6**	9.8

〈第 94 回　問 17〉

〈解答と解説〉　正解　**4**

　酢酸ナトリウムは，100% 解離して酢酸イオンとナトリウムイオンになる．そのうち，一部の**酢酸イオンが次式のように弱塩基として作用**してアルカリ性を示す．したがって，弱塩基の pH 式で求めることができる．

$$CH_3COO^- + H_2O \rightleftharpoons CH_3COOH + OH^-$$

（酢酸の共役塩基）

　pH の求め方は，次のような方法がある．

1)　$[OH^-]^2 = K_b \cdot C$ を使い，$K_b = (1 \times 10^{-14})/K_a$ と C を代入して，pOH $\longrightarrow$ pH と求める．

2)　pK_a または pK_b を求めて，重要事項の公式 pOH $= 1/2(pK_b - \log C)$ に代入する．

　溶液の pH を求める場合，何が与えられているかに注目する．この問題では，K_a（酸解離定数 = 酸の電離定数）が与えられているので，上の 1)，2) のどちらを使っても求めることができるが，pK_a が与えられている場合には 2) を用いる必要がある．

1)で解くと（単位省略），

$[OH^-]^2 = K_b \cdot C$ において，$K_b = (1 \times 10^{-14})/K_a = \left(\dfrac{1 \times 10^{-14}}{2.5 \times 10^{-5}}\right) = 4.0 \times 10^{-10}$, $C = 0.1$

$[OH^-]^2 = 4.0 \times 10^{-11} \longrightarrow [OH^-] = \sqrt{4.0 \times 10^{-11}} \longrightarrow$ pOH $= 1/2(-\log 2^2 - \log 10^{-11})$
$= 1/2(11 - 0.3 \times 2) = 5.2$

したがって，pH $= 14 -$ pOH $= 8.8$ で，正解は 4 となる．

2)で解くと，

式 pOH $= 1/2(pK_b - \log C)$ において，

上の $K_b = 4.0 \times 10^{-10} \longrightarrow pK_b = -\log 4.0 \times 10^{-10} = -0.6 - (-10) = 9.4$, $C = 0.1$ を代入して，

pOH $= 1/2(9.4 - (-1)) = 5.2$ となり上と同様になる．

また，上式 pOH $= 1/2(pK_b - \log C)$ に pH $= 14 -$ pOH を代入して得られる

pH $= 7 + 1/2(pK_a + \log C)$ を覚えているなら，

$pK_a = -\log 2.5 \times 10^{-5} = -\log[(10/4) \times 10^{-5}] = 4 - (-0.6) = 4.6$, $C = 0.1$ を代入して，

pH $= 7 + 1/2(4.6 - 1) = 8.8$ となる．

計算はこの他にも考えられるが，**どの方法であろうと原理と答えは同じであり，自分の理解しやすい方法で確実に解けるようにしておく必要がある**．

例題 2.2B ある弱塩基 B（$K_b = 5.0 \times 10^{-5}$）を水に溶解し，1.0×10^{-3} mol/L の溶液を調製した．この溶液の pH に関する文章の ［ ］ の中に入れるべき数値と字句の正しい組合せはどれか．弱塩基 B の水溶液中での解離は式 (1)，水の自己解離は式 (2) で表される．

B + H₂O ⇌ BH⁺ + OH⁻   (1)
H₂O ⇌ H⁺ + OH⁻   (2)

水の自己解離を無視すれば，この溶液の pH は約 ［ **a** ］ となる．しかし，この溶液のような希薄溶液では，水の自己解離を無視できないため，この溶液の pH は水の自己解離を無視した場合よりも，［ **b** ］ い値となる．ただし，水のイオン積 $K_w = 1.0 \times 10^{-14}$，$\log 2 = 0.30$ とせよ．

	a	b
1	9	高
2	10	高
3	11	高
4	9	低
5	10	低
6	11	低

〈第 92 回　問 19〉

〈解答と解説〉　**正解　5**

酸，塩基，緩衝液などの pH を考える場合，自己解離を無視できる場合が多く，重要事項で出てきた式も考慮していないものである．［ **a** ］は，次のように，弱塩基の pH 式に従って求めればよい．

$$\text{pOH} = 1/2(\text{p}K_b - \log C) = \frac{1}{2}(-\log 5.0 \times 10^{-5} - \log 1.0 \times 10^{-3}) = \frac{1}{2}(-\log \frac{10}{2} \times 10^{-5} - (-3))$$
$$= 1/2(4.3 + 3) = 3.65$$

したがって，pH = 14 − 3.65 = 10.35 と計算される．

［ b ］については，自己解離を考慮して2次方程式あるいは3次方程式を解いて，pHを求めることも可能であるが，ここでは大まかな理解で十分である．(2)式を考慮すると，(1)式の平衡は左辺に傾き，相対的に［OH⁻］より［H⁺］が増加したことでpHは低くなり，正解は5となる．酸の場合は，逆にpHが高くなる．**自己解離を考慮するとpHが中性側に移動すること**になる．

演習問題 2.2.1 次の溶液のpHを求めよ．ただし，酢酸のpK_a = 4.74，アンモニアのpK_b = 4.75，log 2 = 0.30，log 3 = 0.48，log 7 = 0.85 とする．

1　0.2 mol/L 酢酸
2　0.1 mol/L 酢酸ナトリウム溶液
3　0.05 mol/L アンモニア水
4　0.04 mol/L 塩化アンモニウム溶液
5　0.1 mol/L 酢酸と 0.1 mol/L 酢酸ナトリウム溶液を等量混合した溶液
6　0.05 mol/L 酢酸と 0.05 mol/L 酢酸ナトリウム溶液を容量比 1：4 で混合した溶液
7　0.1 mol/L 酢酸と 0.1 mol/L 水酸化ナトリウム溶液を容量比 2：1 で混合した溶液
8　5 の溶液 100 mL に 1 mol/L 塩酸 2 mL を加えた溶液
9　0.1 mol/L アンモニア水と 0.1 mol/L 塩化アンモニウム溶液を等量混合した溶液
10　9 の溶液 100 mL に 1 mol/L 塩酸 2 mL を加えた溶液

〈第86回　問19　他〉

〈ヒント〉

2　酢酸ナトリウムが溶けて生成する酢酸イオンは，酢酸の共役<u>塩基</u>．
4　塩化アンモニウムが溶けて生成するアンモニウムイオンは，アンモニアの共役<u>酸</u>．
5〜8　酢酸塩緩衝液．
9, 10　アンモニウム緩衝液．

〈解答と解説〉

1　pH = 1/2 (pK_a − log C) = 1/2(4.74 − log 0.2) = 1/2(4.74 − log 2 + log 10) = <u>2.72</u>
2　pH = 14 − pOH = 14 − 1/2(pK_b − log C) = 14 − 1/2(14 − pK_a − log C) = 14 − 1/2(14 − 4.74 − log 0.1) = <u>8.87</u>
3　pH = 14 − pOH = 14 − 1/2(pK_b − log C) = 14 − 1/2(4.75 − log 0.05) = <u>10.98</u>
4　pH = 1/2(pK_a − log C) = 1/2(14 − pK_b − log C) = 1/2(14 − 4.75 − log 0.04) = <u>5.33</u>

5 pH = pK_a + log ([A⁻]/[HA]) にて，[A⁻] = [HA] より，pH = pK_a = <u>4.74</u>
6 pH = pK_a + log ([A⁻]/[HA]) = 4.74 + log 4 = <u>5.34</u>
7 中和が起こり，0.033 mol/L 酢酸 − 0.033 mol/L 酢酸ナトリウムの溶液になる．
　pH = pK_a + log ([A⁻]/[HA]) = pK_a + log 1 = <u>4.74</u>
8 5の溶液 100 mL には，0.1 mol/L × 50 mL = 5 mmol の酢酸と同量の酢酸ナトリウムが含まれている．加えた 1 mol/L 塩酸 2 mL 中の HCl 2 mmol 分だけ，酢酸ナトリウムが中和されて減少し，酢酸が増える．当然 5 より pH が低くなければならない．
　pH = 4.74 + log [(5 − 2)/(5 + 2)] = 4.74 + log 3 − log 7 = <u>4.37</u>
9 pH = pK_a + log ([B]/[BH⁺]) = 14 − pK_b + log ([BH⁺]/[B]) = 14 − 4.75 + log 1 = <u>9.25</u>
10 9の溶液 100 mL には，0.1 mol/L × 50 mL = 5 mmol のアンモニアと同量の塩化アンモニウムが含まれている．加えた 1 mol/L 塩酸 2 mL 中の HCl 2 mmol 分だけ，アンモニアが中和されて減少し，塩化アンモニウムが増える．当然 9 より pH が低くなければならない．
　pH = pK_a + log ([B]/[BH⁺]) = 9.25 + log [(5 − 2)/(5 + 2)] = <u>8.88</u>

演習問題 2.2.2 次の文章の [　　] 内に入る語句の正しい組合せはどれか．

大気中に存在する二酸化イオウ SO_2 と [**a**] が水に吸収されると，それぞれ最終的には [**b**] と HNO_3 に変化し，水の pH が [**c**] 酸性雨となり，環境や生態系に悪影響を与える可能性がある．一般に，pH = 5.6 以下の雨を酸性雨と呼んでいる．

大気と平衡にある水は 1.5×10^{-5} mol/L の二酸化炭素 CO_2 を溶解している．反応は次のように表される．

$$CO_2 + H_2O \longrightarrow H_2CO_3 \quad (1)$$

$$H_2CO_3 \underset{}{\overset{K_{a1}}{\rightleftharpoons}} H^+ + HCO_3^- \quad (2)$$

$$HCO_3^- \underset{}{\overset{K_{a2}}{\rightleftharpoons}} H^+ + CO_3^{2-} \quad (3)$$

式 (2) の pK_{a1} = 6.46，および (3) の pK_{a2} = 10.25 である．水溶液は酸性であるため，式 (3) と水自身の解離によるプロトンの影響を無視できるとすると，弱酸の溶液の pH を求める次式を用いて水溶液の pH が求められる．

$$pH = \frac{1}{2} pK_{a1} - \frac{1}{2} \log C_A$$

ここで $C_A = 1.5 \times 10^{-5}$ mol/L および log 1.5 = 0.18 とすると

pH = [**d**] となる．

	a	b	c	d
1	リン酸	H_2SO_4	上がり	0.82
2	窒素酸化物	H_2S	上がり	5.64
3	リン酸	H_2SO_4	下がり	6.64
4	窒素酸化物	H_2SO_4	下がり	5.64
5	窒素酸化物	H_2SO_3	下がり	0.82

〈第 88 回　問 20〉

〈ヒント〉
問題は長いが，問われていることは難しくはない．

〈解答と解説〉 正解　4

a〜c は，酸性雨に関する常識である．

d も，弱酸の溶液の pH 式が与えられており，さらに log 2, log 3 でなくて log 1.5 が与えられているなど，長い設問文のわりに極めて平易な問題である．

演習問題 2.2.3　次の滴定（a〜d）と予測される滴定曲線（ア〜エ）の正しい組合せはどれか．

a　0.10 mol/L 塩酸 10.0 mL を 0.10 mol/L 水酸化ナトリウム水溶液で滴定する．
b　0.010 mol/L 塩酸 10.0 mL を 0.010 mol/L 水酸化ナトリウム水溶液で滴定する．
c　0.10 mol/L 酢酸（$K_a = 1.8 \times 10^{-5}$）10.0 mL を 0.10 mol/L 水酸化ナトリウム水溶液で滴定する．
d　0.10 mol/L フタル酸（$K_{a1} = 1.3 \times 10^{-3}$, $K_{a2} = 3.9 \times 10^{-6}$）水溶液 10.0 mL を 0.10 mol/L 水酸化ナトリウム水溶液で滴定する．

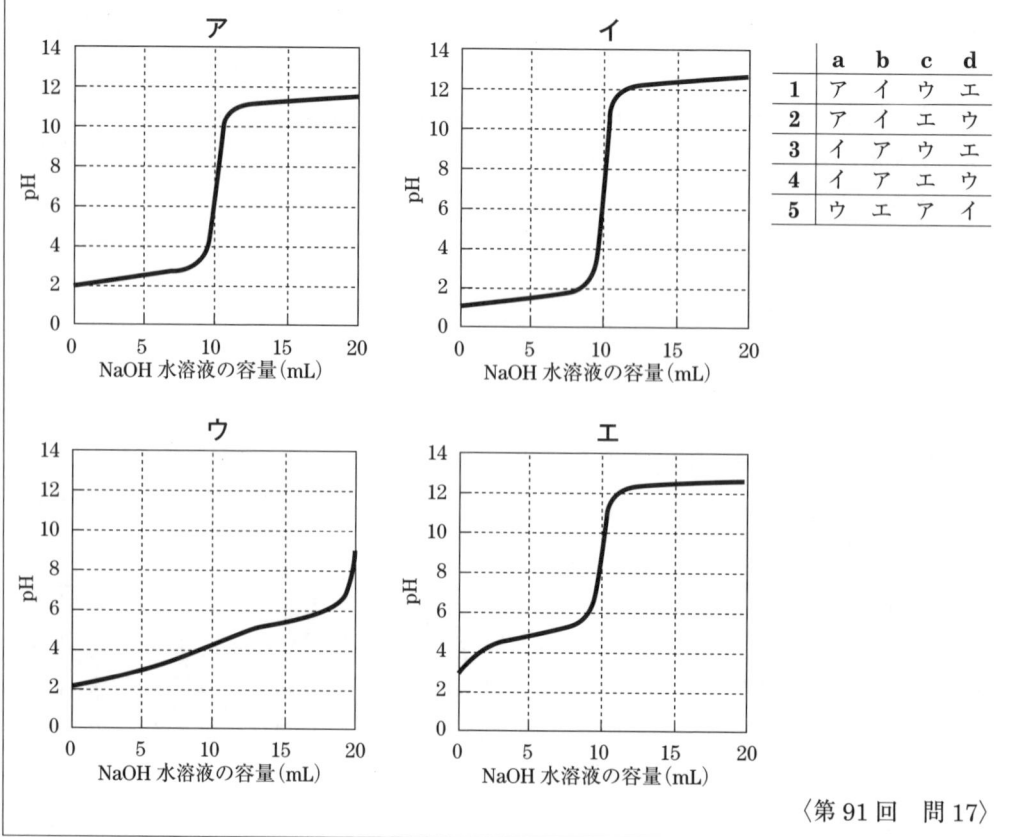

	a	b	c	d
1	ア	イ	ウ	エ
2	ア	イ	エ	ウ
3	イ	ア	ウ	エ
4	イ	ア	エ	ウ
5	ウ	エ	ア	イ

〈第 91 回　問 17〉

〈ヒント〉

滴定曲線に関する問題において，チェックすべきところは次の通りである．

ⅰ) 滴定前のpH. 強酸, 強塩基は濃度が与えられれば, 計算できる. 弱酸, 弱塩基は濃度と pK_a または pK_b で計算できる（0.1 mol/L 酢酸とアンモニア水のpHは覚えていたほうがよい）.

ⅱ) 当量点のpH, 当量点前後のpH変化.

ⅲ) 開始〜当量点までの曲線. 滴定対象が酸であれば, 強酸あるいは弱酸かどうか, 二塩基酸かどうか. 弱酸ならおおよその pK_a 値（半当量点でのpH）.

以上を考慮しながら, 選択肢 a〜d を読むと, a と b は強酸で濃度が異なる. c は一塩基酸の弱酸で, d は二塩基酸の弱酸である.

〈解答と解説〉　正解　4

アとイ　強酸を強塩基で滴定. 濃度　**ア＜イ**.
ウとエ　開始から当量点までの曲線で緩衝能が現れているので弱酸.
ウ　10 mL と 20 mL で2つの当量点があるので, 二塩基酸.
エ　典型的な弱酸（一塩基酸）の滴定曲線.

2.3 緩衝液

緩衝液は, 一般に**弱酸とその共役塩基の塩**, または**弱塩基とその共役酸の塩**の混合液（下表参照）であり, 外部から少量の強酸や強塩基を加えても, pHが大きく変化しない性質をもつ. このようにpHを一定に保つ作用を**緩衝作用**という.

よく使われる緩衝液

緩衝液	共役酸	共役塩基	pH域
クエン酸塩緩衝液	クエン酸	クエン酸二水素イオン	2.2〜3.6
酢酸塩緩衝液	酢酸	酢酸イオン	3.5〜6.0
リン酸塩緩衝液	リン酸二水素イオン	リン酸一水素イオン	5.8〜8.2
アンモニウム塩緩衝液	アンモニウムイオン	アンモニア	8.0〜11.0

比較的単純な酢酸-酢酸ナトリウム緩衝液（酢酸塩緩衝液）, アンモニア-塩化アンモニウム緩衝液（アンモニウム塩緩衝液）については, 緩衝液を構成する2物質の濃度比とpHの関連, 強酸または強塩基を加えたときのpH変化などは理解しておくべきである.

酢酸-酢酸ナトリウム緩衝液では, 例題2.1Aでも述べたように,

- 酢酸はすべて分子形（CH_3COOH）, 酢酸ナトリウムはすべてイオン形（CH_3COO^-）になると近似できる.

- 緩衝液のpHは, $pH = pK_a + \log \dfrac{[CH_3COO^-]}{[CH_3COOH]}$ （Henderson-Hasselbalch 式）で表される.

- 一般に, 緩衝作用の強さを表す緩衝能（β）は $pH = pK_a$ のとき最大となり, 緩衝液として使用できるpH範囲は, $pK_a - 1 \sim pK_a + 1$ である.

例題 2.3A 互いに共役である酸塩基対をある濃度以上含む溶液に，少量の酸や塩基を加えたり，水を加えて薄めたりしても，その溶液のpHは大きく変化しない．このような溶液をpH緩衝液といい，次式の関係がある．

$$\mathrm{pH} = \mathrm{p}K_a + \log\frac{[\mathrm{Base}]}{[\mathrm{Acid}]}$$

次の記述 **a～f** の［　］に入れるべき数値はいくらか．ただし，酢酸のpK_a = 4.74，アンモニアのpK_b = 4.75，$\log 2$ = 0.30，$\log 3$ = 0.48，$\log 7$ = 0.85 とする．

a 酢酸と酢酸ナトリウムの各々0.200 mol/L水溶液を等容量ずつ混合した．この溶液のpHは［　］である．

b aの溶液100 mLに1.00 mol/L塩酸2.0 mLを加えた．最も近いpHは，［　］である．

c aの溶液100 mLに1.00 mol/L水酸化ナトリウム液4.0 mLを加えた．最も近いpHは，［　］である．

d アンモニアと塩化アンモニウムの各々0.200 mol/L水溶液を，それぞれ2：1の割合で混合した．この溶液のpHは［　］である．

e dの溶液90 mLに1.00 mol/L塩酸2.0 mLを加えた．最も近いpHは，［　］である．

f dの溶液90 mLに1.00 mol/L水酸化ナトリウム液3.0 mLを加えた．最も近いpHは，［　］である．

〈第83回　問16　改変〉

〈解答と解説〉

前述の緩衝液を構成する2物質の濃度比とpHの関連，強酸または強塩基を加えたときのpH変化を問う問題で，国家試験でもしばしば出題されてきた．**a～c** の緩衝液は，酢酸−酢酸ナトリウム緩衝液で，**d～f** はアンモニア−塩化アンモニウム緩衝液に関する出題である．上記のpH式は共通に使用できる式で，それぞれ次のようになる．

(1) $\mathrm{pH} = \mathrm{p}K_a + \log\dfrac{[\mathrm{CH_3COO^-}]}{[\mathrm{CH_3COOH}]}$

(2) $\mathrm{pH} = \mathrm{p}K_a + \log\dfrac{[\mathrm{NH_3}]}{[\mathrm{NH_4^+}]}$

ここで酢酸はすべて分子形（CH_3COOH），酢酸ナトリウムはすべてイオン形（CH_3COO^-）になると近似でき，同様にアンモニアはすべて分子形（NH_3），塩化アンモニウムはすべてイオン形（NH_4^+）になると近似できる．

酢酸塩緩衝液

a 酢酸塩緩衝液のpHを求める．
同じ濃度の酢酸と酢酸ナトリウム水溶液を等容量ずつ混合したので，

[CH₃COOH] = [CH₃COO⁻] となり，式 (1) は，
$$\mathrm{pH} = \mathrm{p}K_\mathrm{a} + \log 1 = 4.74 + 0 = \underline{4.74}$$

b 酢酸塩緩衝液に，強酸である塩酸を加えたときの pH 変化を求める．

a の溶液は，酢酸と酢酸ナトリウムの濃度がいずれも 0.100 mol/L であり，100 mL 中には，いずれも 0.100 mol/L × 100 mL = 10 mmol 含まれている．これに，1.00 mol/L 塩酸 2.0 mL を加えると，それに含まれる HCl 2 mmol（1.00 mol/L × 2 mL）分だけ，次式のように酢酸ナトリウムが中和される．

$$\mathrm{CH_3COONa + HCl \longrightarrow CH_3COOH + NaCl}$$

結果的に，[CH₃COOH] = (10 mmol + 2 mmol)/102 mL = 12 mmol/102 mL,
[CH₃COO⁻] = (10 mmol − 2 mmol)/102 mL = 8 mmol/102 mL となり，溶液の pH は，pH = pK_a + log(8/12) = 4.74 + log 2 − log 3 = $\underline{4.56}$ となる．

c 酢酸塩緩衝液に，強塩基である水酸化ナトリウムを加えたときの pH 変化を求める．

b と同様に考えて，1.00 mol/L 水酸化ナトリウム 4.0 mL を加えると，それに含まれる NaOH 4 mmol（1.00 mol/L × 4 mL）分だけ，次式のように酢酸が中和される．

$$\mathrm{CH_3COOH + NaOH \longrightarrow CH_3COONa + H_2O}$$

結果的に，[CH₃COOH] = (10 mmol − 4 mmol)/104 mL = 6 mmol/104 mL,
[CH₃COO⁻] = (10 mmol + 4 mmol)/104 mL = 14 mmol/104 mL となり，溶液の pH は，
pH = pK_a + log(14/6) = 4.74 + log 7 − log 3 = $\underline{5.11}$ となる．

アンモニウム塩緩衝液

d アンモニウム塩緩衝液の pH を求める．

この緩衝液では，前述の pH 式(2)のように，塩基が NH₃ で，酸が塩化アンモニウムが解離して生成する NH₄⁺ である．例えば，アンモニアと塩化アンモニウムの 2 : 1 を 20 mL : 10 mL として混合し，それぞれの濃度を求めて，式(2)に代入すると以下のようになる．このとき，共役酸と共役塩基においては，pK_a + pK_b = 14 を利用して，(NH₄⁺ の pK_a) = 14 − (アンモニアの pK_b) で求める．

[NH₃] = (0.200 mol/L × 20 mL)/(10 + 20) mL = 4 mmol/30 mL
[NH₄⁺] = (0.200 mol/L × 10 mL)/(10 + 20) mL = 2 mmol/30 mL
pH = pK_a + log 2 = (14 − pK_b) + log 2 = 9.25 + 0.3 = $\underline{9.55}$

e アンモニウム塩緩衝液に，塩酸を加えたときの pH 変化を求める．

d の溶液 90 mL 中には，NH₃ と NH₄⁺ がそれぞれ 12 mmol と 6 mmol 存在する．1.00 mol/L 塩酸 2.0 mL を加えると，それに含まれる HCl 2 mmol（1.00 mol/L × 2 mL）分だけ，次式のようにアンモニアが中和される．

$$\mathrm{NH_3 + HCl \longrightarrow NH_4Cl}$$

結果的に，[NH₃] = (12 mmol − 2 mmol)/92 mL = 10 mmol/92 mL,

$[\mathrm{NH_4^+}]$ = (6 mmol + 2 mmol)/92 mL = 8 mmol/92 mL　となり，溶液の pH は，
pH = pK_a + log(10/8) = 9.25 + log 10 − 3log 2 = 9.35　となる．

f　アンモニウム塩緩衝液に，水酸化ナトリウムを加えたときの pH 変化を求める．
　e と同様に考えて，1.00 mol/L 水酸化ナトリウム 3.0 mL を加えると，それに含まれる NaOH 3 mmol（1.00 mol/L × 3 mL）分だけ，次式のように NH$_4$Cl が中和される．

$$\mathrm{NH_4Cl + NaOH \longrightarrow NH_4OH(NH_3) + NaCl}$$

結果的に，[NH$_3$] = (12 mmol + 3 mmol)/93 mL = 15 mmol/93 mL,
$[\mathrm{NH_4^+}]$ = (6 mmol − 3 mmol)/93 mL = 3 mmol/93 mL　となり，溶液の pH は，
pH = pK_a + log 5 = 9.25 + log 10 − log 2 = 9.95　となる．

- 溶液のおおよその pH（弱酸性，弱塩基性などでも OK）は予想することも大切．計算結果が，それからかけ離れていたら，計算式をチェックする．
- pH 式からもわかるように，pH を決めるのは両成分の組成比であり，濃度は関係しない．ただし，**b**，**c**，**e**，**f**，の計算過程からわかるように，緩衝能は濃度が高いほうが大きい．
- 本問より，水に塩酸や水酸化ナトリウム溶液を加えるのに比べて，緩衝液に加えるほうが，pH の変化が小さいことが確認できる（緩衝液の緩衝能力）．

演習問題 2.3.1　緩衝液に関する次の記述について，正しいものに○，誤っているものに×を付けよ．

a　クエン酸の 3 つの pK_a を 3.1，4.8，5.4 とするとき，同じ濃度のクエン酸二ナトリウム溶液とクエン酸三ナトリウム溶液を等容量混合すると，pH は 4.8 付近になる．

b　アンモニアの pK_b を 4.8 とするとき，同じ濃度のアンモニア水と塩化アンモニウム溶液を等容量混合すると，pH は 4.8 付近になる．

c　酢酸の pK_a は 4.7 なので，酢酸を使って pH 4.0 の緩衝液をつくるときは，塩酸を使う．

d　0.2 mol/L アンモニア水と 0.1 mol/L 硫酸を等容量混合したとき，その溶液は緩衝作用がある．

e　リン酸の 3 つの pK_a を 2.0，6.8，12.5 とするとき，リン酸一ナトリウムとリン酸二ナトリウムを用いて，中性付近の緩衝液をつくることができる．

f　トリス（＝トリスヒドロキシメチルアミノメタン）は pK_b 5.9 の弱塩基であり，塩酸を加えて中性～弱酸性域の緩衝液をつくることができる．

〈ヒント〉
　緩衝液は，互いに共役な酸と塩基の組合せであり，それぞれどの化学種が対応するのかを知ることが大切である．多塩基酸のクエン酸やリン酸の場合は，複数の pK_a に対して，それぞれどの化学種が対応するのか理解しておく必要がある．

〈解答と解説〉

a × pHは，5.4となる．目安として，クエン酸とクエン酸一ナトリウムでpH 3.1 ± 1の緩衝液を，一ナトリウム塩と二ナトリウム塩でpH 4.8 ± 1の緩衝液をつくる．

b × 緩衝液のpH式で，pK_aとpK_bを混同しないようにする．pHは，アンモニウムイオンのpK_a = 14 − 4.8 = 9.2と等しくなる．

c × 酢酸塩緩衝液は，酢酸とその塩（酢酸ナトリウムなど）を使ってつくる．酢酸と塩酸はいずれも酸であり，緩衝液をつくることはできない．ただし，酢酸ナトリウムと塩酸を使って，酢酸塩緩衝液をつくることはできる．

d × 過不足なく中和反応が起こり，硫酸アンモニウム溶液になっているので，緩衝作用はない．

e ○ リン酸塩は，中性付近をカバーする緩衝液として汎用される．ただし，タンパク質の構造や酵素活性などに影響を与える場合があるので，注意を要する．

f × トリス−塩酸緩衝液は，中性〜弱塩基性で緩衝作用がある．トリスの共役酸のpK_a = 14 − 5.9 = 8.1付近で緩衝作用がある．

2.4 化学物質のpHによる分子形とイオン形の変化

弱酸が，どのような割合で分子形とイオン形となって存在しているかは，その溶液のpHとそれらのpK_a（K_a）によって求めることができる．弱塩基についても，その共役酸のpK_aを使うほうが，直接pHとの関係を求めることができるので便利である．

$$\text{弱酸：pH} = pK_a + \log \frac{[A^-]}{[HA]} \qquad \text{弱塩基：pH} = pK_a + \log \frac{[B]}{[BH^+]}$$

章の始めの重要事項のまとめに示したように，この式から解離度や分子形分率を表す式を誘導できる．

例題 2.4A 解離定数に関する次の記述について，正しいものに○，誤っているものに×を付けよ．

a pK_aの値が小さいほど，酸性の強さは小さい．

b pK_bの値が大きいほど，塩基性の強さは大きい．

c pK_aの値は，解離している分子種と解離していない分子種が等モル量存在している溶液のpHに等しい．

d 25℃における弱電解質水溶液では，$pK_a \times pK_b$ = 14として取り扱える．

e pK_b 8の塩基性薬物は，pH 9の水溶液においてはほとんどがイオン形で存在している．

〈第88回　問15〉

〈解答と解説〉

eが本項の主題の「pHによる分子形とイオン形の変化」に関する問題．溶媒抽出，薬物の吸収などとも関連する．

24　第 2 章　酸と塩基

	酸性物質	塩基性物質	有機溶媒への溶解性（溶媒抽出）
分子形	酸（R–COOH）	塩基（R–NH$_2$）	有機溶媒に易溶（有機溶媒へ）
イオン形	塩基（R–COO$^-$）	酸（R–NH$_3^+$）	有機溶媒に難溶（水層に残る）

残りの **a〜d** は，pK_a と pK_b に関する基本的な問題．

a　×　酸が強い＝解離が大きい＝K_a が大きい＝pK_a が小さい．

b　×　塩基性が強い＝解離が大きい＝K_b が大きい＝pK_b が小さい．

c　○　pH＝pK_a＋log$\frac{[A^-]}{[HA]}$（または log$\frac{[B]}{[BH^+]}$）にて，log 内が 1 となり，pH＝pK_a．

d　×　pK_a＋pK_b＝14

e　×　pH＝pK_a＋log$\frac{[B]}{[BH^+]}$（弱塩基）を用いる．

ここでは，pK_b＝8 が与えられているので，pK_a＝14－pK_b＝6 で求めて代入すると，

$$9 = 6 + \log\frac{[B]}{[BH^+]} \longrightarrow \log\frac{[B]}{[BH^+]} = 3 \longrightarrow \frac{[B]}{[BH^+]} = 10^3 = 1000$$

となり，ほとんど分子形である（分子形：イオン形＝1000：1）．

もちろん，解離度 α または分子形分率 β の式に直接代入しても，次のように求めることができる．

$$\alpha = \frac{1}{1 + 10^{pH-pK_a}} = \frac{1}{1 + 10^{9-6}} = \frac{1}{1001}$$

ほとんど解離していない（イオン化していない）．

$$\beta = \frac{1}{1 + 10^{pK_a-pH}} = \frac{1}{1 + 10^{6-9}} \fallingdotseq 1$$

ほとんど分子形で存在する．

演習問題 2.4.1　分子形とイオン形に関する次の記述について，正しいものに○，誤っているものに×を付けよ．

a　K_a＝1.0×10^{-5} の弱酸は，pH 3 ではほとんど分子形で存在している．

b　K_b＝1.0×10^{-5} の弱塩基は，pH 9 ではほとんど分子形で存在している．

c　pK_a＝3 の弱酸は，pH 5 ではほとんど分子形で存在している．

d　pK_b＝4 の弱塩基は，pH 7 ではほとんど分子形で存在している．

e　グリシンは，2 つの pK_a（pK_{a1}＝2.3，pK_{a2}＝9.6）をもつ．pH 0 の溶液では，ほとんど $^+$NH$_3$–CH$_2$–COOH で存在し，pH 12 の溶液では，ほとんど NH$_2$–CH$_2$–COO$^-$ で存在する．

〈ヒント〉
pHと分子形分率（イオン形分率）の関係をイメージできるようにしておく．

〈解答と解説〉
a ○ pH = pK_a + log([A$^-$]/[HA]) に，pH = 3，pK_a = − log (1.0 × 10^{-5}) = 5 を代入すると，
[A$^-$]/[HA] = 10^{-2} = 1/100
下図のような弱酸の分子形とイオン形の関係を式と併せて理解し，イメージしておく．
両曲線の交点が，分率 0.5，そのときの pH が pK_a となる．

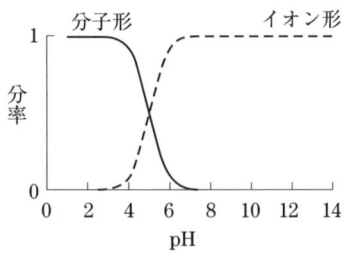

b × pH = pK_a + log([B]/[BH$^+$]) に，pH = 9，pK_a = 14 − pK_b = 9 を代入すると，
[B]/[BH$^+$] = 10^0 = 1
a と同様に，弱塩基の分子形とイオン形の関係を式と併せて理解し，イメージしておく．
両曲線の交点が，ここで問われている pH 9 であり，両形が同量ずつ存在している．

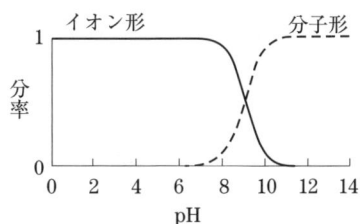

c × ほとんどイオン形（分子形：イオン形＝ 1：100）．
d × ほとんどイオン形（分子形：イオン形＝ 1：1000）．
e ○ $^+$NH$_3$-CH$_2$-COOH $\underset{K_{a1}}{\rightleftarrows}$ $^+$NH$_3$-CH$_2$-COO$^-$ $\underset{K_{a2}}{\rightleftarrows}$ NH$_2$-CH$_2$-COO$^-$

ちなみに，グリシンの等電点 pI は，1/2(pK_{a1} + pK_{a2}) で求められる．

演習問題 2.4.2 図は三塩基酸（H_3Y）の各分子種のモル分率と pH の関係を示したものである．次の記述について，正しいものに○，誤っているものに×を付けよ．

a 曲線の交点 A では，H_3Y と H_2Y^- のモル比は 1：1 である．

b 点 D の pH では，ほとんどが H_2Y^- として存在し，点 E の pH ではほとんどが HY^{2-} として存在している．

c 曲線の交点 B の pH 値は，H_2Y^- の pK_a 値である．

d pH 14 では，ほとんどが Y^{3-} であり，HY^{2-} は 10 % 以下である．

e 三種の化学種 H_2Y^-，HY^{2-}，Y^{3-} が同量存在するのは pH 7 のときである．

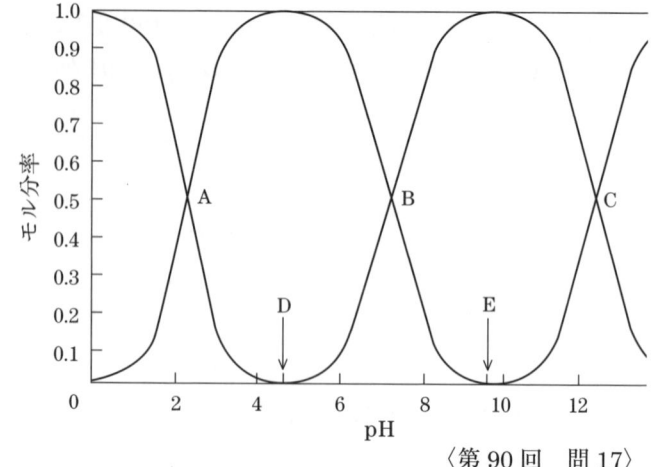

〈第 90 回　問 17〉

〈ヒント〉この酸はリン酸である．

〈解答と解説〉

この三塩基酸はリン酸であり，以下のように解離している．

$$H_3PO_4 \underset{K_{a1}}{\rightleftarrows} H_2PO_4^- \underset{K_{a2}}{\rightleftarrows} HPO_4^{2-} \underset{K_{a3}}{\rightleftarrows} PO_4^{3-}$$

各化学種の分率と pH の関係，頂点および交点の意味するところ，交点と pK_a の関係が問われている．

a ○ 交点 A では，H_3PO_4 と $H_2PO_4^-$ のモル分率がいずれも 0.5 で等しく，当然 $[H_2PO_4^-]=[H_3PO_4]$ になっている．したがって，この溶液の pH は，
$$pH = pK_{a1} + \log([H_2PO_4^-]/[H_3PO_4]) = pK_{a1} + \log 1 = pK_{a1}\ となる．$$

b ○ 記述の通り．

c ○ A, B, C の pH は，それぞれ pK_{a1}, pK_{a2}, pK_{a3} に対応する．pK_a は，"酸"の解離定数なので，pK_{a1} は H_3PO_4 の，pK_{a2} は $H_2PO_4^-$ の，pK_{a3} は HPO_4^{2-} のそれぞれ pK_a である．交点 B は，$H_2PO_4^-$ と HPO_4^{2-} の交点であるが，それぞれ共役酸と共役塩基の関係である．記述の通り，酸 $H_2PO_4^-$（H_2Y^-）の pK_a 値が正しい．

d ○ 記述の通り．

e × 図からわかるように，pH 7 では，$H_2PO_4^-$（H_2Y^-）と HPO_4^{2-}（HY^{2-}）がほぼ同量存在しており，PO_4^{3-}（Y^{3-}）はほとんどない．リン酸一ナトリウム―リン酸二ナトリウム緩衝液は，この交点 B の pH（pK_{a2}）付近で最も緩衝能が高い．

第3章 各種の化学平衡

3.1 錯体・キレート生成平衡

【重要項目のまとめ】

金属錯体：配位子となる中性分子や陰イオンが，それぞれの孤立電子対（非共有電子対）を用いて金属イオンや金属原子と結合したもの

$$Cu^{2+} + 4NH_3 \rightleftarrows [Cu(NH_3)_4]^{2+}$$

　　　　　　配位子　　　　金属錯体（テトラアンミン銅(Ⅱ)イオン）

全生成定数
（全安定度定数）　　$K_f = \dfrac{[Cu(NH_3)_4{}^{2+}]}{[Cu^{2+}][NH_3]^4}$

上の全生成定数は，次の段階的な各反応の逐次生成定数（逐次安定度定数）の積

$$Cu^{2+} + NH_3 \rightleftarrows [Cu(NH_3)]^{2+} \qquad K_1 = \dfrac{[Cu(NH_3)^{2+}]}{[Cu^{2+}][NH_3]}$$

$$[Cu(NH_3)]^{2+} + NH_3 \rightleftarrows [Cu(NH_3)_2]^{2+} \qquad K_2 = \dfrac{[Cu(NH_3)_2{}^{2+}]}{[Cu(NH_3)^{2+}][NH_3]}$$

$$[Cu(NH_3)_2]^{2+} + NH_3 \rightleftarrows [Cu(NH_3)_3]^{2+} \qquad K_3 = \dfrac{[Cu(NH_3)_3{}^{2+}]}{[Cu(NH_3)_2{}^{2+}][NH_3]}$$

$$[Cu(NH_3)_3]^{2+} + NH_3 \rightleftarrows [Cu(NH_3)_4]^{2+} \qquad K_4 = \dfrac{[Cu(NH_3)_4{}^{2+}]}{[Cu(NH_3)_3{}^{2+}][NH_3]}$$

その他の金属錯体の例

　　　$[Fe(CN)_6]^{3-}$　　　　　　　$[Fe(CN)_6]^{4-}$
　　　ヘキサシアノ鉄(Ⅲ)酸イオン　　ヘキサシアノ鉄(Ⅱ)酸イオン

キレート：多座配位子が金属と結合してできる環をもつ化合物

$$Cu^{2+} + 2 \begin{array}{c} H_2C-NH_2 \\ | \\ H_2C-NH_2 \end{array} \rightleftarrows \left[\begin{array}{c} \text{CH}_2-\text{N}-\text{Cu}-\text{N}-\text{CH}_2 \\ \text{CH}_2-\text{N} \quad \text{N}-\text{CH}_2 \end{array} \right]^{2+}$$

多座配位子（キレート試薬） キレート

キレート効果：単座配位子より多座配位子のほうが安定な錯体をつくる（上の例で，アンモニアによる $[Cu(NH_3)_4]^{2+}$ よりもエチレンジアミンによるキレート化合物のほうが安定である）．

代表的キレート試薬

$$\begin{array}{c} \text{HOOCH}_2\text{C} \\ \text{HOOCH}_2\text{C} \end{array} \text{N}-\text{C}-\text{C}-\text{N} \begin{array}{c} \text{CH}_2\text{COOH} \\ \text{CH}_2\text{COOH} \end{array}$$

エチレンジアミン四酢酸（EDTA）

多くの金属イオンと 1：1 でキレートを生成するため，キレート滴定の標準液に利用される．

例題 3.1A 錯体あるいはキレートの生成平衡に関する記述のうち，正しいものの組合せはどれか．

a 錯イオン $[Ag(NH_3)_2]^+$ において，錯体の全生成定数は逐次生成定数の和である．
b 錯体生成は，pH の影響を受けにくい．
c キレート試薬は，多座配位子である．
d Ca^{2+} の EDTA によるキレート滴定において，シアン化カリウムが Co^{2+}，Fe^{2+} などのマスキング剤として使用できるのは，これら金属のシアノ錯体生成定数が EDTA キレート生成定数より大きいからである．

1 (a, b)　2 (a, c)　3 (a, d)　4 (b, c)　5 (b, d)　6 (c, d)

〈解説と解答〉　**正解　6**

a × 全生成定数は逐次生成定数の積である．
b × 錯体の配位子は Brønsted 塩基である．例えば，NH_3 や CN^- などの配位子は，それらの pK_a より低い pH で酸型（例えば，NH_4^+，HCN）になった場合は孤立電子対をもたず，配位できない．そのため，錯体の生成は pH の影響を大きく受ける．
c ○ キレート試薬は多座配位子であるため，金属と結合してキレート環を形成できる．
d ○ CN^- は Co^{2+}，Fe^{2+}，Fe^{3+}，Ni^{2+} などと生成定数の非常に大きな錯体を生成し，Ca^{2+} のキレート滴定においてキレート試薬とこれら金属イオンとの結合を阻止する．マスキング剤は，この場合のシアン化カリウムのように，目的反応の妨害物質の影響を除くため

に加える物質のことである．

3.2 沈殿平衡（溶解度と溶解度積）

【重要項目のまとめ】

溶解度積（K_{sp}）と溶解度（S[mol/L]）との関係

飽和溶液において次の平衡が成り立つ

$$AgCl(固体) \rightleftharpoons Ag^+ + Cl^- \qquad K_{sp} = [Ag^+][Cl^-]$$
$$\; S \quad\; S = S^2 [mol^2/L^2]$$

$$PbCl_2(固体) \rightleftharpoons Pb^{2+} + 2Cl^- \qquad K_{sp} = [Pb^{2+}][Cl^-]^2$$
$$\; S \quad\;\; 2S = S \cdot (2S)^2$$
$$ = 4S^3 \;[mol^3/L^3]$$

K_{sp} ＞ イオン濃度の積　では完全に溶解

塩を形成するイオンの数が異なる塩（例えば，上のAgClとPbCl₂）同士の溶けやすさの比較は，単に K_{sp} の大小ではできない（K_{sp} の単位に注目）．

異種イオン効果：難溶性塩と無関係なイオンの存在で溶解度が増加（塩効果）

共通イオン効果：難溶性塩を形成するイオンの存在で溶解度が減少（平衡が沈殿方向に傾くため）

【チェック問題】

次の記述について，正しいものに○，誤っているものに×を付けよ．

1)（　）難溶性塩 MX の溶解度が S mol/L であるとき，この塩の溶解度積は S^2 である．
2)（　）難溶性塩 M₂X の溶解度が S mol/L であるとき，この塩の溶解度積は S^3 である．
3)（　）溶液中に沈殿物と無関係なイオンが多量に存在すると，沈殿しやすくなる．
4)（　）難溶性塩の飽和溶液に，その塩を形成するイオンを加えると沈殿が起こる．

〈解答と解説〉

1)　○
2)　×　まとめのPbCl₂のように $4S^3$．
3)　×　異種イオン効果で，溶けやすくなる．
4)　○

例題 3.2A 沈殿平衡に関する記述のうち，正しいものの組合せはどれか．

a 難溶性塩の Ag_2CrO_4 の溶解度 S と溶解度積 K_{sp} の間には，$K_{sp} = 4S^3$ の関係がある．
b 異種イオン効果とは，溶液中に沈殿物と無関係なイオンが多量に存在すると，沈殿物の溶解度が減少することである．
c 価数の異なる金属イオンが混在する溶液に NaOH 溶液を加えると，溶解度積の小さい金属水酸化物から沈殿する．
d 共通イオン効果とは，難溶性塩の飽和溶液に共通イオンを加えると，難溶性塩の溶解度が著しく減少することである．

1 (a, b)　**2** (a, c)　**3** (a, d)　**4** (b, c)　**5** (b, d)　**6** (c, d)

〈第 93 回　問 19　改変〉

〈解答と解説〉 正解　**3**

a ○　Ag_2CrO_4 の沈殿平衡は，Ag_2CrO_4（固体）$\rightleftarrows 2Ag^+ + CrO_4^{2-}$ であり，溶解度が S mol/L であるならば，$[Ag^+] = 2S$，$[CrO_4^-] = S$ である．$K_{sp} = [Ag^+]^2[CrO_4^-]$ となるので，$K_{sp} = 4S^3$ である．

b ×　異種イオン効果とは，溶液中に沈殿と無関係なイオンが多量に存在すると溶解度が増加することである．

c ×　水酸化物は，1 価金属イオンでは MOH，2 価金属イオンでは $M(OH)_2$，3 価金属イオンでは $M(OH)_3$ となる．これらの溶解度積の単位は，それぞれ $[mol^2/L^2]$，$[mol^3/L^3]$，$[mol^4/L^4]$ となり，互いに次元が異なるため大小関係を比較することができない．また，価数が同じ場合では，例外はあるが，ほぼ溶解度積の小さい順に沈殿する．

d ○　難溶性塩の飽和溶液に共通イオンを加えると，平衡は沈殿の方に移動する．これを共通イオン効果という．よって，溶解度は減少する．

演習問題 3.2.1 ある難溶性塩 MX_2（分子量 500）は，水中で解離し，次式のような平衡状態にある．

$$(MX_2)_{solid} \rightleftarrows M^{2+} + 2X^-$$

MX_2 は水 1.0 L に最大 1.0 mg 溶解した．その場合の溶解度（mol/L）と溶解度積の正しい組合せはどれか．

	溶解度	溶解度積
1	2.0×10^{-3}	3.2×10^{-8}
2	2.0×10^{-3}	1.6×10^{-8}
3	2.0×10^{-6}	8.0×10^{-12}
4	1.0×10^{-6}	4.0×10^{-12}
5	2.0×10^{-6}	3.2×10^{-17}

〈第 90 回　問 19，第 85 回　問 19　改変〉

⟨ヒント⟩

問題の溶解度は，最大に溶解したとき，すなわち，飽和溶液におけるこの塩のモル濃度である．溶解度積は，このとき解離して生じる各イオンの濃度を用いて $[M^{2+}][X^-]^2$ である．反応式から各イオンのモル比がわかるので，溶解度を用いて $[M^{2+}]$ と $[X^-]$ が計算でき，溶解度積が求められる．

⟨解答と解説⟩

分子量 500 の塩が 1.0 L 中に 1.0 mg 溶解したのであるから，その溶解度 S は，

$$S = \frac{1.0}{1000 \times 500}$$

$$= 2 \times 10^{-6} \text{ mol/L}$$

この溶液において各イオンの濃度は，

$[M^{2+}] = S$
$[X^-] = 2S$

$\Rightarrow \quad K_{sp} = [M^{2+}][X^-]^2 = 4S^3 = 3.2 \times 10^{-17}$

したがって，5 が正解である．

3.3 酸化還元電位と酸化還元平衡

【重要項目のまとめ】

半電池反応から，ネルンストの式を用いて単極電位（E）を求める（E は標準水素電極に対する電位）．

$$aOx + ne^- \rightleftharpoons bRed \longrightarrow E = E° + \frac{RT}{nF} \ln \frac{[Ox]^a}{[Red]^b}$$

25 ℃ では， $E = E° + \frac{0.059}{n} \log_{10} \frac{[Ox]^a}{[Red]^b}$

R：気体定数
T：絶対温度
F：ファラデー定数
$E°$：標準酸化還元電位

酸化還元平衡とネルンストの式

$$Ox_1 + Red_2 \rightleftarrows Red_1 + Ox_2 \cdots\cdots (A)$$

↓

半電池反応に分解

1) $Ox_1 + ne^- \rightleftarrows Red_1$ $E_1 = E°_1 + \dfrac{0.059}{n} \log_{10} \dfrac{[Ox_1]}{[Red_1]}$

2) $Ox_2 + ne^- \rightleftarrows Red_2$ $E_2 = E°_2 + \dfrac{0.059}{n} \log_{10} \dfrac{[Ox_2]}{[Red_2]}$

― 電池の起電力 ―

起電力 $= |E_1 - E_2|$

標準起電力 $= |E°_1 - E°_2|$

― 平衡定数 ―

平衡状態では $E_1 = E_2$ なので

$E°_1 - E°_2 = \dfrac{0.059}{n} \log_{10} \dfrac{[Red_1][Ox_2]}{[Ox_1][Red_2]}$

$= \dfrac{0.059}{n} \log_{10} K$

$E°_1 > E°_2$ であれば，(A)式の反応は右に進む ↓

反応は，$E°$ の小さい方の還元体から大きい方の酸化体へ電子が流れるように進む

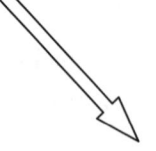

― 酸化還元滴定の当量点の電位 ―

当量点では

$[Ox_1] = [Red_2]$，$[Red_1] = [Ox_2]$

かつ，平衡状態であるので

$E_1 = E_2 = E_{eq}$ となり，

1)，2) のネルンストの式から

$E_{eq} = \dfrac{E°_1 + E°_2}{2}$

*($Ox_1 : Red_2 = 1 : 1$ で反応する場合のみ)

【チェック問題】

次の記述について，正しいものに○，誤っているものに×を付けよ．

1)（　） 半電池反応 $Ox + ne^- \rightleftarrows Red$ におけるネルンストの式は，25℃において

$E = E° + \dfrac{0.059}{n} \log_{10} \dfrac{[Red]}{[Ox]}$ である．

2)（　） 標準酸化還元電位とは，半電池反応において酸化体と還元体の活量がそれぞれ1のときの電位である．

3)（　） 電池の起電力は，両極の各半電池反応の標準酸化還元電位の差である．

4)（　） 酸化還元反応は2組の半電池反応の組合せであり，標準酸化還元電位の小さい方の酸化型が酸化剤となって進行する．

5)（　） 酸化還元滴定の当量点の電位は，滴定に係わる2つの標準酸化還元電位の平均値である．

⟨解答と解説⟩

1) ×　[Red] と [Ox] が逆（または "+" を "-" に）．[Ox] が高いと酸化還元電位が高い．

2) ○

3) ×　標準起電力の説明．通常の起電力は各濃度も関与する．

4) ×　還元型が還元剤となって進行する．

5) ○

例題 3.3A　次の酸化還元平衡式に関する **a～d** の記述について，正しいものに○，誤っているものに×を付けよ..

$$Fe^{2+} + Ce^{4+} \rightleftarrows Fe^{3+} + Ce^{3+}$$

なお，酸化還元電位（E）はネルンスト（Nernst）式，

$$E = E° + \frac{0.059}{n} \log \frac{[酸化体]}{[還元体]}$$

で示され，Fe および Ce の標準酸化還元電位（$E°$）はそれぞれ 0.80 V および 1.60 V とする．

a　標準酸化還元電位（$E°$）は，[酸化体]：[還元体] ＝ 1：1 のときの電位（E）である．

b　Fe^{2+} と Ce^{4+} の混合溶液では，反応は右に進む．

c　Fe^{2+} と Ce^{4+} の混合溶液では，Ce^{4+} が還元剤であり，Fe^{2+} が酸化剤として働く．

d　Fe^{2+} を Ce^{4+} で滴定すると，当量点における電位（E）は 1.20 V である．

⟨第 85 回　問 20⟩

⟨ヒント⟩

$\log \frac{[酸化体]}{[還元体]}$ は $\log_{10} \frac{[酸化体]}{[還元体]}$ のことで，$\log_{10} 1 = 0$ である．

⟨解答と解説⟩

a　○　標準酸化還元電位は，ネルンストの式で対数を含む項が 0 になるとき，すなわち，$\log_{10} 1$ となるときの電位である．これは，[酸化体]＝[還元体] となるとき，あるいは酸化体，還元体の活量が各々 1 となるときに相当する．

b　○　反応は $E°$ の小さいほうの還元体から大きいほうの酸化体へ電子が流れるように進む．問題の場合，$E°$ の大小関係より，Fe の還元体（Fe^{2+}）から Ce の酸化体（Ce^{4+}）へ電子が流れる方向に進むため，反応は右に進む．

c　×　b より，Fe^{2+} から Ce^{4+} へ電子が流れる方向に反応が進むため，Fe^{2+} は還元剤，Ce^{4+} は酸化剤である．よって，誤りである．また，反応式で Fe^{2+} は Fe^{3+} に酸化されることからも，Fe^{2+} が還元剤として働くことがわかる．

d　○　当量点における電位は，2 つの標準酸化還元電位の平均値になるため，
(0.80 ＋ 1.60)/2 ＝ 1.20 V である．

演習問題 3.3.1 図は塩橋を用いたダニエル電池を示す．この電池の酸化還元平衡は次式で表せる．

$$Cu^{2+} + Zn \rightleftarrows Cu + Zn^{2+} \qquad (1)$$

また，Zn 電極，Cu 電極の標準電極電位（25℃）$E°$ はそれぞれ $-0.763\,V$，$0.337\,V$ である．次の記述の正誤について，正しいものには○，誤っているものには×を付けよ．

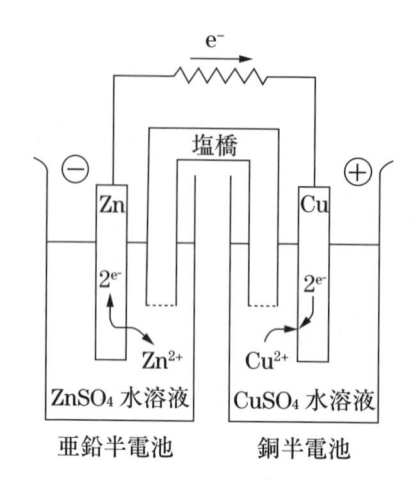

a 図の左側の電極では還元反応が，右側の電極では酸化反応が起こり，全電池反応は(1)式となる．
b 電池の起電力は，左側の電極を基準とし，還元電位ともよばれる．
c 起電力は左側の半電池を基準とするので，ダニエル電池の標準起電力 $E°$ は，$1.10\,V$ である．
d 塩橋を用いているので，電極電位以外に液間電位差を考慮する必要がある．

〈第89回 問20 改変〉

〈ヒント〉

図の電子の流れから左側の電極では酸化が，右側の電極では還元が起こることがわかる．もし，図中に電子の流れが示されていなくても，2つの半電池の標準酸化還元電位を比べ，値の低い亜鉛半電池の Zn 電極から高い銅半電池の Cu 電極に電子が移動することがわかる．また，亜鉛と銅のイオン化傾向の大小（Zn > Cu）からも，このことは容易に想像できる．

〈解答と解説〉

a × 電子は Zn 電極から Cu 電極に流れるので，左側では Zn ⟶ Zn^{2+} + e^- の酸化反応が，右側では Cu^{2+} + e^- ⟶ Cu の還元反応が進行する．ただし，全電池反応は(1)で示される通りである．

b × 電池は，普通左側を負極として記載される．問題の図もそのように表されている．電池の起電力は（正極の電位）−（負極の電位）であるので左側が起電力の基準になる．しか

し，還元電位や酸化電位は，ある電極に印加された電圧を，標準水素電極を基準とした電位で表したものであり，後半の記述は誤り．

c ○ 左側に負極を置いて基準とする．標準起電力は標準酸化還元電位（$E°$）の差（正極の $E°$）−（負極の $E°$）であり，$0.337 - (-0.763) = 1.10\,\text{V}$ となるので，正しい．

d × 塩橋は液間電位差を取り除くために用いるものである．U字管の中で，KCl などの電解質水溶液を寒天などで固めたもので，2つの半電池の溶液相をつなぐ．

3.4 分配平衡

【重要項目のまとめ】

分配平衡（弱酸性物質の場合）

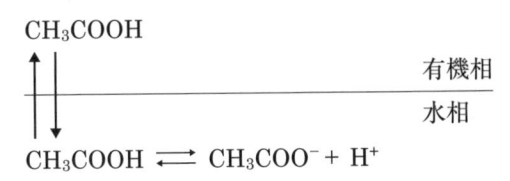

$$\begin{array}{c}
CH_3COOH \\
\updownarrow \\
\rule{8cm}{0.4pt} \quad \text{有機相} \\
\text{水相} \\
CH_3COOH \rightleftarrows CH_3COO^- + H^+
\end{array}$$

分配係数（K_D）

同一化学種についての各相における<u>濃度</u>の比

$$K_D = \frac{[CH_3COOH]_o}{[CH_3COOH]_w}$$

親油性の化学種は，極性の低い（誘電率の低い）溶媒に対して K_D が大

見かけの分配係数（分配比）（D）

すべての化学種（解離や会合などにより変化）を含む，各相における<u>濃度</u>の比

例えば上の酢酸（水相中で解離する）の場合，見かけの分配係数は次式で表される．

$$D = \frac{[CH_3COOH]_o}{[CH_3COOH]_w + [CH_3COO^-]_w}$$

pH と見かけの分配係数

（ポイント）……有機相に分布できるのは分子型（イオンは分布しにくい）

溶質が弱酸の場合

水相の pH ≪ pK_a ⟶ 分子型の割合が増える ⟶ 有機相に溶ける割合が増える

（D は大きくなる）

溶質が弱塩基の場合

　　水相の pH ≫ 共役酸の pK_a ⟶ 分子型の割合が増える ⟶ 有機相に溶ける割合が増える
　　　　　　　　　　　　　　　　　　　　　　　　　　　　　　　　　　　　(D は大きくなる)

抽出率

$$E(\%) = \frac{抽出溶媒で抽出された量}{全体の量} \times 100$$

$$= \frac{D}{D + V_w/V_o} \times 100 \qquad V_w：水相の体積 \quad V_o：有機相の体積$$

【チェック問題】

次の記述について，正しいものに○，誤っているものに×を付けよ．

1)（　）分配平衡に至ったのち，ある化学種について有機相中の濃度の水相中の濃度に対する比を分配係数という．
2)（　）分配係数は二相の溶媒の体積比に依存する．
3)（　）水相中で解離する物質については，見かけの分配係数は pH によらず一定である．
4)（　）水相中で解離する物質は，イオン型の方が分子型より有機相に分布しやすい．
5)（　）弱塩基性物質の見かけの分配係数は，水相の pH が低いほど大きい．
6)（　）抽出率は，有機溶媒中の濃度の水中の濃度に対する割合を百分率で表したものである．
7)（　）抽出率は，二相の溶媒の体積比に依存しない．

〈解答と解説〉

1) ○
2) ×　濃度比に依存する．
3) ×　まとめのとおり，pH により変化する
4) ×　イオン型は，有機相にほとんど分布しない．
5) ×　pH が低いと，イオン型（BH$^+$）が多くなり，見かけの分配係数は小さくなる．
6) ×　濃度ではなく，文字通り，全部の量から，どれだけが抽出されたか．
7) ×　依存する．抽出回数が同じなら，体積が大きい方が，抽出率が高い．

例題 3.4A　分配平衡に関する記述の正誤について，正しいものには○，誤っているものには×を付けよ．

a　分配係数は，ある化学種について，有機相中の存在量を水相中の存在量で除した値である．
b　分配係数は，水相と有機相の体積比が変化すると変わる．
c　水相で解離する物質の見かけの分配係数は，その分子型の分配係数より大きい．
d　弱酸性物質の見かけの分配係数は，水相の pH が低いほうが大きい．

3.4 分配平衡

〈解答と解説〉

a × 分配係数は，ある化学種について有機相中の濃度の水相中の濃度に対する割合である．

b × 分配係数は，水相と有機相のそれぞれの体積には影響されない．分配係数は，水相と有機相が同体積のときのみに成立するものではなく，また体積比が変化しても変わらない．

c × 例えば弱酸 HA についてみれば，見かけの分配係数は $[HA]_o/([HA]_w + [A^-]_w)$ であるので，分子型 HA の分配係数（$[HA]_o/[HA]_w$）より小さくなる．

d ○ 有機相には分子型が分配し，イオン型は移りにくい．水相の pH が低い方が，水相で弱酸の分子型の割合が多くなる．そのため，有機相に移動しやすくなり，見かけの分配係数は大きくなる．

演習問題 3.4.1 分配平衡に関する記述について，正しいものの組合せはどれか．

a 分配係数は，有機相の体積を増やすと大きくなる．
b 有機相中で会合する物質の見かけの分配係数は，単量体の分配係数より大きい．
c 弱塩基性物質の見かけの分配係数は，水相の pH が高い方が大きい．
d 弱酸性物質の見かけの分配係数は，水相の pH をその物質の pK_a に合わせると分子型の分配係数と一致する．

1 (a, b)　　2 (a, c)　　3 (a, d)　　4 (b, c)　　5 (b, d)　　6 (c, d)

〈解答と解説〉 正解 4

a × 例題 3.4A の b の解説の通り，分配係数は水相や有機相の体積が変化しても変わらない．

b ○ 例えば二量体を形成する物質 A についてみれば，有機相中では 2A $\rightleftarrows$ A$_2$ という会合平衡が成立しており，単量体 A と二量体 A$_2$ の2つの状態で存在している．見かけの分配係数は $([A]_o + 2[A_2]_o)/[A]_w$ となり，A の分配係数 $[A]_o/[A]_w$ より大きくなる．

c ○ 水相の pH が高い方が，水相で弱塩基の分子型の割合が多くなる．そのため，有機相に移動しやすくなり，見かけの分配係数は大きくなる．

d × 弱酸性物質の見かけの分配係数は，$[HA]_o/([HA]_w + [A^-]_w)$ である．弱酸性物質の分子型とイオン型の濃度の割合は pH を pK_a に合わせると等しくなるので，見かけの分配係数は $[HA]_o/2[HA]_w$ となり，分子型 HA の分配係数（$[HA]_o/[HA]_w$）の 1/2 となる．

演習問題 3.4.2 溶媒抽出法に関する記述のうち，正しいものの組合せはどれか．

a 水溶液中の目的成分を有機相に抽出するための有機溶媒として，メタノールやアセトニトリルが適している．
b 水溶液中の目的成分が酸性物質である場合，この水溶液をアルカリ性にすれば有機溶媒で抽出されやすくなる．
c 水溶液中の目的成分を有機相に効率的に抽出するために，塩化ナトリウムなどの無機塩を水相に飽和濃度まで添加することがある．

d　水溶液中の目的成分の有機溶媒への抽出率は，用いる有機溶媒の体積には影響されない．

e　水溶液中の目的成分を一定量の有機溶媒で抽出する場合，一度で抽出するより抽出回数を増やした方が抽出効率は高くなる．

1　(a, c)　　2　(a, d)　　3　(b, c)　　4　(b, d)　　5　(c, e)　　6　(d, e)

〈第92回　問28〉

〈ヒント〉

溶媒抽出は分配平衡の応用である．溶媒抽出で問題にするのは有機溶媒中の量である．分配平衡が成り立っていれば，ある溶質について同じ溶媒を用いれば同一温度下で水相中と有機相中の濃度の比が一定である（分配係数あるいは見かけの分配係数）．各相に存在する溶質の量は，濃度×体積で表される．

〈解答と解説〉　正解　5

a　×　水と混じり合う有機溶媒で溶媒抽出を行うことはできない．メタノールやアセトニトリルは，いずれも水と混じり合うため使用できない．水と混じる有機溶媒には，そのほかエタノールやアセトンがある．

b　×　有機相に分配できるのは，イオン型ではなく分子型である．酸性物質の分子型の割合を多くするためには，水溶液のpHをその物質のpK_aより低くしなければならない．

c　○　塩析として知られる方法である．水相を無機塩で飽和させることで，そこに溶けている目的成分を有機相に移しやすくすることができる．

d　×　抽出率は，目的成分全体のうちで有機相に分配したものの割合（%）である．その成分の有機相中と水相中の濃度の比（分配係数あるいは見かけの分配係数）は一定であるため，有機相の体積を大きくすれば，それだけ有機相に分配する量は多くなる．濃度比（分配係数あるいは見かけの分配係数）は溶媒の体積によって変化しないが，量比（抽出率）は変わることに注意すること．

e　○　抽出率を高くする方法として，抽出溶媒の体積を大きくする以外に，抽出回数を増やすこと（一定量の抽出溶媒を用いる場合には分割して）が挙げられる．

演習問題 3.4.3　ある中性有機化合物 2.0 g を 250 mL の水に溶解し，分液ロートを用いて 500 mL のヘキサンで溶媒抽出した．この化合物のヘキサンと水の間での分配係数は 2.0 とわかっている．ヘキサンで抽出されたこの化合物の量に最も近いものはどれか．

1　1.6 g　　2　1.3 g　　3　1.0 g　　4　0.8 g　　5　0.4 g

〈ヒント〉

ヘキサンで抽出される量を x g とおく．分配係数は，ヘキサン相中と水相中の濃度の比である．

〈解答と解説〉 正解 1

ヘキサンで抽出される量を x g とすると，水相に残る量は $(2.0 - x)$ g となる．
分配係数の定義から，次の式が立てられる．

$$2.0 = \frac{x \times 1000/500}{(2.0-x) \times 1000/250}$$

この式から x を求めると，1.6 g となり，1 が正解である．

3.5 イオン交換

【重要項目のまとめ】

陽イオン交換
　陽イオン交換樹脂のイオン交換基は，−に荷電するもの（スルホン基，カルボキシ基など）

　　　R−SO₃H + M⁺ ⇌ R−SO₃M + H⁺
　　　陽イオン交換樹脂

$$K = \frac{[\text{R}-\text{SO}_3\text{M}][\text{H}^+]}{[\text{R}-\text{SO}_3\text{H}][\text{M}^+]}$$

陰イオン交換
　陰イオン交換樹脂のイオン交換基は，＋に荷電するもの（アミノ基，四級アンモニウム基など）

　　　R−CH₂N⁺(CH₃)₃OH⁻ + X⁻ ⇌ R−CH₂N⁺(CH₃)₃X⁻ + OH⁻
　　　　　　陰イオン交換樹脂

$$K = \frac{[\text{R}-\text{CH}_2\text{N}(\text{CH}_3)_3\text{X}][\text{OH}^-]}{[\text{R}-\text{CH}_2\text{N}(\text{CH}_3)_3\text{OH}][\text{X}^-]}$$

平衡定数（K）が大きい ⟶ イオンの樹脂への吸着性が高い

例題 3.5A イオン交換に関する記述のうち,正しいものの組合せはどれか.

a スルホン基,カルボキシル基およびジエチルアミノエチル基は,いずれも陽イオン交換基である.
b グリシンを陽イオン交換樹脂に結合させる場合,溶液のpHを等電点より低くする必要がある.
c アラニンとリシンを陽イオン交換樹脂に結合させ,溶出液のpHを徐々に上げると,リシンが先に溶出する.
d 陽イオン交換樹脂に結合した物質は,高濃度のNaCl水溶液を流すことにより溶出させることができる.

1 (a, b) 2 (a, c) 3 (a, d) 4 (b, c) 5 (b, d) 6 (c, d)

〈解答と解説〉 **正解 5**

アミノ酸やタンパク質の等電点と電荷との関係は,イオン交換のみならず電気泳動でも必要となる知識である.よく理解しておくこと.

a × スルホン基,カルボキシ基およびジエチルアミノエチル基はそれぞれ次のように解離する.

$$R-SO_3H \longrightarrow R-SO_3^- + H^+$$
$$R-COOH \longrightarrow R-COO^- + H^+$$
$$R-C_2H_4N(C_2H_5)_2 + H^+ \longrightarrow R-C_2H_4N(C_2H_5)_2H^+$$

スルホン基とカルボキシ基は−に荷電するので陽イオン交換基であるが,ジエチルアミノエチル基は+に荷電するので陰イオン交換基である.

b ○ アミノ酸は,溶液のpHを等電点より低くすると正に,等電点より高くすると負に,それぞれ荷電する.したがって,陽イオン交換樹脂に結合させるためには,溶液のpHを等電点より低くする必要がある.グリシンの等電点は5.97であるので,これよりpHを低くすると正に荷電し,陽イオン交換樹脂に結合できるようになる.

c × アラニンとリシンでは,等電点はアラニンのほうが低い(アラニンでは6.00,リシンでは9.75).したがって,溶出液のpHを徐々に上げていくと,等電点の低いアラニンの方が先に電気的に中性となり,陽イオン交換樹脂からはずれる.

d ○ 陽イオン交換樹脂に結合した陽イオンは,高濃度のNaClが流されると溶出する.これは,遊離のNa$^+$の濃度が高いために,Na$^+$の陽イオン交換平衡が結合方向に偏り,既に結合していた陽イオンと置き換わるためである.同じことは,陰イオン交換樹脂に結合した陰イオンでも起こる.陰イオン交換では,陰イオンはCl$^-$と置き換わる.

第4章 容量分析

【重要事項のまとめ】

1. **容量分析用標準液の標定**：真のモル濃度を求める＝ファクター（f）を求める.

    ファクター（f）：規定されたモル濃度(mol/L)からのずれの度合い

    $$f = \frac{真のモル濃度(mol/L)}{規定されたモル濃度(mol/L)}$$

    日本薬局方では，$f = 0.970 \sim 1.030$ の範囲（表示濃度の±3％以内の範囲）になるように調製する.

    直接法：標準試薬を調製した標準液で滴定してファクターを求める.

    $$f = \frac{1000m}{VMn}$$

    M：標準液の調製に用いた物質1モルに対応する標準試薬などの質量（g）
    m：標準試薬などの採取量（g）
    V：調製した標準液の消費量（mL）
    n：調製した標準液の規定されたモル濃度を表す数値

    間接法：ファクター既知の標準液を調製した標準液で滴定してファクターを求める.

    $$f_2 = \frac{V_1 \times f_1}{V_2}$$

    f_1：滴定用標準液のファクター　　V_1：滴定用標準液の消費量（mL）
    f_2：調製した標準液のファクター　　V_2：調製した標準液の採取量（mL）

2. **対応量**：標準液（$f = 1.000$）1 mL と反応する目的物質の質量（mg）

    「標準液 1 mL ＝［対応量］mg　目的成分」と表示される.

    対応量の計算：標準試薬と標準液中の物質の反応のモル比を考えて計算するとよい.

3. **定量**：直接滴定と間接滴定（逆滴定）がある.

    直接滴定：試料を直接標準液で滴定して反応させ，終点を求めて試料の量を求める.

    $$含量（\%） = \frac{対応量(mg/mL) \times 標準液の消費量V(mL) \times f}{採取量(g) \times 10^3} \times 100$$

    ※「$V \times f$」は，$f = 1.000$ のときの標準液の消費量（mL）を表すので，

    目的物質の質量（mg）＝「対応量 $\times V \times f$」で計算される.

間接滴定：試料に試薬（標準液）を加えて反応させたのち，未反応の試薬（標準液）を別の標準液で滴定して試料の量を求める．通例，空試験を行って補正する．代表的な方法としては逆滴定がある．

$$含量（\%） = \frac{対応量(\text{mg/mL}) \times (B-A) \times f}{採取量(\text{g}) \times 10^3} \times 100$$

A：本試験での標準液の消費量（mL）
B：空試験での標準液の消費量（mL）

【空試験】操作の途中に入り込む誤差を補正する手段．通例，試料を用いないで，試料があるときと全く同じ操作で試験を行う．

4．滴定終点の求め方：
　指示薬法：指示薬の色調の変化をとらえる終点決定
　電気的終点決定法：電気的信号の変化をとらえて終点決定
　　電位差滴定法と**電流滴定法**がある．

代表的な容量分析用標準液

標準液	標定で用いる標準試薬／標準液など	滴定終点決定法	保存法
中和滴定			
1 mol/L 塩酸	炭酸ナトリウム	メチルレッド，または電位差滴定法	
0.5 mol/L 硫酸			
1 mol/L 水酸化カリウム液	アミド硫酸	ブロモチモールブルー	密栓した瓶または二酸化炭素吸収管（ソーダ石灰）を付けた瓶に保存
1 mol/L 水酸化ナトリウム液		ブロモチモールブルー，または電位差滴定法	
非水滴定			
0.1 mol/L 過塩素酸	フタル酸水素カリウム	クリスタルバイオレット，または電位差滴定法	湿気を避けて保存
0.1 mol/L 酢酸ナトリウム	0.1 mol/L 過塩素酸（間接法）	p-ナフトールベンゼイン	
0.2 mol/L テトラメチルアンモニウムヒドロキシド液	安息香酸	チモールブルー・ジメチルホルムアミド，または電位差滴定法	密栓して保存
0.1 mol/L ナトリウムメトキシド液		チモールブルー・N,N-ジメチルホルムアミド	湿気を避けて，冷所に保存する．
キレート滴定			
0.05 mol/L エチレンジアミン四酢酸二水素二ナトリウム液	亜鉛	エリオクロムブラックT・塩化ナトリウム	ポリエチレン瓶に保存
0.05 mol/L 塩化マグネシウム液	0.05 mol/L エチレンジアミン四酢酸二水素二ナトリウム液（間接法）		
0.05 mol/L 酢酸亜鉛液			
沈殿滴定			
0.1 mol/L 硝酸銀液	塩化ナトリウム	フルオレセインナトリウム，または電位差滴定法	遮光して保存
0.1 mol/L チオシアン酸アンモニウム液	0.1 mol/L 硝酸銀液（間接法）	硫酸アンモニウム鉄(Ⅲ)	

酸化還元滴定			
0.02 mol/L 過マンガン酸カリウム液	シュウ酸ナトリウム	過マンガン酸カリウムの赤色で判定（持続する淡赤色を呈するまで）	遮光して保存
0.05 mol/L シュウ酸液	0.02 mol/L 過マンガン酸カリウム液（間接法）		
0.05 mol/L 臭素液	0.1 mol/L チオ硫酸ナトリウム液（間接法）	デンプン	
0.1 mol/L チオ硫酸ナトリウム液	ヨウ素酸カリウム	デンプン，または電位差滴定法	
0.05 mol/L ヨウ素液	0.1 mol/L チオ硫酸ナトリウム液（間接法）		遮光して保存
0.05 mol/L ヨウ素酸カリウム液	ヨウ素酸カリウム（標準試薬）を精密に量り，ファクターを計算		
ジアゾ滴定			
0.1 mol/L 亜硝酸ナトリウム液	スルファニルアミド	電位差滴定法，または電流滴定法	遮光して保存

【チェック問題】

次の記述について，正しいものに○，誤っているものに×を付けよ．

1) ( ) 規定された濃度 n にファクター f をかけた値（$n \times f$）は，標準液の真の濃度を表す．
2) ( ) 標準液の消費量 V にファクター f をかけた値（$V \times f$）は，$f = 1.000$ のときの標準液の消費量を表す．
3) ( ) 対応量は，標準液（$f = 1.000$）1 L と反応する目的物質の質量（mg）を表したものである．
4) ( ) 通例，ファクター f は，0.950〜1.050 の範囲にあるように調製する．
5) ( ) 容量分析用標準液の標定の間接法では，標準試薬を調製した標準液で滴定して標定する．
6) ( ) 逆滴定では，本試験のほうが空試験より容量分析用標準液の消費量が多い．
7) ( ) 中和滴定と非水滴定は，いずれも定量的な酸と塩基の反応を利用している．
8) ( ) $HClO_4$，HCl，HNO_3，H_2SO_4 のうち，酢酸 (100) 中で最も強い酸として作用するのは HCl である．
9) ( ) エチレンジアミン四酢酸二水素二ナトリウム液は Zn^{2+}，Al^{3+} のいずれとも 1：2（モル比）でキレートを生成する．
10) ( ) 金属指示薬は金属と反応してキレートを生成する．
11) ( ) 0.5 mol/L 水酸化ナトリウムの標定には，標準試薬としてアミド硫酸を用い，指示薬としてブロモチモールブルーを用いる．
12) ( ) 0.1 mol/L 過塩素酸は，酸化還元滴定に用いられる標準液である．
13) ( ) 0.05 mol/L エチレンジアミン四酢酸二水素二ナトリウム液の標定には，標準試薬として塩化マグネシウム，指示薬としてエリオクロムブラック T・塩化ナトリウム指示薬を用いる．
14) ( ) シアンを含む医薬品の定量に，沈殿滴定は適用できない．

15)（　）0.1 mol/L 硝酸銀液の標定には，標準試薬として塩化ナトリウム，終点の検出にはフォルハルト法または電流滴定法を用いる．

16)（　）0.1 mol/L チオシアン酸アンモニウム液の標定は，既知濃度の硝酸銀液を用いる間接法で行い，終点の検出にはファヤンス法を用いる．

17)（　）0.02 mol/L 過マンガン酸カリウム液の標定における終点の決定は，適当な指示薬がないので，電位差滴定により求める．

18)（　）0.1 mol/L チオ硫酸ナトリウム液は，酸化還元滴定において還元剤として用いられる標準液である．

19)（　）ジアゾ滴定は，酸化還元滴定の一種で，芳香族第一，第二アミンの定量に用いられる．

20)（　）電位差滴定により過塩素酸で L-ロイシンを滴定する場合，指示電極としてガラス電極を用いる．

21)（　）ジアゾ滴定の終点検出には，電流滴定が用いられ，電位差滴定は用いられない．

22)（　）電流滴定法は，水分測定法（カールフィッシャー法）に用いられている．

〈解答と解説〉

1) ○

2) ○

3) ×　標準液（$f = 1.000$）<u>1 mL</u> と反応する目的物質の<u>質量（mg）</u>である．

4) ×　0.970〜1.030 の範囲にあるように調製する．

5) ×　直接法の記述である．間接法は，ファクター既知の標準液を調製した標準液で滴定する．

6) ×　逆滴定では，空試験のほうが本試験より容量分析用標準液の消費量が多い．

7) ○

8) ×　酢酸（100）中での酸の強さは $HClO_4 > H_2SO_4 > HCl > HNO_3$ であり，このとき H_2SO_4 は一価の酸として作用している．

9) ×　エチレンジアミン四酢酸二水素二ナトリウム液は Zn^{2+}，Al^{3+} のいずれとも 1：1（モル比）でキレートを生成する．

10) ○

11) ○

12) ×　0.1 mol/L 過塩素酸は，非水滴定に用いられる標準液である．

13) ×　標準試薬としては，亜鉛が用いられる．

14) ×　沈殿滴定はハロゲン，シアンなどを含む医薬品の定量に用いられる．

15) ×　0.1 mol/L 硝酸銀液は沈殿滴定の標準液で，標定の際は，指示薬としてフルオレセインナトリウム試液を用いるファヤンス法，または電位差滴定法（指示電極：銀電極）で終点を求める．

16) ×　0.1 mol/L チオシアン酸アンモニウム液は，沈殿滴定の標準液である．標定は，既知濃度の硝酸銀液をチオシアン酸アンモニウム液で滴定して行う．滴定の終点は，硫酸アンモニウム鉄(Ⅲ)試液を指示薬とするフォルハルト法である．

17) ×　過マンガン酸カリウム液の標定は，標準試薬にシュウ酸ナトリウムを用いる．終点は，滴定進行に伴う過マンガン酸イオン（赤色）→ Mn^{2+}（無色）の色調変化を利用する．
18) ○　他に，シュウ酸液も還元剤である．
19) ×　ジアゾ滴定は，芳香族第一アミンと，酸性溶液中，亜硝酸ナトリウムと反応させジアゾニウム化合物を生成する反応（ジアゾ化反応）に基づいた滴定法．
20) ○　過塩素酸による L-ロイシンの定量は非水滴定で，電位差滴定法により終点を求める．
21) ×　電位差滴定も用いることができる．
22) ○

容量分析用標準液に関する演習問題

演習問題 4.0.1　日本薬局方容量分析用標準液の標定に関する記述のうち，正しいものの組合せはどれか．

	容量分析用標準液	滴定の種類	用いる標準試薬	指示薬
a	0.05 mol/L エチレンジアミン四酢酸二水素二ナトリウム液	キレート滴定	亜鉛	エリオクロムブラック T・塩化ナトリウム指示薬
b	0.1 mol/L テトラメチルアンモニウムヒドロキシド液	酸塩基滴定	安息香酸	チモールブルー・N,N-ジメチルホルムアミド試液
c	0.1 mol/L チオ硫酸ナトリウム液	沈殿滴定	過マンガン酸カリウム	デンプン試液
d	0.1 mol/L 過塩素酸	酸化還元滴定	フタル酸水素カリウム	クリスタルバイオレット試液

1　(a, b)　　2　(a, c)　　3　(a, d)　　4　(b, c)　　5　(b, d)　　6　(c, d)

〈第 85 回　問 27〉

〈解答と解説〉　正解　1

a　○
b　○
c　×　チオ硫酸ナトリウム液は，標準試薬にヨウ素酸カリウムを用いる酸化還元滴定（指示薬：デンプン試液）で標定される．
d　×　過塩素酸液は，標準試薬にフタル酸水素カリウムを用いる非水滴定（非水溶媒中での酸塩基滴定，指示薬：クリスタルバイオレット試液）で標定される．

代表的な日本薬局方容量分析用標準液の
　　1．滴定の種類
　　2．標準試薬
　　3．指示薬
は覚えておくとよい．
　特に，「滴定の種類」については医薬品の定量法での反応や対応量を考えるとき，ヒントになるので大切である．

演習問題 4.0.2 日本薬局方容量分析用標準液の標定に関する記述のうち，正しいものの組合せはどれか．

	容量分析用標準液	滴定の種類	用いる標準試薬	指示薬
a	1 mol/L 塩酸	酸塩基滴定	水酸化ナトリウム	メチルレッド試液
b	1 mol/L 水酸化ナトリウム液	酸塩基滴定	アミド硫酸（スルファミン酸）	ブロモチモールブルー試液
c	0.05 mol/L ヨウ素液	酸化還元滴定	ヨウ素酸カリウム	デンプン試液
d	0.1 mol/L チオ硫酸ナトリウム液	酸化還元滴定	ヨウ素酸カリウム	デンプン試液

1 (a, b)　　2 (a, c)　　3 (a, d)　　4 (b, c)　　5 (b, d)　　6 (c, d)

〈第 87 回　問 31　改変〉

〈解答と解説〉正解　5

a　×　塩酸は，標準試薬に炭酸ナトリウムを用いる酸塩基滴定（指示薬：メチルレッド試液）により標定される．

b　○

c　×　ヨウ素液は，チオ硫酸ナトリウム標準液を用いる酸化還元滴定（指示薬：デンプン試液）で標定される（間接法）．

d　○

4.1　中和滴定の原理，操作法および応用例

例題 4.1A　次の日本薬局方容量分析用標準液 0.5 mol/L 硫酸の標定に関する次の記述について，各問に答えよ．ただし，Na_2CO_3：105.989 とする．

「炭酸ナトリウム（標準試薬）を 500〜650 ℃ で 40〜50 分間加熱した後，デシケーター（シリカゲル）中で放冷し，その約 0.8 g を精密に量り，水 50 mL に溶かし，調製した硫酸で滴定し，ファクターを計算する（指示薬法：メチルレッド試液 3 滴，又は電位差滴定法）．ただし，指示薬法の滴定の終点は液を注意して煮沸し，ゆるく栓をして冷却するとき，持続するだいだい色〜だいだい赤色を呈するときとする．電位差滴定法は，被滴定液を激しくかき混ぜながら行い，煮沸しない．

　　　0.5 mol/L 硫酸 1 mL ＝ ［　A　］mg Na_2CO_3　　　」

問 1　［　A　］の中に入れるべき数値はどれか．

　　1　26.50　　　2　35.33　　　3　52.99　　　4　106.0　　　5　212.0

問 2　炭酸ナトリウム 0.8000 g を量り，上記の規定に従って操作し，滴定したところ 0.5 mol/L 硫酸の消費量は 15.00 mL であった．この 0.5 mol/L 硫酸のファクターは次のどれに最も近いか．

1　0.976　　　2　0.984　　　3　0.994　　　4　1.006　　　5　1.024

〈解答と解説〉正解　問 1　3，問 2　4

問 1　この滴定では，1 mol の Na₂CO₃（105.99 g）と 1 mol の H₂SO₄（0.5 mol/L 硫酸 2000 mL が対応）が反応するので，対応量は次式のように計算される．

$$Na_2CO_3 + H_2SO_4 = Na_2SO_4 + CO_2 + H_2O$$

105.99 g　　0.5 mol/L−2000 mL

1 mol/L 硫酸　　$1\ mL = \dfrac{105.989}{2000} \times 1000 = 52.99\ mg\ Na_2CO_3$

（別解）0.5 mol/L 硫酸 1 mL 中に含まれる H₂SO₄ は，0.5 mol/L × 1 mL = 0.5 mmol である．H₂SO₄：Na₂CO₃ = 1：1 で反応するので，対応する Na₂CO₃ は 0.5 mmol × 1 = 0.5 mmol，質量にすると 0.5 mmol × 105.989 g/mol = 52.99 mg となる．

上記の考えをまとめると，対応量は次式のように計算される．

0.5 mol/L × 1 mL × 1 × 105.989 g/mol = 52.99 mg

1 mol/L 塩酸の場合（標準試薬：炭酸ナトリウム）は，HCl：Na₂CO₃ = 2：1 = 1：1/2 で反応するので，次のように計算される．

1 mol/L × 1 mL × 1/2 × 105.989 g/mol = 52.99 mg

問 2　この標定は直接法なので，0.5 mol/L 硫酸のファクターは次のように計算される．このとき，m/M は滴定において Na₂CO₃ と反応した硫酸の物質量（mol）に対応するので，$m/M \times 1000/V$ は標準液の真の濃度を表す．

$$f = \dfrac{真のモル濃度}{規定されたモル濃度} = \dfrac{\dfrac{m}{M} \times \dfrac{1000}{V}}{n}$$

$$= \dfrac{1000m}{VMn} = \dfrac{1000 \times 0.8000}{15.00 \times 105.989 \times 0.5}$$

$$= 1.0063\cdots ≒ 1.006$$

M：H₂SO₄ 1 モルに対応する Na₂CO₃ の質量（g）
m：Na₂CO₃ の採取量（g）
V：0.5 mol/L 硫酸の消費量（実験 mL 数）（mL）
n：標準液の規定されたモル濃度

（別解 1）0.5 mol/L 硫酸（$f = 1.000$）1 mL に Na₂CO₃ 52.99 mg が対応するので，Na₂CO₃ の採取量 m（g）に対して，理論的に必要な 0.5 mol/L 硫酸（$f = 1.000$）の消費量（理論 mL 数）は $\dfrac{m \times 10^3}{52.99}$ mL となる．ここで次式が成立するので，次のように誘導され，ファクターが計算される．

$$0.5 \times 1.000 \times \frac{\dfrac{m \times 10^3}{52.99}}{1000} = 0.5 \times f \times \frac{V}{1000}$$

理論的に必要な　　　　適用に要した
硫酸の mol　　　　　　硫酸の mol

(※「標準液の真の濃度」＝「規定された濃度」×「ファクター」)

$$f = \frac{\text{理論mL数}}{\text{実験mL数}} = \frac{\dfrac{\text{採取量(g)} \times 10^3}{\text{対応量(mg/mL)}}}{\text{実験mL数}} = \frac{\dfrac{m \times 10^3}{52.99}}{V} = \frac{\dfrac{0.80000 \times 10^3}{52.99}}{15.00} = 1.0064 \fallingdotseq 1.006$$

また，この式から，**理論 mL 数（$f = 1.000$ のときの標準液の消費量）＝ V × f** が成立することがわかる．

(別解 2) 「対応量」×「$f = 1.000$ のときの標準液の消費量」＝「標準液と反応した物質の質量 (mg)」と計算されるので，標定の場合，次のように考えて，ファクターの計算ができる．

「対応量(mg/mL)」×「$f = 1.000$ のときの標準液の消費量(mL)」＝「標準試薬の採取量(mg)」
52.99 mg/mL × 15.00 mL × f ＝ 0.8000 × 10³ mg
f ＝ 1.006　　　　　　(式の形は，別解 1 の変形となっている)

> **ポイント**：ファクターは，対応量が与えてある場合，(別解 1) および (別解 2) を用いると計算しやすい．

例題 4.1B 日本薬局方アスピリン（$C_9H_8O_4$：180.16）の定量法に関する次の記述について，下の問に答えよ．

「本品を乾燥し，その約 1.5 g を精密に量り，0.5 mol/L 水酸化ナトリウム液 50 mL を正確に加え，二酸化炭素吸収管（ソーダ石灰）を付けた還流冷却器を用いて 10 分間穏やかに煮沸する．冷後，直ちに過量の水酸化ナトリウムを 0.25 mol/L 硫酸で滴定する（指示薬：フェノールフタレイン試液 3 滴）．同様の方法で空試験を行う．

0.5 mol/L 水酸化ナトリウム液 1 mL ＝ 45.04 mg $C_9H_8O_4$　　」

本品を乾燥したもの 1.5000 g をとり，本法により定量したとき，0.25 mol/L 硫酸（f = 1.020）の消費量は，本試験では 18.00 mL，空試験では 50.0 mL であった．アスピリンの含量は次のどれに最も近いか．

1　96.8%　　　2　98.0%　　　3　99.2%　　　4　100.5%　　　5　102.0%

〈第 78 回　問 200　改変〉

〈解答と解説〉 正解 2

本定量法は，あらかじめ一定過量の水酸化ナトリウム液を加えてアスピリンを完全に加水分解した後，過量の水酸化ナトリウムを 0.25 mol/L 硫酸で滴定する**逆滴定**である．

反応式と対応量

当量点では，アスピリンと NaOH は次式のように反応すると考えられる．

$$\text{アスピリン} + 2\,\text{NaOH} = \text{サリチル酸ナトリウム} + CH_3COONa + H_2O$$

180.16 g　　　0.5 mol/L − 4000 mL

（※アスピリン（1 mol）のカルボキシ基とエステルに対して NaOH が各 1 mol 消費）

したがって，1 mol のアスピリン（質量：180.16 g）は 2 mol の NaOH（0.5 mol/L 水酸化ナトリウム液 4000 mL）に対応するので，対応量は次のようになる．

$$1\,\text{mol/L 水酸化ナトリウム液}\quad 1\,\text{mL} = \frac{180.16 \times 10^3}{4000} = 45.04\,\text{mg}\ C_9H_8O_4$$

（別解）NaOH：アスピリン = 2：1 = 1：1/2 で反応するので，次のように計算される．

$$0.5\,\text{mol/L} \times 1\,\text{mL} \times 1/2 \times 180.16\,\text{g/mol} = 45.04\,\text{mg}$$

定量計算

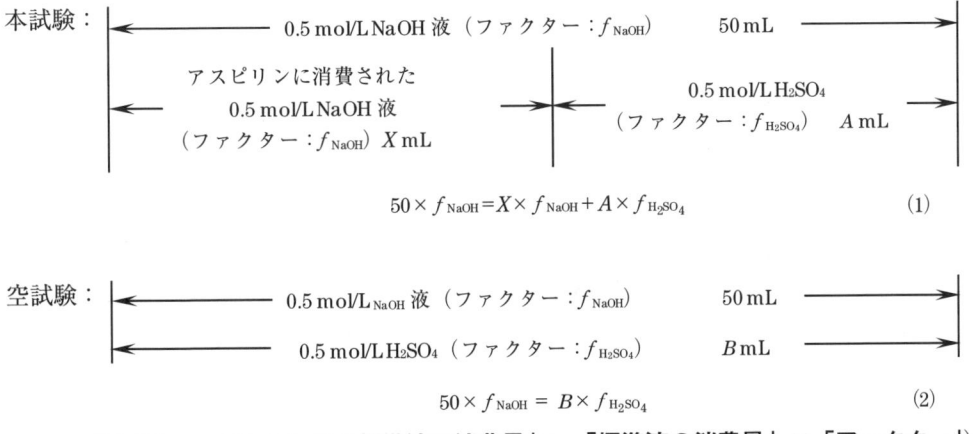

2 mol の NaOH に対して 1 mol の H_2SO_4 が反応するので，**0.5 mol/L 水酸化ナトリウム液（$f = 1.000$）1 mL には 0.25 mol/L 硫酸（$f = 1.000$）1 mL が対応**する．本試験での 0.25 mol/L 硫酸（ファクター：$f_{H_2SO_4}$）の消費量を A mL，アスピリンに消費された 0.5 mol/L 水酸化ナトリウム液（ファクター：f_{NaOH}）の量を X mL，空試験での消費量を B mL とすると，この定量法における標準液の消費量の関係は次のように示される．

本試験：
- 0.5 mol/L NaOH 液（ファクター：f_{NaOH}）50 mL
- アスピリンに消費された 0.5 mol/L NaOH 液（ファクター：f_{NaOH}）X mL
- 0.5 mol/L H_2SO_4（ファクター：$f_{H_2SO_4}$）A mL

$$50 \times f_{NaOH} = X \times f_{NaOH} + A \times f_{H_2SO_4} \quad (1)$$

空試験：
- 0.5 mol/L NaOH 液（ファクター：f_{NaOH}）50 mL
- 0.5 mol/L H_2SO_4（ファクター：$f_{H_2SO_4}$）B mL

$$50 \times f_{NaOH} = B \times f_{H_2SO_4} \quad (2)$$

（※「$f = 1.000$ のときの標準液の消費量」＝「標準液の消費量」×「ファクター」）

式(2) および (3) より，アスピリンと反応した 0.5 mol/L 水酸化ナトリウム液（$f = 1.000$）の量（$X \times f_{NaOH}$）は，次式のように本試験と空試験の 0.25 mol/L 硫酸の消費量の差から求められる．

$$X \times f_{NaOH} = (B - A) \times f_{H_2SO_4}$$

したがって，試料採取量を W (g) とすると，アスピリンの含量は次のように計算される．

$$\text{アスピリンの含量 (\%)} = \frac{\text{アスピリンの質量(mg)}}{\text{試料の採取量(mg)}} = \frac{45.04 \times (B - A) \times f_{H_2SO_4}}{W \times 1000} \times 100$$

$$= \frac{45.04 \times (50.0 - 18.0) \times 1.020}{1.5000 \times 10^3} \times 100$$

$$= 98.00 \fallingdotseq 98.0$$

演習問題 4.1.1 日本薬局方ベンジルアルコール（C_7H_8O：108.14）の定量法に関する次の記述の [ ] の中に入れるべきものの正しい組合せはどれか．

「本品約 0.9 g を精密に量り，ピリジン/無水酢酸混液（7：1）15.0 mL を正確に加え，還流冷却器を付け，水浴上で 30 分間加熱する．冷後，[A] 25 mL を加え，過量の酢酸を 1 mol/L 水酸化ナトリウム液で滴定する（指示薬：フェノールフタレイン試液 2 滴）．同様の方法で空試験を行う．

1 mol/L 水酸化ナトリウム液 1 mL = [B] mg C_7H_8O」

	A	B
1	エタノール	108.1
2	エタノール	54.07
3	水	108.1
4	水	54.07
5	ピリジン	108.1
6	ピリジン	54.07

〈第 77 回 問 135〉

〈解答と解説〉正解 3

本定量法における反応は以下のようになっている．

① ピリジン・無水酢酸混液を加えて加熱：ベンジルアルコールのアルコール性水酸基を**アセチル化**

C₆H₅-CH₂-OH + (CH₃CO)₂O = C₆H₅-CH₂-O-CO-CH₃ + CH₃COOH

108.14 g

② **水を加える**：過量の無水酢酸を加水分解 ⇒ [A] の解答

$(CH_3CO)O_2 + H_2O = 2CH_3COOH$

③ 1 mol/L 水酸化ナトリウム液で滴定：① および ② の二つの反応により生成した酢酸を中和
　　　CH₃COOH + NaOH = CH₃COONa + H₂O
　　　1 mol/L−1000 mL

　空試験の消費量から本試験の消費量を引いた量が，ベンジルアルコールとエステル結合した酢酸に相当する．したがって，**1 mol のベンジルアルコール（質量：108.14 g）は 1 mol の酢酸に相当するので，1 mol の NaOH（1 mol/L 水酸化ナトリウム液 1000 mL）に対応**する．よって，対応量は次のようになる．　⇒ ［ B ］の解答

$$1\ \text{mol/L 水酸化ナトリウム液}\quad 1\ \text{mL} = \frac{108.14 \times 10^3}{1000} = 108.1\ \text{mg}\ C_7H_8O$$

（別解）NaOH：ベンジルアルコール = 1：1 で対応しているので，次のように計算される．
　　　1 mol/L × 1 mL × 1 × 108.14 g/mol = 108.1 mg

演習問題 4.1.2　次の記述は，下記の構造式で示した日本薬局方医薬品の定量法に関するものである．この操作で生成する物質の正しい構造式は 1～5 のどれか．

「本品を乾燥し，その約 0.5 g を精密に量り，中和エタノール 30 mL に溶かし，水 20 mL を加え，0.1 mol/L 水酸化ナトリウム液で滴定する．」

〈第 83 回　問 31〉

〈解答と解説〉**正解　2**

　この問題は，日本薬局方クロルプロパミドの定量法に関するものである．
　クロルプロパミドの構造中の**スルホンアミドが酸性を示し，NaOH と反応する**．

対応量の計算

1 mol のクロルプロパミド（質量：276.74 g）は，1 mol の NaOH（0.1 mol/L 水酸化ナトリウム液 10000 mL）に対応するので，対応量は次のようになる．

$$1 \text{ mol/L 水酸化ナトリウム液 } 1 \text{ mL} = \frac{276.74 \times 10^3}{100.0} = 27.67 \text{ mg } C_{10}H_{20}O$$

（別解）NaOH：クロルプロパミド＝1：1で反応するので，次のように計算される．

$$0.1 \text{ mol/L} \times 1 \text{ mL} \times 1 \times 276.74 \text{ g/mol} = 27.67 \text{ mg}$$

（補足）その他のアミド構造を有し，酸性を示す医薬品の定量

- **スルホンアミド**を有するもの（0.1 mol/L 水酸化ナトリウム液で滴定）

    例：トルブタミド，アセトヘキサミドなど

- **バルビタール類**（0.1 mol/L 水酸化カリウム・エタノール液で滴定）

    例：バルビタール，フェノバルビタールなど

- **イミド基**を有するもの（0.1 mol/L テトラメチルアンモニウムヒドロキシド液で滴定，非水滴定）

    例：フルオロウラシル（第 80 回 問 130），エトスクシミド

演習問題 4.1.3 中和滴定による下記の定量において，適切な指示薬の組合せはどれか．なお，指示薬の略号と変色範囲は次の通りである．

略号	指示薬名	変色範囲（pH）
MR	メチルレッド	4.2 ～ 6.3
BTB	ブロモチモールブルー	6.0 ～ 7.6
PP	フェノールフタレイン	8.3 ～ 10.0

	酢酸を 1 mol/L 水酸化ナトリウム液で滴定	アンモニアを 0.5 mol/L 硫酸で滴定
1	PP	MR
2	PP	BTB
3	BTB	MR
4	BTB	PP
5	MR	BTB
6	MR	PP

〈解答と解説〉正解　1

酢酸を 1 mol/L 水酸化ナトリウム液で滴定：
　この滴定では，酢酸ナトリウムが生成し，その塩の加水分解により，**当量点の pH は弱塩基性**を示す．したがって，**弱塩基性領域に変色範囲**のある指示薬（フェノールフタレインなど）が適している．

アンモニアを 0.5 mol/L 硫酸で滴定：
　この滴定では，塩化アンモニウムが生成し，その塩の加水分解により，**当量点の pH は弱酸性**を示す．したがって，**弱酸性領域に変色範囲**のある指示薬（メチルレッドなど）が適している．

4.2　非水滴定の原理，操作法および応用例

例題 4.2A 日本薬局方容量分析用標準液 0.1 mol/L 過塩素酸の標定に関する次の記述について，下の各問に答えよ．ただし，KHC$_6$H$_4$(COO)$_2$：204.22 とする．
「フタル酸水素カリウム（標準試薬）を 105 ℃で 4 時間乾燥した後，デシケーター（シリカゲル）中で放冷し，その約 0.3 g を精密に量り，酢酸（100）50 mL に溶かし，調製した過塩素酸で滴定する（指示薬法：[　A　] 試液 3 滴，又は電位差滴定法）．ただし，指示薬法の終点は青色を呈するときとする．同様の方法で空試験を行い，補正し，ファクターを計算する．

$$0.1 \text{ mol/L 過塩素酸 } 1 \text{ mL} = [\quad B \quad] \text{ mg KHC}_6\text{H}_4(\text{COO})_2\text{」}$$

問1 ［ A ］の中に入れるべき化合物名は次のどれか．
　　1　メチルレッド　　　　　2　フルオレセインナトリウム　　　3　クリスタルバイオレット
　　4　エリオクロムブラックT　5　フェノールフタレイン
問2 ［ B ］の中に入れるべき数値は次のどれか．
　　1　2.042　　　　2　4.084　　　　3　10.21　　　　4　20.42　　　　5　40.84

〈解答と解説〉正解　問1　4，問2　4

問1　0.1 mol/L 過塩素酸の標定には，指示薬としてクリスタルバイオレット（紫→青に変化）が用いられる．その他，非水滴定では，p-ナフトールベンゼインなどが用いられる．
　　メチルレッド，フェノールフタレインは中和滴定，フルオレセインナトリウムは沈殿滴定，エリオクロムブラックTはキレート滴定に用いられる指示薬である．

問2　フタル酸水素カリウムは，塩となっているカルボキシ基が酢酸中で強い塩基性を示すので，酢酸中で強い酸として作用する $HClO_4$ と次式のように反応する．

　　　　フタル酸水素カリウム　　　　+　$HClO_4$　　=　　フタル酸　　　+　$KClO_4$
　　　　204.22 g　　　　　　　　　　0.1 mol/L − 10000 mL

したがって，**1 mol のフタル酸水素カリウム（質量：276.74 g）は，1 mol の $HClO_4$（0.1 mol/L 過塩素酸 10000 mL）に対応**するので，対応量は次のようになる．

$$0.1 \text{ mol/L 過塩素酸 } 1 \text{ mL} = \frac{204.22 \times 10^3}{100.0} = 20.422 = 20.42 \text{ mg } C_{10}H_{20}O$$

（別解）$HClO_4$：フタル酸水素カリウム = 1：1 で反応するので，次のように計算される．
　　　0.1 mol/L × 1 mL × 1 × 204.22 g/mol = 27.67 mg

例題 4.2B　日本薬局方ブロムヘキシン塩酸塩（$C_{14}H_{20}Br_2N_2 \cdot HCl$：412.59）の定量法に関する次の記述について，下の各問に答えよ．

「本品を乾燥し，その約 0.5 g を精密に量り，ギ酸 2 mL に溶かし，無水酢酸 60 mL を加え，50 ℃ の水浴中で 15 分間加温し，冷後，0.1 mol/L 過塩素酸で滴定する（指示薬：クリスタルバイオレット試液 2 滴）．ただし，滴定の終点は液の紫色が青緑色を経て黄緑色に変わるときとする．同様の方法で空試験を行い，補正する．

　　0.1 mol/L 過塩素酸 1 mL = ［ A ］mg $C_{14}H_{20}Br_2N_2 \cdot HCl$　」

問1　下線部の操作は何のために行っているか．
  1　芳香族第一アミンをアセチル化する．
  2　脂肪族第三アミンをアセチル化する．
  3　2個の臭素原子を共にアセチル基で置換する．
  4　アミノ基のオルト位の臭素原子だけをアセチル基で置換する．
  5　アミノ基のパラ位の臭素原子だけをアセチル基で置換する．
  6　臭素のオルト位にアセチル基を導入する．
  7　塩酸を除去する．
問2　［　A　］の中に入れるべき数値は次のどれか．
  1　4.126　　　　2　10.31　　　　3　20.63　　　　4　30.94　　　　5　41.26

〈第77回　問197〉

〈解答と解説〉**正解　問1　1，問2　5**

本定量法における反応は以下のようになっている．

① 無水酢酸を加えて加温：ブロムヘキシンの**芳香族第一アミンをアセチル化** ⇒ 問1の解答

Br─(構造式)─NH$_2$ · HCl + (CH$_3$CO)$_2$O ＝ Br─(構造式)─NHCOCH$_3$ · HCl + CH$_3$COOH

412.59 g

② 0.1 mol/L 過塩素酸で滴定：脂肪族第三アミンは塩酸塩となっているが，**無水酢酸/酢酸 (100) 混液中の HCl は非常に弱い酸であるので，0.1 mol/L 過塩素酸で滴定すると HCl が追い出される**．このとき，芳香族第一アミンはアセチル化されて酸アミドとなっているので塩基性を示さず，HClO$_4$ と反応しない．

(構造式) + HClO$_4$ ＝ (構造式) + HCl

0.1 mol/L − 1000 mL

したがって，**1 mol のブロムヘキシン塩酸塩（質量：412.59 g）**は，**1 mol の HClO$_4$（0.1 mol/L 過塩素酸 10000 mL）に対応**するので，対応量は次のようになる．　⇒ 問2の解答

$$1 \text{ mol/L 過塩素酸 1 mL} = \frac{412.59 \times 10^3}{10000} = 41.259 ≒ 41.26 \text{ mg C}_{10}\text{H}_{20}\text{O}$$

(別解) HClO$_4$：ブロムヘキシン塩酸塩 ＝ 1：1 で反応するので，次のように計算される．

0.1 mol/L × 1 mL × 1 × 412.59 g/mol ＝ 41.26 mg

例題 4.2C 日本薬局方エチレフリン塩酸塩（$C_{10}H_{15}NO_2 \cdot HCl$：217.69）の定量法に関する次の記述について，下の各問に答えよ．

[構造式：3-ヒドロキシフェニル基に結合した(H, OH)キラル炭素、CH₂-NH-CH₂CH₃、·HCl]

「本品を乾燥し，その約 0.15 g を精密に量り，酢酸（100）20 mL に溶かし，無水酢酸 50 mL を加え，0.1 mol/L 過塩素酸で滴定する（電位差滴定法）．同様の方法で空試験を行い，補正する．

　　　0.1 mol/L 過塩素酸 1 mL =［　A　］mg $C_{10}H_{15}NO_2 \cdot HCl$ 」

問 1　［　A　］の中に入れるべき数値は次のどれか．
　　1　10.88　　　2　21.77　　　3　43.54　　　4　108.8　　　5　217.7

問 2　試料 0.1500 g を量り，上記の規定に従って操作し，補正したところ 0.1 mol/L 過塩素酸（f = 1.010）の消費量は 6.80 mL であった．エチレフリン塩酸塩の含量は次のどれに最も近いか．
　　1　97.0%　　　2　97.5%　　　3　98.0%　　　4　98.9%　　　5　99.7%

〈第 77 回　問 200　改変〉

〈解答と解説〉正解　問1　2，問2　4

問1　本定量法は，無水酢酸/酢酸（100）混液中における**脂肪族第二アミンの塩酸塩の追い出し滴定**である．

　　　　$C_{10}H_{15}NO_2 \cdot HCl + HClO_4 = C_{10}H_{15}NO_2 \cdot HClO_4 + HCl$
　　　　　217.69 g　　　0.1 mol/L–10000 mL

したがって，**1 mol のエチレフリン塩酸塩（質量：217.69 g）は，1 mol の $HClO_4$（0.1 mol/L 過塩素酸 10000 mL）に対応**するので，対応量は次のようになる．

$$1 \text{ mol/L 過塩素酸 } 1 \text{ mL} = \frac{217.69 \times 10^3}{10000} = 21.769 = 21.77 \text{ mg } C_{10}H_{20}O$$

（別解）$HClO_4$：エチレフリン塩酸塩 = 1：1 で反応するので，次のように計算される．

　　　　0.1 mol/L × 1 mL × 1 × 217.69 g/mol = 21.77 mg

問2 本定量法は直接滴定なので,エチレフリン塩酸塩の含量は次のように計算される.

$$含量（\%） = \frac{エチレフリン塩酸塩の質量(mg)}{試料の採取量(mg)} \times 100$$

$$= \frac{21.77 \times 6.80 \times 1.010}{0.1500 \times 10^3} \times 100$$

$$= 99.67\cdots \fallingdotseq 99.7$$

演習問題 4.2.1 日本薬局方キニーネ硫酸塩水和物の定量法に関する次の記述の [A] の中に入れるべき数値はどれか.ただし,$(C_{20}H_{24}N_2O_2)_2 \cdot H_2SO_4$: 746.91 とする.

[構造式] $\cdot H_2SO_4 \cdot 2H_2O$

「本品約 0.5 g を精密に量り,酢酸 (100) 20 mL に溶かし,無水酢酸 80 mL を加え,0.1 mol/L 過塩素酸で滴定する（指示薬：クリスタルバイオレット試液 2 滴）.ただし,滴定の終点は液の紫色が青色を経て青緑色に変わるときとする.同様の方法で空試験を行い,補正する.

0.1 mol/L 過塩素酸 1 mL = [A] mg $(C_{20}H_{24}N_2O_2)_2 \cdot H_2SO_4$ 」

1 7.473   2 18.67   3 24.90   4 37.35   5 74.93

〈解答と解説〉**正解 3**

キヌクリジン骨格の脂肪族三級アミンによりキニーネと硫酸は 2：1 で塩を形成しているが,**無水酢酸/酢酸(100)混液中の硫酸は第二段階の電離が抑制され,一価の酸として作用**する.また,キノリン環の窒素は無水酢酸/酢酸(100)混液中で塩基性が強められる.

したがって,キニーネ硫酸塩を無水酢酸/酢酸(100)混液中で 0.1 mol/L 過塩素酸で滴定すると次式のように反応し,**硫酸塩は HSO_4^- となりキニーネと塩を形成する**.

[反応式：構造式]$\cdot SO_4^{2-}$ + 3HClO₄ = [構造式]$\cdot HSO_4^- \cdot 3ClO_4^-$

したがって，1 mol のキニーネ硫酸塩（質量：746.93 g）は，3 mol の HClO₄（0.1 mol/L 過塩素酸 30000 mL）に対応するので，対応量は次のようになる．

$$1\,\text{mol/L 過塩素酸 1 mL} = \frac{746.91 \times 10^3}{30000} = 24.897\cdots = 24.90\,\text{mg}\;(\text{C}_{20}\text{H}_{24}\text{N}_2\text{O}_2)_2\cdot\text{H}_2\text{SO}_4$$

（別解）HClO₄：キニーネ硫酸塩 = 3：1 = 1：1/3 で反応するので，次のように計算される．
$$0.1\,\text{mol/L} \times 1\,\text{mL} \times 1/3 \times 746.91\,\text{g/mol} = 24.90\,\text{mg}$$

4.3 キレート滴定の原理，操作法および応用例

例題 4.3A 日本薬局方乾燥水酸化アルミニウムゲルの定量法に関する次の記述について，下の各問に答えよ．

「本品約 2 g を精密に量り，塩酸 15 mL を加え，水浴上で振り混ぜながら 30 分間加熱し，冷後，水を加えて正確に 500 mL とする．この液 20 mL を正確に量り，0.05 mol/L エチレンジアミン四酢酸二水素二ナトリウム液 30 mL を正確に加え，pH 4.8 の酢酸・酢酸アンモニウム緩衝液 20 mL を加えた後，5 分間煮沸し，冷後，エタノール（95）55 mL を加え，0.05 mol/L 酢酸亜鉛液で滴定する（指示薬：ジチゾン試液 2 mL）．ただし，滴定の終点は液の淡暗緑色が淡赤色に変わるときとする．同様の方法で空試験を行う．

0.05 mol/L エチレンジアミン四酢酸二水素二ナトリウム液 1 mL = ［ A ］mg Al₂O₃ 」

問 1　次の記述の正誤について，正しい組合せはどれか．

a　煮沸するのは，Al³⁺ とエチレンジアミン四酢酸二水素二ナトリウムとのキレートの生成速度が小さいためである．

b　指示薬の初めの色（淡暗緑色）は Al³⁺ とジチゾンとのキレートの色である．

c　［ A ］に該当する数値は 5.098 mg である．ただし，Al₂O₃：101.96 とする．

	a	b	c
1	正	正	正
2	正	正	誤
3	正	誤	誤
4	誤	正	正
5	誤	誤	正
6	誤	誤	誤

〈第 94 回　問 32〉

問 2　本品 2.000 g を量り，本法により定量したとき，0.05 mol/L 酢酸亜鉛液（f = 1.020）の消費量は，本試験では 14.10 mL，空試験では 29.80 mL であった．酸化アルミニウム（Al₂O₃）の含量は次のどれに最も近いか．

　　1　2.0%　　2　20.4%　　3　49.0%　　4　50.0%　　5　51.0%

〈解答と解説〉正解　問 1　3，問 2　5

問 1

a　○　②（後述）を参照．Al³⁺ とエチレンジアミン四酢酸二水素二ナトリウム（EDTA）とのキレート生成速度小さい．

b × ③を参照．ジチゾン：淡暗緑色，ジチゾン-Zn：淡赤色である．この滴定においては，Al^{3+}とジチゾンとのキレートは存在しない．

c × ①および②より，**1 mol の Al_2O_3（質量：101.96 g）は 2 mol の Al^{3+} を生成する**ので，**2 mol の EDTA（0.05 mol/L EDTA 液 40000 mL）に対応**する．よって，対応量は次のようになる．

※ EDTA は Al^{3+} などの金属イオンとモル比 1：1 で反応してキレートを生成する．

$$0.1 \text{ mol/L EDTA 液 } 1 \text{ mL} = \frac{101.96 \times 10^3}{40000} = 2.549 \text{ mg } Al_2O_3$$

本定量法は，一定過量の 0.05 mol/L EDTA 液を加えて後，過量の EDTA を 0.1 mol/L 酢酸亜鉛液で滴定する逆滴定である．

① 塩酸を加えて加熱（Al_2O_3 の溶解）：1 mol の Al_2O_3 から 2 mol の Al^{3+} が生成．

② 0.05 mol/L EDTA 液および pH 4.8 の緩衝液を加えて煮沸：Al^{3+} と EDTA がキレートを生成するが，**Al^{3+} と EDTA とのキレート生成速度が小さいため，煮沸してキレート生成を完了させる．**

$$Al^{3+} + EDTA = EDTA\text{-}Al \text{（キレート）}$$

③ 0.05 mol/L 酢酸亜鉛液で滴定（指示薬：ジチゾン）：

- 過量の EDTA と Zn^{2+}（酢酸亜鉛）がキレート生成．

$$Zn^{2+} + EDTA = EDTA\text{-}Zn \text{（キレート）}$$

- 当量点：過量の EDTA と Zn^{2+} が過不足なく反応してキレート生成．
- 当量点直後：わずかに過量に滴加された Zn^{2+} がジチゾンと

ジチゾン-Zn（淡赤色） キレートを生成 → 色調変化（終点決定）

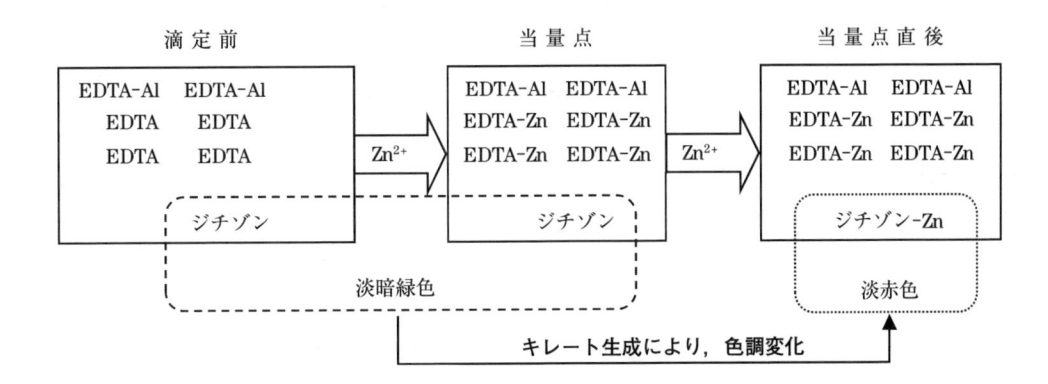

滴定前	当量点	当量点直後
EDTA-Al EDTA-Al EDTA EDTA EDTA EDTA ジチゾン	EDTA-Al EDTA-Al EDTA-Zn EDTA-Zn EDTA-Zn EDTA-Zn ジチゾン	EDTA-Al EDTA-Al EDTA-Zn EDTA-Zn EDTA-Zn EDTA-Zn ジチゾン-Zn
淡暗緑色	淡暗緑色	淡赤色

（滴定前 → 当量点：Zn^{2+}，当量点 → 当量点直後：Zn^{2+}）

キレート生成により，色調変化

（別解）EDTA：Al_2O_3 ＝ 2：1 ＝ 1：1/2 で対応しているので，次のように計算される．

$$0.05 \text{ mol/L} \times 1 \text{ mL} \times 1/2 \times 101.96 \text{ g/mol} = 2.549 \text{ mg}$$

問2 本定量法は，逆滴定なので Al_2O_3 の含量は次のように計算される．

※滴定には，試料を塩酸で溶解した後，**水を加えて正確に 500 mL とした液の一部 20 mL を利用**していることに注意する．

60　第4章　容量分析

$$含量(\%) = \frac{Al_2O_3の質量(mg)}{試料の採取量(mg)} \times 100$$

$$= \frac{2.549 \times (29.80 - 14.10) \times 1.020}{2.0000 \times 10^3 \times \dfrac{20}{500}} \times 100$$

$$= 51.02 ≒ 51.0$$

演習問題 4.3.1　日本薬局方容量分析用標準液 0.05 mol/L エチレンジアミン四酢酸二水素二ナトリウム液の標定に関する次の記述について，下の各問に答えよ．

「亜鉛（標準試薬）を希塩酸で洗い，次に水洗し，更にアセトンで洗った後，110℃で5分間乾燥した後，デシケーター（シリカゲル）中で放冷し，その約0.8 g を精密に量り，希塩酸 12 mL 及び臭素試液 5 滴を加え，穏やかに加温して溶かし，煮沸して過量の臭素を追い出した後，水を加えて正確に 200 mL とする．この液 20 mL を正確に量り，水酸化ナトリウム溶液（1→50）を加えて中性とし，pH 10.7 のアンモニア・塩化アンモニウム緩衝液 5 mL 及び［ A ］0.04 g を加え，調製したエチレンジアミン四酢酸二水素二ナトリウム液で，液の赤紫色が青紫色に変わるまで滴定し，ファクターを計算する．

　　　　　0.05 mol/L エチレンジアミン四酢酸二水素二ナトリウム液 1 mL = 3.271 mg Zn　」

問1　［ A ］の中に入れるべき指示薬は次のどれか．
　1　フルオレセインナトリウム試液　　2　硫酸アンモニウム鉄（Ⅲ）試液
　3　p-ナフトールベンゼイン試液　　　4　メチルオレンジ試液
　5　エリオクロムブラックT・塩化ナトリウム指示薬

問2　この標定において，亜鉛（Zn：65.41）の採取量 0.8000 g，滴定に要した 0.05 mol/L エチレンジアミン四酢酸二水素二ナトリウム液の量が 25.00 mL であった．ファクターは次のどれに最も近いか．
　　1　0.956　　2　0.978　　3　1.000　　4　1.022　　5　1.046

〈解答と解説〉正解　問1　5，問2　2

問1　0.05 mol/L EDTA 液の標定には，指示薬としてエリオクロムブラックT・塩化ナトリウム指示薬が用いられる．その他，キレート滴定では，NN 指示薬，ジチゾン，Cu-PAN などが用いられる．

　　メチルオレンジは中和滴定，p-ナフトールベンゼインは非水滴定，フルオレセインナトリウム，硫酸アンモニウム鉄（Ⅲ）は沈殿滴定に用いられる指示薬である．

問2　この標定は直接法で，1 mol の Zn と 1 mol の EDTA が対応するので，ファクターは次のように計算される．

　　　※亜鉛を塩酸で溶解した後，**水を加えて正確に 200 mL とした液の一部 20 mL を利用**していることに注意する．

$$f = \frac{1000m}{VMn} = \frac{1000 \times 0.8000 \times \dfrac{20}{200}}{25.00 \times 65.41 \times 0.05} = 0.9784\cdots \fallingdotseq 0.978$$

(別解)

$$f = \frac{\dfrac{\text{採取量(g)} \times 10^3}{\text{対応量(mg/mL)}}}{\text{実験mL数}} = \frac{\dfrac{0.8000 \times 10^3 \times \dfrac{20}{200}}{3.271}}{25.00} = 0.9782\cdots \fallingdotseq 0.978$$

または

$$3.271 \text{ mg/mL} \times 25.00 \text{ mL} \times f = 0.8000 \times 10^3 \times \frac{20}{200} \text{ mg}$$
$$f = 0.9782\cdots \fallingdotseq 0.978$$

演習問題 4.3.2 日本薬局方容量分析用標準液 0.05 mol/L 塩化マグネシウム液の標定に関する次の記述について，下の問に答えよ．

「調製した 0.05 mol/L 塩化マグネシウム液 25 mL を正確に量り，水 50 mL，pH 10.7 のアンモニア・塩化アンモニウム緩衝液 3 mL 及びエリオクロムブラック T・塩化ナトリウム指示薬 0.04 g を加え，0.05 mol/L エチレンジアミン四酢酸二水素二ナトリウム液で滴定し，ファクターを計算する．ただし，滴定の終点は，終点近くでゆっくり滴定し，液の赤紫色が青紫色に変わるときとする．」

この標定において，滴定に要した 0.05 mol/L エチレンジアミン四酢酸二水素二ナトリウム液（f = 1.020）の量が 24.50 mL であったとすると，ファクターは次のどれに最も近いか．

1 0.985 2 1.000 3 1.012 4 1.024 5 1.036

〈解答と解説〉**正解　2**

1 mol の $MgCl_2$ と 1 mol の EDTA が反応するので，**0.05 mol/L 塩化マグネシウム液（f = 1.000）1 mL には 0.05 mol/L EDTA 液（f = 1.000）1 mL が対応**するので，この標定における標準液の消費量の関係は次のように示される．

$$V_1 \cdot f_1 = V_2 \cdot f_2$$

したがって，ファクターは次のように計算される．

f_1：0.05 mol/L EDTA 液のファクター
V_1：0.05 mol/L EDTA 液の消費量(mL)
f_2：0.05 mol/L $MgCl_2$ 液のファクター
V_2：0.05 mol/L $MgCl_2$ 液の採取量(mL)

$$f_2 = \frac{V_1 \times f_1}{V_2} = \frac{24.50 \times 1.020}{25} = 0.9996 \fallingdotseq 1.000$$

※「f = 1.000 のときの標準液の消費量」＝「標準液の消費量」×「ファクター」

補足：1 mol の MgCl₂ と 1 mol の EDTA が対応するので，次式が成立する．この式からも，$V_1 \cdot f_1 = V_2 \cdot f_2$ が誘導できる．

$$\underbrace{0.05 \times f_1 \times \frac{V_1}{1000}}_{\text{滴定に用いた MgCl}_2 \text{ の mol}} : \underbrace{0.05 \times f_2 \times \frac{V_2}{1000}}_{\text{滴定に要した EDTA の mol}} = 1 : 1$$

演習問題 4.3.3 日本薬局方乳酸カルシウム水和物（$C_6H_{10}CaO_6 \cdot 5H_2O$）の定量法に関する次の記述の正誤について，正しいものに○，誤っているものに×を付けよ．
「本品を乾燥し，その約 0.5 g を精密に量り，水を加えて水浴上で加熱して溶かし，冷後，水を加えて正確に 100 mL とする．この液 20 mL を正確に量り，水 80 mL 及び 8 mol/L 水酸化カリウム試液 1.5 mL を加えて 3〜5 分放置した後，NN 指示薬 0.1 g を加え，直ちに 0.02 mol/L エチレンジアミン四酢酸二水素二ナトリウム液で滴定する．ただし，滴定の終点は液の赤色が青色に変わるときとする．」

a 終点における赤色は，Ca^{2+} と NN 指示薬とのキレートの色である．
b 本定量法では，不純物として含まれる Mg^{2+} もエチレンジアミン四酢酸二水素二ナトリウムとキレートを生成する．
c 0.02 mol/L エチレンジアミン四酢酸二水素二ナトリウム液 1 mL は乳酸カルシウム（$C_6H_{10}CaO_6$：218.22）4.364 mg に相当する．

〈解答と解説〉

本定量法は，Ca^{2+} を 0.02 mol/L EDTA 液で滴定する直接滴定である．

a ○ この滴定における溶液中の化学種の変化は次のようになっている．
　　滴定前：Ca^{2+}，**NN−Ca**（**赤色**，Ca^{2+} と NN 指示薬とのキレート）
　　当量点直前：NN−Ca，EDTA−Ca（Ca^{2+} と EDTA がキレートを生成し，Ca^{2+} はなくなる）
　　当量点：EDTA−Mg，**NN**（**青色**）
　　　※**キレート生成定数が EDTA−Ca ＞ NN−Ca** なので，過量に EDTA が滴加されると，次のような**配位子置換反応**が起こり，NN が生成して色調変化が認められる．
　　　NN−Ca ＋ EDTA ⟶ EDTA−Ca ＋ NN
　　　赤色　　　　無色　　　　　無色　　　　青色

b × 本定量法では，8 mol/L 水酸化カリウム試液を加えて，pH 12〜13 で滴定している．この pH においても，Ca^{2+} は EDTA と定量的にキレートを生成するが，Mg^{2+} は $Mg(OH)_2$ となり沈殿するので EDTA とキレートを生成できない．したがって，pH 10 以上の強アルカリ性で NN 指示薬を用いた滴定は Ca^{2+} に特異性が高く，Ca^{2+} と Mg^{2+} の分別定量に利用される．

c ○ 1 mol の乳酸カルシウム（218.22 g）は 1 mol の Ca^{2+} に相当するので，1 mol の EDTA（0.02 mol/L EDTA 液 50000 mL）に対応する．よって，対応量は次のようになる．

$$0.1 \text{ mol/L EDTA 液 } 1 \text{ mL} = \frac{218.22 \times 10^3}{50000} = 4.3644 \fallingdotseq 4.364 \text{ mg } C_6H_{10}CaO_6$$

（別解）EDTA：乳酸カルシウム ＝ 1：1 で対応しているので，次のように計算される．
$$0.02 \text{ mol/L} \times 1 \text{ mL} \times 1 \times 218.22 \text{ g/mol} = 4.364 \text{ mg}$$

4.4 沈殿滴定の原理，操作法および応用例

例題 4.4A 日本薬局方生理食塩液の定量法に関する記述について，正しいものに○，誤っているものに×を付けよ．塩化ナトリウム（NaCl：58.44）とする．
「本品 20 mL を正確に量り，水 30 mL を加え，強く振り混ぜながら 0.1 mol/L 硝酸銀液で滴定する（指示薬：フルオレセインナトリウム試液 3 滴）．」
a フルオレセインナトリウムのような吸着指示薬を用いる滴定法は，Volhard 法と呼ばれる．
b フルオレセインは弱い有機酸であるが，滴定時には陰イオン型として存在する．
c フルオレセインが滴定終点で呈する色は，緑色である．
d 0.1 mol/L 硝酸銀液 1 mL は塩化ナトリウム 5.844 mg に相当する．

〈第 89 回　問 30　改変〉

〈解答と解説〉
a × ファヤンス法．
b ○
c × 紅色を呈する．
d ○

生理食塩水は，塩化ナトリウム（NaCl：58.44）を 0.85 ～ 0.95 w/v% 含んでいる．この NaCl を硝酸銀液で沈殿滴定する．滴定の終点は，フルオレセインナトリウム試液を指示薬とする**ファヤンス Fajans 法**による．

操作の流れ
① 塩化ナトリウム NaCl を AgNO$_3$（標準液）で滴定
反応　NaCl ＋ AgNO$_3$ ＝ AgCl↓ ＋ NaNO$_3$
したがって，1 mol の NaCl（質量：58.44 g）は，1 mol の AgNO$_3$（0.1 mol/L 硝酸銀液 10000 mL）と反応する．よって，対応量は，

$$0.1 \text{ mol/L 硝酸銀液 } 1 \text{ mL} = \frac{58.44 \times 10^3}{10000} = \mathbf{5.844} \text{ mg NaCl}$$

（別解）AgNO₃ と NaCl は 1：1 で反応する．よって，0.1 mol/L 硝酸銀液 1 mL 中に含まれる硝酸銀のモル数 0.1 × 1/1000 mol に対応する NaCl のモル数は 0.1 × 1/1000 mol である．これを質量（mg）に直すと，58.44 × 0.1 × 1/1000 × 10³ = 5.844 mg となる．

② ファヤンス Fajans 法による終点決定

指示薬（**吸着指示薬**）として**フルオレセインナトリウム**を用いる**ファヤンス Fajans 法**による．

当量点前：AgCl のコロイド粒子は Cl⁻ を吸着し**負**に帯電している．この Cl⁻ を吸着した AgCl のコロイド粒子の周りを Na⁺ が囲み電気的二重層が形成される．

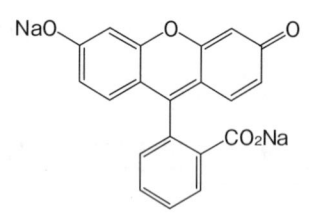

一方，**吸着指示薬**である**フルオレセインナトリウム**は，使用可能 pH 7 〜 10 では**負**に帯電（Fl⁻）しているので，負に帯電しているコロイド粒子とは静電気的に反発している．この遊離の Fl⁻ は溶液中で**黄緑色**を呈している．

当量点後：当量点を過ぎて Ag⁺ がわずかに過剰の状態になると，AgCl のコロイド粒子は Ag⁺ を吸着して**正**に帯電する．この正に帯電しているコロイド粒子に，負に帯電しているフルオレセイン（Fl⁻）が吸着することにより，沈殿の色が**紅色**になる．

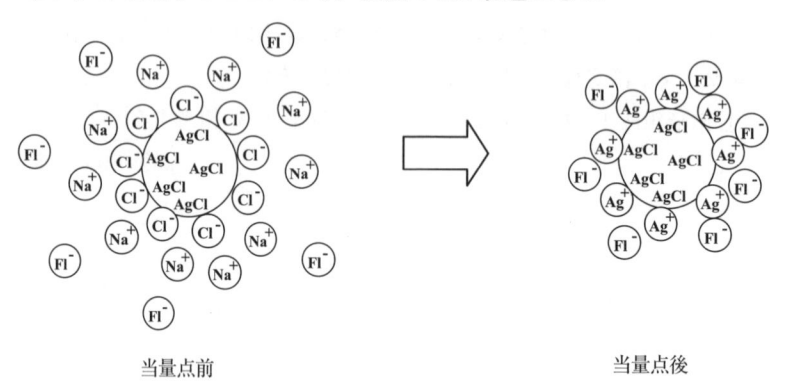

当量点前 　　　　　　　　　　 当量点後

例題 4.4B 日本薬局方クロロブタノール（C₄H₇Cl₃O：177.46）の定量法に関する記述のうち，正しいものの組合せはどれか．

「本品約 0.1 g を精密に量り，200 mL の三角フラスコに入れ，エタノール（95）10 mL に溶かし，水酸化ナトリウム試液 10 mL を加え，還流冷却器を付けて 10 分間煮沸する．冷後，希硝酸 40 mL 及び正確に 0.1 mol/L 硝酸銀液 25 mL を加え，よく振り混ぜ，ニトロベンゼン 3 mL を加え，沈殿が固まるまで激しく振り混ぜた後，過量の硝酸銀を 0.1 mol/L チオシアン酸アンモニウム液で滴定する（指示薬：硫酸アンモニウム鉄(Ⅲ)試液 2 mL）．同様の方法で空試験を行う．」

a 下線部の反応により，塩素（Cl₂）が生成する．
b ニトロベンゼンを加えるのは，硝酸銀との反応により生成した沈殿とチオシアン酸アン

モニウムとの反応を防ぐためである．
- c 空試験のほうが，本試験よりチオシアン酸アンモニウム液の滴加量は少ない．
- d 0.1 mol/L の硝酸銀液 1 mL はクロロブタノールの 5.915 mg に相当する．

1 (a, b)　　2 (a, c)　　3 (a, d)　　4 (b, c)　　5 (b, d)　　6 (c, d)

〈第 92 回　問 32〉

〈解答と解説〉正解　5

- a ×　塩化水素 HCl が生成する．
- b ○
- c ×　空試験のほうが滴定量は多い．
- d ○

クロロブタノール由来の塩化物イオンと一定過量の硝酸銀を反応後，反応に使われなかった硝酸銀をチオシアン酸アンモニウム液で滴定（**逆滴定**）する．滴定の終点は，硫酸アンモニウム鉄（Ⅲ）試液を指示薬とする**フォルハルト** Volhard **法**である．

操作の流れ

① クロロブタノールをアルカリ加水分解

クロロブタノールに水酸化ナトリウム NaOH を加えて加熱すると，塩化水素 HCl が遊離する．

$$(CH_3)_2C(OH)CCl_3 + NaOH + H_2O \longrightarrow (CH_3)_2C(OH)COONa + 3HCl$$

遊離した HCl は過剰に存在する NaOH と反応する．

$$HCl + NaOH \longrightarrow NaCl + H_2O$$

強電解質である NaCl は水中で完全に解離しているので，1 mol のクロロブタノールから 3 mol の Cl^- が生じることになる．

② 一定過量の硝酸銀液の添加

遊離した Cl^- と反応し AgCl の沈殿が生じる．

$$Ag^+ + Cl^- \longrightarrow AgCl\downarrow$$

①，②より，**1 mol のクロロブタノール（質量：177.46g）から生じる 3 mol の Cl^-は，3 mol の Ag^+（0.1 mol/L 硝酸銀液 30000 mL）と反応する**．よって，対応量は，

$$0.1 \text{ mol/L 硝酸銀液 } 1 \text{ mL} = \frac{177.46 \times 10^3}{30000} = \mathbf{5.915} \text{ mg } C_4H_7Cl_3O$$

③ ニトロベンゼンによる AgCl 表面の被膜

過量の $AgNO_3$ の添加により生じる AgCl（$K_{sp,\,AgCl} = 1.0 \times 10^{-10}$）の溶解性は，AgSCN（$K_{sp,\,AgSCN} = 1.0 \times 10^{-12}$）の溶解性よりも**高い**（溶解度積が小さいほど難溶）ため，チオシアン酸アンモニウム液による逆滴定の際に AgCl と AgSCN が接触すると，次式のように当量点を過ぎても AgSCN の沈殿生成反応が進行して，滴定誤差を与える可能性がある．

$$\mathbf{AgCl} + NH_4SCN \longrightarrow \mathbf{AgSCN}\downarrow + NH_4Cl$$

この反応を防ぐ対策としては,
- チオシアン酸アンモニウム液で逆滴定する前にAgClをろ過して取り除く（例：亜硝酸アミルの定量）.
- AgClの表面にニトロベンゼンによる油状の被膜を形成し,チオシアン酸イオンが接触して反応するのを防ぐ.

クロロブタノールの定量では,後者を採用している.

④ 過量（未反応）のAgNO$_3$を,チオシアン酸アンモニウム液で逆滴定

$$Ag^+ + SCN^- \longrightarrow AgSCN\downarrow$$

空試験の場合は,クロロブタノールから遊離するCl$^-$が存在しないので,一定過量の硝酸銀液は消費されない.したがって,チオシアン酸アンモニウム液の滴加量は本試験よりも多くなる.

⑤ フォルハルトVolhard法による終点決定

当量点を過ぎ過量になったチオシアン酸イオンSCN$^-$と,指示薬である硫酸アンモニウム鉄（Ⅲ）のFe^{3+}が,鉄錯イオンを生成し赤色を呈する点を終点とする.

$$Ag^+ + SCN^- \longrightarrow AgSCN\downarrow（白）$$

$$余剰のSCN^- + Fe^{3+} \longrightarrow FeSCN^{2+}（赤色錯イオン）$$

演習問題4.4.1 日本薬局方アミドトリゾ酸（C$_{11}$H$_9$I$_3$N$_2$O$_4$：613.91）の定量法に関する記述について,［ A ］の中に入れるべき数値はどれか.

「本品約0.5gを精密に量り,けん化フラスコに入れ,水酸化ナトリウム試液40mLに溶かし,亜鉛粉末1gを加え,還流冷却器を付けて30分間煮沸し,冷後,ろ過する.フラスコ及びろ紙を水50mLで洗い,洗液は先のろ液に合わせる.この液に酢酸（100）5mLを加え,0.1mol/L硝酸銀液で滴定する（指示薬：テトラブロモフェノールフタレインエチルエステル試液1mL）.ただし,滴定の終点は沈殿の黄色が緑色に変わるときとする.

0.1 mol/L 硝酸銀液 1 mL ＝ ［ A ］mg C$_{11}$H$_9$I$_3$N$_2$O$_4$」

| 1 2.046 | 2 6.139 | 3 20.46 | 4 61.39 | 5 204.6 |

〈解答と解説〉 **正解　3**

アミドトリゾ酸由来のヨウ化物イオンを,硝酸銀液で滴定する.滴定の終点は,テトラブロモフェノールフタレインエチルエステル試液を指示薬とする**ファヤンスFajans法**による.

操作の流れ
① アミドトリゾ酸を亜鉛で還元

アミドトリゾ酸のベンゼン環には，ヨウ素3原子が結合している．このヨウ素を，水酸化ナトリウムと亜鉛末で煮沸することにより，ヨウ化物イオン I^- として遊離させる．1 mol のアミドトリゾ酸から 3 mol の I^- が生じる．冷後，水に不溶の有機物をろ過し取り除く．

②ヨウ化物イオンを硝酸銀液で滴定

反応　$Ag^+ + I^- = AgI↓$

①，②より，**1 mol のアミドトリゾ酸（質量：613.91g）から生じる 3 mol の I^- は，3 mol の Ag^+（0.1 mol/L 硝酸銀液 30000 mL）と反応する**．よって，対応量は，

$$0.1 \text{ mol/L 硝酸銀液 1 mL} = \frac{613.91 \times 10^3}{30000} = \textbf{20.46 mg } C_{11}H_9I_3N_2O_4$$

③ファヤンス Fajans 法による終点決定

吸着指示薬として，I^- の滴定に適したテトラブロモフェノールフタレインエチルエステルを用いる．弱酢酸条件下，当量点を境に**黄色**から**緑色**に変化する．

演習問題 4.4.2　日本薬局方ブロモバレリル尿素（$C_6H_{11}BrN_2O_2$：223.07）の定量法に関する記述について，[A] の中に入れるべき数値はどれか．

及び鏡像異性体

「本品を乾燥し，その約 0.4 g を精密に量り，300 mL の三角フラスコに入れ，水酸化ナトリウム試液 40 mL を加え，還流冷却器を付け，20 分間穏やかに煮沸する．冷後，水 30 mL を用いて還流冷却器の下部及び三角フラスコの口部を洗い，洗液を三角フラスコの液と合わせ，硝酸 5 mL 及び正確に 0.1 mol/L 硝酸銀液 30 mL を加え，過量の硝酸銀を 0.1 mol/L チオシアン酸アンモニウム液で滴定する（指示薬：硫酸アンモニウム鉄(III)試液 2 mL）．同様の方法で空試験を行う．

0.1 mol/L 硝酸銀液 1 mL = [A] mg $C_6H_{11}BrN_2O_2$ 」

1　1.116　　2　2.231　　3　11.16　　4　22.31　　5　223.1

〈解答と解説〉正解　**4**

ブロモバレリル尿素由来の臭化物イオンを過量の硝酸銀液と反応させ，反応に使われなかった硝酸銀をチオシアン酸アンモニウム液で滴定（**逆滴定**）する．滴定の終点は，硫酸アンモニウム鉄(III)試液を指示薬とする**フォルハルト Volhard 法**である．

操作の流れ

①ブロモバレリル尿素のアルカリ分解

ブロモバレリル尿素は，水酸化ナトリウム液で煮沸すると，分解してα-オキシワレリアン

酸，尿素および臭化ナトリウム NaBr を生じる．
(CH$_3$)$_2$CHCHBrCONHCONH$_2$ + 2NaOH =(CH$_3$)$_2$CHCH(OH)COONa + NH$_2$CONH$_2$ + **NaBr**
NaBr は強電解質なので，水中で完全に解離する．

$$NaBr \longrightarrow Na^+ + Br^-$$

よって，1 mol のブロモバレリル尿素から 1 mol の臭化物イオンが生じることになる．

② 一定過量の硝酸銀液の添加
遊離した臭化物イオン Br$^-$ と反応し，AgBr の沈殿が生じる．

$$Ag^+ + Br^- \longrightarrow AgBr \downarrow$$

①，② より，**1 mol のブロモバレリル尿素（質量：223.07 g）から生じる 1 mol の Br$^-$ は，1 mol の Ag$^+$（0.1 mol/L 硝酸銀液 10000 mL）と反応する．**よって，対応量は，

$$0.1 \text{ mol/L 硝酸銀液 1 mL} = \frac{223.07 \times 10^3}{10000} = 22.31 \text{ mg } C_6H_{11}BrN_2O_2$$

③ 過量（未反応）の AgNO$_3$ を，チオシアン酸アンモニウム液で逆滴定

$$Ag^+ + SCN^- \longrightarrow AgSCN \downarrow$$

空試験の場合は，ブロモバレリル尿素から遊離する Br$^-$ が存在しないので，一定過量の硝酸銀液は消費されない．したがって，チオシアン酸アンモニウム液の滴加量は本試験よりも多くなる．

④ フォルハルト Volhard 法による終点決定
当量点を過ぎ過剰になったチオシアン酸イオン SCN$^-$ と，指示薬の Fe^{3+} が，鉄錯イオンを生成し**赤色**を呈する点を終点とする．

4.5 酸化還元滴定の原理，操作法および応用例

例題 4.5A 日本薬局方オキシドール中の過酸化水素（H$_2$O$_2$：34.01）の定量法に関する次の記述について，[A] に入れるべき数値はどれか．

「本品 1.0 mL を正確に量り，水 10 mL 及び希硫酸 10 mL を入れたフラスコに加え，0.02 mol/L 過マンガン酸カリウム液で滴定する．

0.02 mol/L 過マンガン酸カリウム液 1 mL = [A] mg H$_2$O$_2$ 」

1　0.340　　　2　0.680　　　3　1.701　　　4　3.401　　　5　17.01

〈解答と解説〉**正解　3**

オキシドールは，過酸化水素（H$_2$O$_2$：34.01）を 2.5～3.5 w/v% 含んでいる．この H$_2$O$_2$ を過マンガン酸カリウム液で酸化還元滴定（過マンガン酸塩滴定）する．滴定の終点は，わずかに過量に滴加された過マンガン酸カリウム液による被滴定液の色調変化による．

操作の流れ

① 過酸化水素と過マンガン酸カリウムの反応

　過酸化水素 H_2O_2 は，酸化剤としても還元剤としても働くが，強酸性（硫酸酸性）下，過マンガン酸イオン MnO_4^- で滴定する場合，**過酸化水素は還元剤として働く**．

　　H_2O_2 還元剤としての反応　　$O_2 + 2H^+ + 2e^- \rightleftarrows H_2O_2$　　（$E° = 0.682$ V）

　過マンガン酸イオン MnO_4^- は強酸性溶液では当量数 5 の酸化剤として働く（過マンガン酸イオン 1 mol 当たり 5 mol の電子の移動が起こる）．

　　　$MnO_4^- + 8H^+ + 5e^- \rightleftarrows Mn^{2+} + 4H_2O$　　（$E° = 1.51$ V）

　よって，過酸化水素と過マンガン酸カリウムの硫酸溶液との反応は，

　　　$5H_2O_2 + 2KMnO_4 + 3H_2SO_4 = K_2SO_4 + 2MnSO_4 + 8H_2O + 5O_2$

5 mol の過酸化水素（質量：34.01 × 5 g）と 2 mol の過マンガン酸カリウム（0.02 mol/L 過マンガン酸カリウム液 100000 mL）が反応する．よって，対応量は，

$$0.02\ \text{mol/L 過マンガン酸カリウム液 1 mL} = \frac{34.01 \times 5 \times 10^3}{100000} = \mathbf{1.701}\ \text{mg}\ H_2O_2$$

（別解）$KMnO_4$ と H_2O_2 は 2：5 で反応する．よって，0.02 mol/L 過マンガン酸カリウム液 1 mL 中に含まれる $KMnO_4$ のモル数 0.02 × 1/1000 mol に対応する H_2O_2 のモル数は 5/2 × 0.02 × 1/1000 mol である．これを質量（mg）に直すと，34.01 × 5/2 × 0.02 × 1/1000 × 10³ = 1.701 mg となる．

② 終点決定

　指示薬は使用しない．過量に滴加された過マンガン酸カリウム液による色調変化を利用する．

当量点前：**赤紫色**の過マンガン酸イオン MnO_4^- が過酸化水素により消費されて，**無色**のマンガンイオン Mn^{2+} になる．

当量点後：過酸化水素は消費されているので，過量に滴加された過マンガン酸イオンにより赤色を呈する．持続する赤色を呈する点を終点とする．

例題 4.5B　日本薬局方アスコルビン酸の定量法に関する次の記述について，正しいものに○，誤っているものに×を付けよ．
「本品を乾燥し，その約 0.2 g を精密に量り，メタリン酸溶液（1 → 50）50 mL に溶かし，0.05 mol/L ヨウ素液で滴定する．」

a　ここで「精密に量る」とは，指示された数値の質量をそのけた数まで量ることを意味する．

b　メタリン酸はアスコルビン酸の安定化のために加えられる．

c　アスコルビン酸は，この滴定の反応によってデヒドロアスコルビン酸となる．

d　指示薬としてエリオクロムブラック T・塩化ナトリウム指示薬が用いられる．

〈第 92 回　問 29〉

〈解答と解説〉

a ×　「精密に量る」とは，量るべき最小単位を考慮し，0.1 mg，0.01 mg，0.001 mg までを量ることをいう．ちなみに「正確に量る」とは，規定された数値の質量をそのけた数まで量ることをいう（日本薬局方通則 23）．

b ○

c ○

d ×　エリオクロムブラック T・塩化ナトリウム指示薬は，キレート滴定で用いられる指示薬．

本定量法は，アスコルビン酸をヨウ素液で滴定する酸化還元滴定（ヨウ素酸化滴定：ヨージメトリー）である．アスコルビン酸は，ヨウ素により酸化されてデヒドロアスコルビン酸になる．当量点を過ぎて過量になったヨウ素は，指示薬であるデンプン試液と反応して青色を呈する．

操作の流れ

① アスコルビン酸のメタリン酸 $(HPO_3)_n$ 溶液

　メタリン酸は，重金属イオンを取り込むことにより，アスコルビン酸の酸化を防止する安定化剤として用いられている．

② ヨウ素によるアスコルビン酸の酸化

[アスコルビン酸 + I₂ → デヒドロアスコルビン酸 + 2H⁺ + 2I⁻ の構造式]

アスコルビン酸　　　　　　　デヒドロアスコルビン酸

1 mol のアスコルビン酸（質量：176.12 g）は，1 mol の I_2（0.05 mol/L ヨウ素液 20000 mL）と反応して 1 mol のデヒドロアスコルビン酸を生成する．よって対応量は，

$$0.05 \text{ mol/L ヨウ素液 } 1 \text{ mL} = \frac{176.12 \times 10^3}{20000} = \mathbf{8.806} \text{ mg } C_6H_8O_6$$

③ デンプン試液による終点決定

　デンプン試液は，微量の I_2 と反応し**青色**を呈する．当量点を過ぎて過量になった I_2 と反応し，持続する青色を呈する点を終点とする．

例題 4.5C　日本薬局方容量分析用標準液 0.1 mol/L チオ硫酸ナトリウム液の標定に関する記述について，[　A　] に入れるべき数値はどれか．

「ヨウ素酸カリウム（標準試薬）を 120 〜 140 ℃で 1.5 〜 2 時間乾燥した後，デシケーター（シリカゲル）中で放冷し，その約 0.05 g をヨウ素瓶に精密に量り，水 25 mL に溶かし，ヨウ化カリウム 2 g 及び希硫酸 10 mL を加え，密栓し，10 分間放置した後，水 100 mL を

加え，遊離したヨウ素を調製したチオ硫酸ナトリウム液で滴定する（指示薬法，又は電位差滴定法：白金電極）．ただし，指示薬法の滴定の終点は液が終点近くで淡黄色になったとき，デンプン試液 3 mL を加え，生じた青色が脱色するときとする．同様の方法で空試験を行い，補正し，ファクターを計算する．

$$0.1 \text{ mol/L チオ硫酸ナトリウム } 1 \text{ mL} = [\ \text{A}\ ] \text{ mg KIO}_3$$

この滴定において，ヨウ素が遊離する反応およびチオ硫酸ナトリウムとヨウ素との反応は次のとおりである．ただし，KIO₃ = 214.00 とする．

$$KIO_3 + 5KI + 3H_2SO_4 = 3K_2SO_4 + 3H_2O + 3I_2$$

$$2Na_2S_2O_3 + I_2 \longrightarrow 2NaI + Na_2S_4O_6$$

1　2.140　　　2　2.675　　　3　3.567　　　4　4.280　　　5　5.350　　　6　7.133

〈第 93 回　問 29，第 86 回　問 33　改変〉

〈解答と解説〉正解　3

チオ硫酸ナトリウム液の標定には，標準試薬としてヨウ素酸カリウム KIO₃ が用いられる．KIO₃ は，硫酸酸性条件下でヨウ化カリウム KI を酸化してヨウ素 I₂ を生成し，この生じた I₂ を調製したチオ硫酸ナトリウム液で滴定する．デンプン試液を指示薬として用い，I₂ が消失し，青色が脱色し無色になったときを終点とする．

操作の流れ

① 硫酸酸性条件下，ヨウ素酸カリウム KIO₃ で KI を酸化

$$KIO_3 + 5KI + 3H_2SO_4 = 3K_2SO_4 + 3H_2O + 3I_2$$

1 mol の KIO₃ から 3 mol の I₂ が生じる．

② I₂ をチオ硫酸ナトリウム Na₂S₂O₃ で還元

$$I_2 + 2Na_2S_2O_3 \longrightarrow 2NaI + Na_2S_4O_6$$

①，②より，**1 mol のヨウ素酸カリウム（質量：214.00）から生じる 3 mol のヨウ素は，6 mol のチオ硫酸ナトリウム（0.1 mol/L チオ硫酸ナトリウム 60000 mL）と反応する．** よって，対応量は，

$$0.1 \text{ mol/L チオ硫酸ナトリウム } 1 \text{ mL} = \frac{214.00 \times 10^3}{60000} = \mathbf{3.567} \text{ mg KIO}_3$$

空試験（KIO₃ を用いない）の場合は I₂ が生じないので，チオ硫酸ナトリウムの滴加量は本試験よりも少なくなる．

③ 終点決定（指示薬法と電気的終点検出法）

指示薬法：指示薬であるデンプン試液は，ヨウ素が過量存在する溶液に加えると呈色の可逆性が低下するので，淡黄色溶液に加える．滴定進行によりヨウ素が消失し，青色が脱色して無色になったときを終点とする．

電気的終点検出法：電位差滴定（指示電極：白金電極，参照電極：銀-塩化銀電極）で，滴定に伴う電位差の変化から終点を求める．

④ ファクターの計算

KIO$_3$ の採取量を m（g），本試験と空試験の滴定量をそれぞれ A（mL），B（mL）とすると，チオ硫酸ナトリウム液のファクター $f_{Na_2S_2O_3}$ は，

$$f_{Na_2S_2O_3} = \frac{m \times 10^3}{3.567 \times (A-B)}$$

の式より計算できる．

例題 4.5D 日本薬局方消毒用フェノール（C$_6$H$_6$O：94.11）の定量法に関するものである．各問に答えよ．

「本品約 1 g を精密に量り，水に溶かし正確に 1000 mL とする．この液 25 mL を正確に量り，ヨウ素瓶に入れ，正確に 0.05 mol/L 臭素液 30 mL を加え，更に塩酸 5 mL を加え，直ちに密栓して 30 分間振り混ぜ，15 分間放置する．次に，ヨウ化カリウム試液 7 mL を加え，直ちに密栓してよく振り混ぜ，遊離したヨウ素を 0.1 mol/L チオ硫酸ナトリウム液で滴定する（指示薬：デンプン試液 1 mL）．同様の方法で空試験を行う．

　　　　0.05 mol/L 臭素液 1 mL ＝［　A　］mg C$_6$H$_6$O 」

問1　フェノール 1 mol と反応する臭素のモル数はどれか．
　　1　1/3　　　2　1/2　　　3　1　　　4　2　　　5　3

問2　［　A　］に入れるべき数値はどれか．
　　1　1.569　　　2　2.353　　　3　4.706　　　4　9.411　　　5　14.12

〈解答と解説〉　正解　問1　5，問2　1

過剰の臭素液とフェノールを反応させトリブロモフェノールとした後，未反応の臭素をヨウ化カリウムでヨウ素に変換し，この遊離したヨウ素をチオ硫酸ナトリウムで滴定する．デンプン試薬を指示薬として用い，ヨウ素が消失し，青色が脱色し無色になったときを終点とする．

操作の流れ

① フェノールの臭素化

Br$_2$ はフェノールの水酸基のオルト位とパラ位を臭素化し，水に難溶な 2,4,6-トリブロモフェノールを生成する．

1 mol のフェノール（質量：94.11 g）と 3 mol の臭素（0.05 mol/L 臭素液 60000 mL）が反応する．よって，対応量は，

$$0.05 \text{ mol/L 臭素液 } 1 \text{ mL} = \frac{94.11 \times 10^3}{60000} = \mathbf{1.569} \text{ mg } C_6H_6O$$

② ヨウ素の遊離

　　過量の臭素でヨウ化カリウムを酸化し，ヨウ素を遊離させる．

　　$Br_2 + 2KI \longrightarrow I_2 + 2KBr$

③ ヨウ素をチオ硫酸ナトリウム液で滴定

　　$I_2 + 2Na_2S_2O_3 \longrightarrow 2NaI + Na_2S_4O_6$

　空試験の場合は，フェノールの臭素化が起こらないので遊離されるヨウ素の量は本試験よりも多くなる．よって，チオ硫酸ナトリウム液の滴加量は本試験よりも多くなる．

　②，③より，1 mol の臭素（0.05 mol/L 臭素液 20000 mL）と 2 mol のチオ硫酸ナトリウム（0.1 mol/L チオ硫酸ナトリウム液 20000 mL）が対応していることから，

　　0.05 mol/L 臭素液 1 mL = 0.1 mol/L チオ硫酸ナトリウム液 1 mL

の関係が成り立つ．

④ デンプン試液による終点決定

　　指示薬であるデンプン試液は，淡黄色溶液に加える．滴定進行によりヨウ素が消失し，青色が脱色して無色になったときを終点とする．

⑤ フェノールの量の計算

　　0.1 mol/L チオ硫酸ナトリウム液のファクターを $f_{Na_2S_2O_3}$，本試験と空試験の 0.1 mol/L チオ硫酸ナトリウム液の消費量をそれぞれ A mL，B mL とすると，フェノールの量は，

　　フェノールの量（mg）= $1.569 \times (B - A) \times f_{Na_2S_2O_3}$

で求めることができる．

例題 4.5E　日本薬局方プロカイン塩酸塩（$C_{13}H_{20}N_2O_2 \cdot HCl$：272.77）の定量法に関するものである．各問に答えよ．

「本品を乾燥し，その約 0.4g を精密に量り，塩酸 5 mL 及び水 60 mL を加えて溶かし，更に臭化カリウム溶液（3 → 10）10 mL を加え，15 ℃以下に冷却した後，0.1 mol/L 亜硝酸ナトリウム液で電位差滴定法又は電流滴定法により滴定する．

　　0.1 mol/L 亜硝酸ナトリウム 1 mL =［　A　］mg $C_{13}H_{20}N_2O_2 \cdot HCl$　」

問1　[A]に入れるべき数値は次のどれか．
1　54.55　　　2　27.28　　　3　13.64　　　4　5.455　　　5　2.728

問2　この滴定で生成する物質は次のどれか．

1: 4-(ジアゾニウム)安息香酸 2-(ジエチルアミノ)エチル ・HCl (NCl⁻≡N⁺基)
2: 4-ニトロ安息香酸 2-(ジエチルアミノ)エチル ・HCl
3: 4-(NHNO₂)安息香酸 2-(ジエチルアミノ)エチル ・HCl
4: 4-ニトロ安息香酸・HCl + O₂NCH₂CH₂N(C₂H₅)₂
5: 4-アミノ-3-ニトロ安息香酸 2-(ジエチルアミノ)エチル ・HCl

〈解答と解説〉**正解　問1　2，問2　1**

　芳香族第一アミンであるプロカイン塩酸塩は，亜硝酸ナトリウム液の滴加によりジアゾ化合物を生成させるジアゾ滴定により定量できる．終点は，電気的終点検出法（電位差滴定法または電流滴定法）により求める．

操作の流れ

① プロカイン塩酸塩のジアゾ化

　芳香族第一アミンであるプロカイン塩酸塩は，塩酸酸性条件下に亜硝酸ナトリウムと反応して，ジアゾニウム塩を形成する．

H₂N-C₆H₄-COO-CH₂CH₂-N(C₂H₅)(CH₃) + NaNO₂ + 2HCl ⟶ Cl⁻N≡N⁺-C₆H₄-COO-CH₂CH₂-N(C₂H₅)(CH₃)

　なお，臭化カリウム溶液は，ジアゾ化反応の反応促進剤として加えている．

　1 mol のプロカイン塩酸塩は，1 mol の亜硝酸ナトリウム（0.1 mol/L 亜硝酸ナトリウム液 10000 mL）と反応する． よって，対応量は，

$$0.1 \text{ mol/L 亜硝酸ナトリウム} 1 \text{ mL} = \frac{272.77 \times 10^3}{10000} = \mathbf{27.28} \text{ mg } C_{13}H_{20}N_2O_2 \cdot HCl$$

② 電気的終点検出法

当量点を過ぎて過剰になった亜硝酸イオン NO_2^- が，

$$NO_2^- + H_2O = NO_3^- + 2H^+ + 2e^-$$

の反応により，電極間に流れる電位，電流の変化を，電位差計または電流計で検知する．

電位差滴定法：指示電極　白金電極，参照電極　銀-塩化銀電極

電流滴定法　：白金電極

演習問題 4.5.1　日本薬局方ヨウ化カリウム（KI：166.00）の定量法に関する次の記述について，［　A　］に入れるべき数値はどれか．

「本品を乾燥し，その約 0.5 g を精密に量り，ヨウ素瓶に入れ，水 10 mL に溶かし，塩酸 35 mL 及びクロロホルム 5 mL を加え，激しく振り混ぜながら 0.05 mol/L ヨウ素酸カリウム液でクロロホルム層の赤紫色が消えるまで滴定する．ただし，滴定の終点はクロロホルム層が脱色した後，5 分以内に再び赤紫色が現れないときとする．

0.05 mol/L ヨウ素酸カリウム液 1 mL ＝ ［　A　］mg KI 」

この滴定の反応式は次のとおりである．

$$2KI + KIO_3 + 6HCl = 3ICl + 3KCl + 3H_2O$$

1　1.660　　　2　3.320　　　3　4.980　　　4　16.60　　　5　33.20

〈第 72, 第 85 回　問 29〉

〈解答と解説〉**正解　4**

ヨウ化カリウム KI に強酸性条件下，ヨウ素酸カリウム KIO_3 液を作用させるとヨウ素 I_2 を遊離する．さらに KIO_3 液を加えると，ヨウ素が酸化され塩化ヨウ素 ICl となる．滴定の終点は，クロロホルム層のヨウ素による紫色が脱色した点とする．

反応式より，**2 mol の KI（質量：166.00 × 2 g）と 1 mol の KIO_3（0.05 mol/L ヨウ素酸カリウム液 20000 mL）が反応する**．よって，対応量は，

$$0.05 \text{ mol/L ヨウ素酸カリウム液 } 1 \text{ mL} = \frac{166.00 \times 2 \times 10^3}{20000} = \mathbf{16.60} \text{ mg KI}$$

操作の流れ

① ヨウ化カリウム KI に強酸性でヨウ素酸カリウム KIO_3 を加える．

$$5KI + KIO_3 + 6HCl = 3I_2 + 6KCl + 3H_2O$$

ヨウ素 I_2 が遊離する．この遊離したヨウ素によりクロロホルム層は紫色を呈する．

② さらに KIO_3 を追加すると，I_2 は酸化され塩化ヨウ素 ICl となる．

$$2I_2 + KIO_3 + 6HC = 5ICl + KCl + 3H_2O$$

ヨウ素の消失によりクロロホルム層は脱色する．

①，②より，KI と KIO_3 の反応は，

76　第4章　容量分析

$$2KI + KIO_3 + 6HCl = 3ICl + 3KCl + 3H_2O$$

③ 終点の検出

遊離したヨウ素によりクロロホルム層は紫色を呈する．さらに KIO₃ 液を加えると，ヨウ素が酸化され塩化ヨウ素 ICl となりクロロホルム層が脱色する．この脱色した点を終点とする．

演習問題 4.5.2　日本薬局方フェニレフリン塩酸塩（C₉H₁₃NO₂·HCl：203.67）の定量法に関するものである．a～d の記述について，正しいものに○，誤っているものに×を付けよ．

「本品を乾燥し，その約 0.1 g を精密に量り，ヨウ素瓶に入れ，水 40 mL に溶かし，0.05 mol/L 臭素液 50 mL を正確に加える．更に塩酸 5 mL を加えて直ちに密栓し，振り混ぜた後，15 分間放置する．次にヨウ化カリウム試液 10 mL を注意して加え，直ちに密栓してよく振り混ぜた後，5 分間放置し遊離したヨウ素を 0.1 mol/L チオ硫酸ナトリウム液で滴定する（指示薬：デンプン試液 1 mL）．同様の方法で空試験を行う．」

a　ヨウ化カリウム試液を加えるのは，ヨウ素を遊離させるためである．
b　逆滴定なので，空試験のほうがチオ硫酸ナトリウム液の滴定量が多くなる．
c　本品 1 モルに対し，3 モルの臭素が消費される．
d　0.05 mol/L の臭素液 1 mL はフェニレフリン塩酸塩の 6.789 mg に相当する．

〈第 84 回　問 29〉

〈解答と解説〉正解　4

a　○　臭素はヨウ化カリウムを酸化し，ヨウ素を遊離させる．
　　　　$$Br_2 + 2KI \longrightarrow I_2 + 2KBr$$

b　○　遊離したヨウ素をチオ硫酸ナトリウム液で滴定．
　　　　$$I_2 + 2Na_2S_2O_3 \longrightarrow 2NaI + Na_2S_4O_6$$

空試験の場合は，臭素がフェノール部位の臭素化に使われないので，遊離されるヨウ素の量は本試験よりも多くなる．よって，チオ硫酸ナトリウム液の滴加量は本試験よりも多くなる．

c　○　臭素はフェニレフリンのフェノール性水酸基のオルト位とパラ位を臭素化する．

1 mol のフェニレフリン塩酸塩（質量：203.67 g）と 3 mol の臭素（0.05 mol/L 臭素液 60000 mL）が反応する．

d × c より対応量は，

$$0.05 \text{ mol/L 臭素液 1 mL} = \frac{203.67 \times 10^3}{60000} = \textbf{3.395 mg } C_9H_{13}NO_2 \cdot HCl$$

フェニレフリン塩酸塩に過量の臭素液を作用させると，フェノール性水酸基のオルトとパラ位に3個の臭素が置換する．未反応の臭素をヨウ化カリウムでヨウ素に変換し，この遊離したヨウ素をチオ硫酸ナトリウムで滴定する．デンプン試液を指示薬として用い，ヨウ素が消失し，青色が脱色し無色になったときを終点とする．

注意：フェニレフリン塩酸塩の構造は，エチレフリン塩酸塩（例題2.2A，演習4.6.1）の構造とよく似ているが，前者は酸化還元滴定，後者は非水滴定により定量を行う．

4.6　電気滴定（電位差滴定，電流滴定）の原理，操作法および応用例

例題 4.6A　電気的終点検出法に関する次の記述について，正しいものに○，誤っているものに×を付けよ．
a　日本薬局方では，電位差滴定法と電流滴定法の2つが記載されている．
b　指示薬法と比べて，得られる滴定結果の個人差が大きい．
c　電位差滴定の指示電極としては，銀-塩化銀電極を用いる．
d　電流滴定法の電極としては，白金電極を用いる．

〈解答と解説〉
a　○　電気的終点検出法は，容量分析法における終点検出法で，電気的信号（電位差または電流）の変化により反応の終点を求める．局方においては，**電位差滴定法**と**電流滴定法**の2つがあり，この両者を総称して**電気滴定法**という．
b　×　指示薬法と比べ，個人差が小さい．また，混濁した溶液，希薄溶液，着色している溶液の滴定に電気滴定法は有効である．
c　×　電位差滴定では，溶液中の特定のイオンに応答する**指示電極**と，溶液の組成に関係なく一定の電位を示す**参照電極**を用い，両電極間の電位差（起電力）を測定する．
　　参照電極：**銀-塩化銀電極**
　　指示電極：滴定の種類により選択（表参照）

表　滴定の種類と指示電極（日局15規定のもの）

滴定の種類	指示電極
酸塩基滴定（中和滴定，pH滴定）	ガラス電極
非水滴定（過塩素酸滴定，テトラメチルアンモニウムヒドロキシド滴定）	ガラス電極
沈殿滴定（硝酸銀によるハロゲンイオンの滴定）	銀電極
酸化還元滴定（ジアゾ滴定など）	白金電極
錯滴定（キレート滴定）	水銀-塩化水銀（II）電極

d ○ 電流滴定法は，滴定中の電流を測定するもので，局方では別に規定するもののほか，**定電圧分極電流滴定法**が用いられる．

　　定電圧分極電位差滴定：2 枚の白金板で構成された終点検出電極間に，微少な直流電圧を加え，滴定進行に伴う電流変化を観測する．

　　電流の代わりに**電気量**（電流×時間）が用いられることもあり，**水分測定法（カールフィッシャー法）**の電量滴定法に用いられている．

例題 4.6B 日本薬局方導電率測定法について，間違っている記述はどれか．
1　水溶液中での電流の流れやすさ（電気伝導性）を測定する．
2　水溶液中にイオンが存在すると，溶液の抵抗が大きくなり電流が流れにくくなる．
3　測定には導電率計または抵抗率計を用いる．
4　導電率測定用セルには，一対の白金電極が組み込まれている．
5　滴定の終点は，導電率滴定曲線上の屈曲点から求める．

〈解答と解説〉**正解　2**

　導電率測定法（伝導度滴定，導電率滴定法）は，水溶液中での電流の流れやすさ（電気伝導性）を，導電率計または抵抗率計を用いて測定する方法である．医薬品各条で規定されている導電率（電気伝導度）の試験に用いるほか，中和滴定における水素イオンと水酸化物イオンの濃度変化，高純度の水を製造する際の水質管理用の試験法としても用いることができる．

　水溶液中にイオンが存在すると，溶液の抵抗が小さくなり電流が流れやすくなる．導電率（伝導率）κ（S·m^{-1}）は，以下の式で表される．

$$\kappa = \frac{1}{\rho} = \left(\frac{1}{R}\right)\left(\frac{1}{A}\right)l$$

ρ（Ω·m）：抵抗率，R（Ω）：抵抗，
A（m^2）：電極の断面積，l（m）：電極間の溶液の長さ

　装置として用いる導電率計または抵抗率計の検出部である導電率測定用セルは，通例，浸漬形セルが用いられ，セル内には一対の**白金電極**が組み込まれている．

演習問題 4.6.1 次の日本薬局方収載医薬品は電位差滴定法により定量される．医薬品，滴定の種類および指示電極の正しい組合せはどれか．

プロカイン塩酸塩

エチレフリン塩酸塩　及び鏡像異性体

	医薬品	滴定の種類	指示電極
1	プロカイン塩酸塩	酸化還元滴定	銀–塩化銀電極
2	プロカイン塩酸塩	非水滴定	銀電極
3	エチレフリン塩酸塩	沈殿滴定	ガラス電極
4	プロカイン塩酸塩	酸化還元滴定	白金電極
5	エチレフリン塩酸塩	中和滴定	銀–塩化銀電極

〈第81回　問27　改変〉

〈解答と解説〉**正解　4**

1　×　銀–塩化銀電極は，電位差滴定法における参照電極として用いられている．
2　×　ジアゾ滴定（酸化還元滴定）．また，銀電極は沈殿滴定で用いる指示電極である．
3　×　非水滴定．また，ガラス電極は，酸塩基滴定，非水滴定で用いる指示電極である．
4　○
5　×　銀–塩化銀電極は，電位差滴定法における参照電極として用いられている．

• プロカイン塩酸塩（$C_{13}H_{20}N_2O_2 \cdot HCl$：272.77）の定量法

芳香族第一アミンであるプロカイン塩酸塩は，亜硝酸ナトリウム液の滴加によりジアゾ化合物を生成させるジアゾ滴定（酸化還元滴定）により定量する．終点は，**電位差滴定法**または**電流滴定法**により求める．

• エチレフリン塩酸塩（$C_{10}H_{15}NO_2 \cdot HCl$：217.69）の定量法

エチレフリン塩酸塩を酢酸(100)に溶かし，無水酢酸を加え過塩素酸で非水滴定により定量する．終点は**電位差滴定法**により求める．

第5章 定性試験

【重要事項のまとめ】

1. 無機イオンの定性反応

a. 金属塩の炎色反応

白金線に試料をつけ，ブンゼンバーナーの無色炎中に入れ試験を行う．

元素	Li	Na	K	Ca	Sr	Ba	Cu	B
色	深紅	黄	紫	橙赤	赤	黄緑	青緑	緑

b. ハロゲン化合物の炎色反応（バイルシュタイン反応）

銅線の一端に巻きつけた銅網をブンゼンバーナーの無色炎中で強熱し酸化銅の皮膜をつくり，これに試料をつけ，再び加熱しハロゲン化銅を生成させ発光させる．

元素	Cl	Br	I
色	緑	青	青

フッ素はフッ化銅が不揮発性であるため陰性．

2. 官能基の定性反応

a. フェノール性ヒドロキシ基

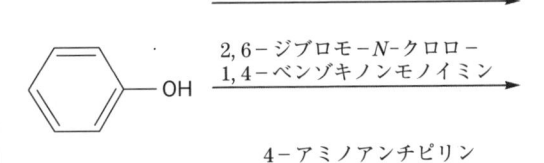

$FeCl_3$（塩化鉄（Ⅲ）試液） → 鉄キレート形成　青色，紫色，赤色などに呈色

2,6-ジブロモ-N-クロロ-1,4-ベンゾキノンモノイミン → インドフェノール色素生成，青色に呈色　パラ位に置換基のないフェノールの確認

4-アミノアンチピリン → インドフェノール色素生成　赤だいだい色，緑色，青紫色などに呈色

b. カルボニル基

カルボニル基をもつ化合物の反応性の特徴

アルデヒド（R-CHO）	ケトン（R_1-CO-R_2）
酸化されてカルボン酸（-COOH）になる	酸化されにくい
還元性がある（相手を還元する）フェーリング反応および銀鏡反応陽性	還元性がないフェーリング反応および銀鏡反応陰性（α-ヒドロキシケトンは例外で陽性）
還元剤（$NaBH_4$，$LiAlH_4$）によって還元され，第一級アルコールを生成	還元剤（$NaBH_4$，$LiAlH_4$）によって還元され，第二級アルコールを生成

1) カルボニル基の定性反応

$$R_1R_2C=O \xrightarrow{R_3NH-NH_2(\text{ヒドラジン})} R_1R_2C=N-NHR_3 \quad \text{ヒドラゾン生成}$$

$$R_1R_2C=O \xrightarrow{H_2N-OH(\text{ヒドロキシルアミン})} R_1R_2C=N-OH \quad \text{オキシム生成}$$

2) メチルケトンのヨードホルム反応

$$R-\underset{O}{\overset{\parallel}{C}}-CH_3 \xrightarrow[NaOH]{I_2} R-\underset{O}{\overset{\parallel}{C}}-ONa + CHI_3$$

メチルケトン　　　　　　カルボン酸塩　　　ヨードホルム（淡黄色沈殿）

c. カルボン酸およびエステル

$$R-\underset{O}{\overset{\parallel}{C}}-OH \xrightarrow[N,N'-\text{ジシクロヘキシルカルボジイミド(DCC)}]{H_2N-OH\,(\text{ヒドロキシルアミン})}$$

カルボン酸

$$R-\underset{O}{\overset{\parallel}{C}}-OR \xrightarrow{H_2N-OH\,(\text{ヒドロキシルアミン})} R-\underset{O}{\overset{\parallel}{C}}-NH-OH \xrightarrow{Fe^{3+}} \text{有色キレート（赤紫色～暗赤色）}$$

エステル　　　　　　　　　　　　　　　　　　　ヒドロキサム酸

d. アミン

1) 芳香族第一アミンの定性反応

Ar-NH_2 $\xrightarrow[HCl]{NaNO_2}$ Ar-N≡N・Cl⁻（ジアゾニウム塩） $\xrightarrow{\text{津田試薬}}$ アゾ色素（赤紫色）

2) アミノ酸の定性反応

R-CH(NH₂)-COOH (α-アミノ酸) + 2 ニンヒドリン → 青色～紫色生成物
＊α-イミノ酸の場合は黄色に呈色

3. 純度試験

純度試験は，医薬品中の混在物を試験するために行う．

1) 医薬品各条のほかの試験項目とともに，医薬品の純度を規定する試験であり，その混合物の種類およびその量の限度を規定する．
2) 純度試験の対象となる混在物は，その医薬品を製造する過程または保存の間に混在を予想されるもの，または有害な混在物（例えば重金属，ヒ素など）である．また，異物を用い，または加えることが予想される場合については，その試験を行う．
3) 医薬品中の不純物の限度試験の計算法

　a. 百分率（％）で表示する場合

$$\frac{\text{不純物の量(mgまたは}\mu\text{g)}}{\text{量り取った医薬品の量(mgまたは}\mu\text{g)}} \times 100 = \boxed{} \%$$

　b. 百万分率（ppm）で表示する場合

$$\frac{\text{不純物の量(mgまたは}\mu\text{g)}}{\text{量り取った医薬品の量(mgまたは}\mu\text{g)}} \times 10^6 = \boxed{} \text{ppm}$$

（いずれも分子，分母とも同一単位に変換する）

日本薬局方に収載されている主な純度試験（限度試験）用の一般試験法

一般試験法〈限度〉	試　液	比較液	生成物	ネスラー管の背景
アンモニウム試験法〈(NH_4^+ 量として)％表示〉	フェノール・ペンタシアノニトロシル鉄(Ⅲ)酸ナトリウム試液　次亜塩素酸ナトリウム・水酸化ナトリウム試液	アンモニウム標準液	インドフェノール色素（青色）	白
塩化物試験法〈(Cl 量として)％表示〉	硝酸銀試液	0.01 mol/L 塩酸	塩化銀（白色混濁）	黒
重金属試験法〈(Pb 量として)ppm 表示〉	硫化ナトリウム試液	鉛標準液	硫化鉛（黒色）	白
鉄試験法〈(Fe 量として)ppm 表示〉	2,2′-ビピリジル・エタノール溶液（アスコルビン酸で Fe^{2+} に還元後）	鉄標準液	Fe^{2+} と 2,2′-ビピリジルのキレート（赤色）	白
ヒ素試験法〈(As_2O_3 量として)ppm 表示〉	N,N-ジエチルジチオカルバミド酸銀のピリジン溶液（AsH_3 の吸収液）	ヒ素標準液（As_2O_3 を含む溶液）	コロイド状銀（赤紫色）	白
硫酸塩試験法〈(SO_4 量として)％表示〉	塩化バリウム試液	0.005 mol/L 硫酸	硫酸バリウム（白色混濁）	黒

【チェック問題】

次の記述について，正しいものに○，誤っているものに×を付けよ．

1)（　） Fe^{3+} の弱酸性溶液にヘキサシアノ鉄(Ⅱ)酸カリウム試液を加えると青色の沈殿を生じるが，この沈殿は希塩酸を追加すると溶解する．
2)（　） Cu^{2+} 溶液に少量のアンモニア試液を加えると沈殿を生じるが，過量のアンモニア試液を加えると溶解する．
3)（　） 金属塩の炎色反応は銅網を用いて行う．
4)（　） 炭酸塩と炭酸水素塩との区別は，冷溶液にフェノールフタレイン試液を加えて行う．
5)（　） チオ硫酸塩の酢酸酸性溶液にヨウ素試液を滴加しても試液の色は消えない．
6)（　） アスピリンに水を加え煮沸し，冷後，塩化鉄(Ⅲ)試液を加えると液は赤紫色を呈する．
7)（　） アセトンはヨードホルム反応陽性である．
8)（　） 還元糖の水溶液にフェーリング試液を加えると，酸化銀の赤色沈殿を生じる．
9)（　） アルデヒド及びケトンは $NaBH_4$ によって還元され，ともに第一級アルコールを生成する．
10)（　） カルボニル基はヒドロキシルアミンと反応し，オキシムを生成する．
11)（　） カルボン酸にヒドロキシルアミンおよび N,N'-ジシクロヘキシルカルボジイミドを加えると，ヒドロキサム酸を生成する．
12)（　） エステルはヒドロキシルアミンと反応して，オキシムを生成する．
13)（　） 芳香族第一級アミンに酸性条件下，亜硝酸ナトリウムを加えると，アルコールと窒素ガスが発生する．
14)（　） 脂肪族第二級アミンは亜硝酸ナトリウムと反応し，N-ニトロソ化合物を生成する．
15)（　） イミノ酸にニンヒドリン試液を加えて加熱すると，紫色の色素を生成する．
16)（　） 純度試験とは医薬品中の混在物の試験であり，混在物の種類および量が規定されている．
17)（　） 重金属試験法は医薬品中に混在する重金属の限度試験であり，重金属の限度を鉄(Fe)の量として表す．
18)（　） 純度試験で用いられる一般試験法に，核磁気共鳴スペクトル測定法がある．

〈解答と解説〉

1) × 　生じた青色沈殿（ベルリン青）は希塩酸を追加しても溶解しない．
2) ○
3) × 　金属塩の炎色反応は白金線を用いる．
4) ○
5) × 　チオ硫酸塩の還元作用により試液の色は消える．
6) ○
7) ○
8) × 　フェーリング試液を加えて生じる赤色沈殿は酸化第一銅（Cu_2O）である．

9) ×　アルデヒドは第一級アルコールを生成するが，ケトンは第二級アルコールを生成する．
10) ○
11) ○
12) ×　エステルはヒドロキシルアミンと反応して，ヒドロキサム酸を生成する．
13) ×　ジアゾニウム塩を生成した後，津田試薬などとカップリング反応をしてアゾ色素を生じる．
14) ○
15) ×　イミノ酸はニンヒドリン試液を加えると黄色を示す．
16) ○
17) ×　重金属試験法では重金属の限度を鉛（Pb）の量として表す．
18) ×　核磁気共鳴スペクトル測定法は主に構造の確認に用いられ，純度試験には用いられない．

5.1　無機イオンの定性反応

例題 5.1A　次の記述 a～d は，日本薬局方一般試験法の定性反応に記載されている物質ア～エの確認法に関するものである．正しい組合せはどれか．

ア　ナトリウム塩　　イ　第一鉄塩　　ウ　銀塩　　エ　亜鉛塩

a　本塩の弱酸性溶液に，1,10-フェナントロリン一水和物・エタノール溶液を加えるとき，濃赤色を呈する．
b　本塩の溶液に，ヘキサシアノ鉄（Ⅱ）酸カリウム試液を加えるとき，白色沈殿を生じ，希塩酸を追加しても沈殿は溶けないが，水酸化ナトリウム試液を加えるとき，沈殿は溶ける．
c　本塩の溶液にクロム酸カリウム試液を加えるとき，赤色の沈殿を生じ，希硝酸を追加するとき，沈殿は溶ける．
d　本塩につき，炎色反応試験(1)を行うとき，黄色を呈する．

	ア	イ	ウ	エ
1	d	a	c	b
2	b	d	a	c
3	d	c	b	a
4	c	a	d	b
5	a	b	d	c

〈解答と解説〉　正解　**1**

a　第一鉄塩(Fe^{2+})の定性反応．Fe^{2+} と 1,10-フェナントロリンが 1：3 でキレート結合し，濃赤色を呈する（イ）．
b　亜鉛塩(Zn^{2+})の定性反応．Zn^{2+} はヘキサシアノ鉄（Ⅱ）酸カリウムと反応して，$Zn_2[Fe(CN)_6]$，$Zn_3K_2[Fe(CN)_6]_2$ の白色沈殿を生じる（エ）．
c　銀塩(Ag^+)の定性反応．Ag^+ はクロム酸カリウムと反応してクロム酸銀(Ag_2CrO_4)の赤色沈殿を生じる（ウ）．
d　ナトリウム塩(Na^+)の定性反応．Na^+ は炎色反応試験(1)で黄色を呈する．炎色反応試験(1)は，白金線を用いる金属塩の炎色反応試験（ア）．

例題 5.1B 次の記述 a ～ d は，日本薬局法一般試験法の定性反応に記載されている物質ア～エの確認法に関するものである．正しい組合せはどれか．

ア　硫酸塩　　　イ　炭酸塩　　　ウ　硝酸塩　　　エ　リン酸塩（正リン酸塩）

a 試料溶液に希塩酸を加えるとき，泡立ってガスを発生する．このガスを水酸化カルシウム試液中に通じるとき，直ちに白色の沈殿を生じる．

b 試料溶液にジフェニルアミン試液を加えるとき，液は青色を呈する．

c 試料溶液に塩化バリウム試液を加えるとき，白色の沈殿を生じ，希硝酸を追加しても沈殿は溶けない．

d 試料の中性または希硝酸酸性溶液に七モリブデン酸六アンモニウム試液を加えて加温するとき，黄色の沈殿を生じ，水酸化ナトリウム試液またはアンモニア試液を追加するとき，沈殿は溶ける．

	ア	イ	ウ	エ
1	d	b	c	a
2	b	d	a	c
3	c	a	b	d
4	c	d	a	b
5	b	a	d	c

〈第 85 回　問 28　改変〉

〈解答と解説〉正解　3

a 炭酸塩（CO_3^{2-}）の定性反応．CO_3^{2-}と希塩酸が反応し，CO_2ガスが発生．CO_2ガスを$Ca(OH)_2$試液中に通すと，直ちに$CaCO_3$の白色沈殿が生じる（イ）．

b 硝酸塩（NO_3^-）の定性反応．NO_3^-はジフェニルアミンと反応して，ジフェニルベンジジンのキノイドインモニウム型色素を生じ青色を呈する（ウ）．

c 硫酸塩（SO_4^{2-}）の定性反応．SO_4^{2-}は塩化バリウムと反応して，硫酸バリウム（$BaSO_4$）の白色沈殿を生じる（ア）．

d リン酸塩（PO_4^{3-}）の定性反応．PO_4^{3-}は七モリブデン酸六アンモニウムと反応して，リンモリブデン酸アンモニウム（$(NH_4)_3PO_4 \cdot 12MoO_3 \cdot 6H_2O$）の黄色沈殿を生じる（エ）．

演習問題 5.1.1 無機イオンの定性反応に関する次の記述について，正しいものに○，誤っているものに×を付けよ．

a SO_3^{2-}またはHSO_3^-の溶液に等容量の希塩酸を加えるとき，二酸化イオウの臭いを発し，液は徐々に白濁する．

b Al^{3+}の溶液に水酸化ナトリウム試液を加えるとき，白色のゲル状の沈殿を生じ，過量の水酸化ナトリウム試液を追加するとき，沈殿は溶ける．

c Cu^{2+}の溶液に少量のアンモニア試液を加えるとき，淡青色の沈殿を生じ，過量のアンモニア試液を追加しても沈殿は溶けない．

d Fe^{3+}の弱酸性溶液にヘキサシアノ鉄(Ⅱ)酸カリウム試液を加えるとき，青色の沈殿を生じ，希塩酸を追加しても沈殿は溶けない．

〈ヒント〉 金属塩類の定性反応おいて，水酸化ナトリウム試液やアンモニア試液を少量加えたとき沈殿を生じる金属，また，過量に加えたときに沈殿が溶解する金属などを整理しておく必要がある．

金属塩類の代表的な定性反応

NaOH 試液で水酸化物沈殿生成	Cu^{2+}, Fe^{2+}, Fe^{3+}, Mn^{2+}, Mg^{2+}, Al^{3+}, Pb^{2+}, Zn^{2+}, Sn^{2+}, Sn^{4+}
NH_3 試液で水酸化物沈殿生成	Pb^{2+}, Al^{3+}, Fe^{2+}, Fe^{3+}, Mn^{2+}, Cu^{2+}, Zn^{2+}, Sn^{2+}, Sn^{4+}
過量の NH_3 で錯イオン生成	Ag^+($[Ag(NH_3)_2]^+$), Cu^{2+}($[Cu(NH_3)_4]^{2+}$濃青), Zn^{2+}($[Zn(NH_3)_4]^{2+}$)
希 HCl で沈殿	Ag^+(AgCl白), Hg_2^{2+}(Hg_2Cl_2白), Pb^{2+}($PbCl_2$白)
希 H_2SO_4 で沈殿	Pb^{2+}($PbSO_4$白), Ba^{2+}($BaSO_4$白), Sr^{2+}($SrSO_4$白)
$K_4[Fe(CN)_6]$で沈殿	Zn^{2+}($Zn_2[Fe(CN)_6]$白), Fe^{3+}($KFe^{III}[Fe^{II}(CN)_6]$青), Cu^{2+}($Cu_2[Fe(CN)_6]$赤褐)

〈解答と解説〉

a × これは，$S_2O_3^{2-}$ との区別に用いられる定性反応である．SO_3^{2-} または HSO_3^- の溶液に等容量の希塩酸を加えると，二酸化イオウの臭いを発し，液は混濁しない．

$$SO_3^{2-} + 2H^+ \rightleftarrows HSO_3^- + H^+ \rightleftarrows H_2SO_3 \rightleftarrows H_2O + SO_2 \uparrow$$

一方，$S_2O_3^{2-}$ の溶液に等容量の希塩酸を加えると，二酸化イオウの臭いを発し，液は白濁する．遊離したイオウは始めは白濁しているが，放置すると固まって黄色の沈殿となる．

$$S_2O_3^{2-} + 2HCl \rightleftarrows H_2S_2O_3 + 2Cl^-$$
$$H_2S_2O_3 \rightleftarrows H_2O + SO_2 \uparrow + S \downarrow （白濁）$$

b ○ Al^{3+} の溶液に NaOH 試液を加えるとき，白色のゲル状の沈殿($Al(OH)_3$)を生じる．これに過量の NaOH 試液を追加すると沈殿は溶けるが，過量の NH_3 試液を追加しても溶けない．

c × Cu^{2+} の溶液に少量の NH_3 試液を加えると，淡青色の沈殿を生じ，過量の NH_3 試液を追加すると，錯イオンを形成し溶解する．

$$Cu^{2+} + 2OH^- \rightleftarrows Cu(OH)_2 \downarrow （淡青）$$
$$Cu(OH)_2 + 4NH_3 \rightleftarrows 2OH^- + [Cu(NH_3)_4]^{2+} （濃青）$$

d ○ Fe^{3+} の弱酸性溶液に $K_4[Fe(CN)_6]$ 試液を加えると，青色沈殿(ベルリン青)を生じ，希塩酸を追加しても沈殿は溶けない．また，Fe^{2+} の弱酸性溶液に $K_3[Fe(CN)_6]$ 試液を加えると，青色沈殿(タンブル青)を生じ，希塩酸を追加しても沈殿は溶けない．

$$Fe^{3+} + K_4[Fe(CN)_6] \rightleftarrows 3K^+ + KFe^{III}[Fe^{II}(CN)_6] \downarrow （ベルリン青）$$
$$Fe^{2+} + K_3[Fe(CN)_6] \rightleftarrows 2K^+ + KFe^{II}[Fe^{III}(CN)_6] \downarrow （タンブル青）$$

5.2 医薬品の確認試験

例題 5.2A 日本薬局方医薬品 a～d に適用する確認試験に関する記述のうち，正しい組合せはどれか．

a, b, c, d（構造式）

	a	b	c	d
1	エ	ア	イ	ウ
2	イ	エ	ア	ウ
3	ウ	ア	イ	エ
4	ウ	エ	ア	イ
5	イ	ア	エ	ウ

ア 本品 0.01 g を薄めた酢酸(1→500) 10 mL に溶かし，試料溶液とする．試料溶液 1 mL に水 4 mL および塩化鉄（Ⅲ）試液 1 滴を加えるとき，液は濃緑色を経て，徐々に赤色に変わる．

イ 本品 0.05 g を水 5 mL に溶かし，臭素試液 1～2 滴を加え，振り混ぜるとき，試液の色は消える．

ウ 本品につき，炎色反応試験(2)を行うとき，緑色を呈する．

エ 本品の水溶液（1→1000）5 mL にニンヒドリン試液 1 mL を加え，水浴中で 3 分間加熱するとき，液は紫色を呈する．

〈第 93 回　問 10　改変〉

〈解答と解説〉正解　2

a　イ　アルプレノロール塩酸塩の二重結合への臭素の付加反応を利用して，臭素試液の色が消えることで二重結合を確認している．

b　エ　レボドパのニンヒドリン試液によるα-アミノ酸の確認．α-アミノ酸は，ニンヒドリン試液を加えて加熱すると，青色～紫色の色素を生成する．α-イミノ酸では黄色に呈色する．

c　ア　アドレナリンのフェノール性ヒドロキシ基の確認．フェノール性ヒドロキシ基をもつ物質は塩化鉄（Ⅲ）試液を加えると鉄キレートをつくり，青色，紫色，赤色などに呈色する．

d　ウ　クロルフェネシンカルバミン酸エステルの，銅網を用いたハロゲン化合物の炎色反応（バイルシュタイン反応）．塩素を含む医薬品は緑色を呈する．日本薬局方一般試験法の炎色反応試験(2)はハロゲン化合物の炎色反応試験であり，炎色反応試験(1)は金属塩の炎色反応試験である．

例題 5.2B アミン類（**ア〜エ**）について，以下に示す反応を行い，**a〜d**の結果を得た．**a〜d**に対応する化合物の正しい組合せはどれか．

「反応：アミンを希塩酸に溶解し，その溶液に冷時，亜硝酸ナトリウム水溶液を加えた．」

ア：C₆H₅-NH₂　イ：C₆H₅-NHCH₃　ウ：C₆H₅-N(CH₃)₂　エ：C₆H₅-CH₂NH₂

a　N–ニトロソ化合物を生成した．
b　ガスを発生してアルコールを生成した．
c　ジアゾニウム塩を生成した．
d　C–ニトロソ化合物を生成した．

	a	b	c	d
1	ア	エ	ウ	イ
2	イ	ウ	エ	ア
3	イ	エ	ア	ウ
4	ウ	エ	ア	イ
5	エ	ア	イ	ウ

〈第92回　問7〉

〈解答と解説〉正解　3

a　イ　脂肪族および芳香族第二級アミンは，窒素がニトロソ化され，N–ニトロソ化合物を生成する．

b　エ　脂肪族第一級アミンは，亜硝酸との反応によりジアゾニウム塩を生成するが，不安定であるため，すぐに溶媒である水と反応して，窒素ガスを発生してアルコールを生成する．

c　ア　芳香族第一級アミンは，溶液中で安定なジアゾニウム塩を生成する．この後，カップリング試薬と反応することにより，アゾ色素生成する．

d　ウ　芳香族第三級アミンは，パラ位の炭素がニトロソ化され，C–ニトロソ化合物を生成する．

アミンと亜硝酸ナトリウム（NaNO₂）の反応のまとめ

	脂肪族	芳香族
第一級アミン	$R-NH_2 + NaNO_2 \xrightarrow{HCl} R-{}^+N\equiv N \cdot Cl^-$ ジアゾニウム塩　→ $R-OH + N_2\uparrow$　生成するジアゾニウム塩は，すぐに分解し，N₂ガスを発生	Ph-NH₂ + NaNO₂ $\xrightarrow{HCl}$ Ph-N⁺≡N・Cl⁻ ジアゾニウム塩 → ジアゾカップリング反応　生成するジアゾニウム塩は，ジアゾカップリング反応によるアゾ色素の生成で確認
第二級アミン	R₁R₂NH + NaNO₂ $\xrightarrow{H^+}$ R₁R₂N-NO　N–ニトロソ化（N–ニトロソ化合物が析出）脂肪族，芳香族ともに窒素のニトロソ化が起こる	
第三級アミン	反応しない	Ph-NR₁R₂ + NaNO₂ $\xrightarrow{H^+}$ ON-C₆H₄-NR₁R₂　C–ニトロソ化（有色）パラ位の炭素にニトロソ化が起こる

例題 5.2C 日本薬局方医薬品 a ～ c に適用する確認試験ア～エの正しい組合せはどれか．

a, b, c（構造式）

ア 本品のメタノール溶液（1→5000）5 mL に塩化鉄(Ⅲ)・メタノール試液1滴を加えて振り混ぜるとき，液は暗赤色を呈する．

イ 本品につき，白金線を用いる炎色反応試験(1)を行うとき，持続する赤色を呈する．

ウ 本品 0.02 g に希塩酸 2 mL を加えて 10 分間煮沸し，冷後，水 8 mL を加えた液は芳香族第一アミンの定性反応を呈する．

エ 本品 0.1 g を加熱するとき，紫色のガスを発生する．

	a	b	c
1	ア	ウ	エ
2	ア	エ	ウ
3	イ	ウ	エ
4	イ	エ	ウ
5	ウ	ア	イ
6	エ	イ	ア

〈第 92 回　問 12〉

〈解答と解説〉正解　1

a　ア　ブフェキサマクはヒドロキサム酸構造を含んでいるため，塩化鉄(Ⅲ)と反応し，鉄キレートを生成して暗赤色を呈する．

b　ウ　アセタゾラミドは希塩酸によりカルボン酸アミドが加水分解され，芳香族第一級アミンを生じる．

c　エ　イドクスウリジンはヨウ素を有した医薬品であるため，加熱分解により紫色のヨウ素ガスを発生する．

演習問題 5.2.1 日本薬局方医薬品 a ～ c に適用する確認試験ア～エの正しい組合せはどれか．

a　レボドパ
b　ナプロキセン
c　ヒドロコルチゾン

ア　本品 0.01 g をメタノール 1 mL に溶かし，フェーリング試液 1 mL を加えて加熱するとき，赤色の沈殿を生じる．

イ　本品 0.01 g を希塩酸 5 mL に溶かし，水浴中で 10 分間加熱し，冷却した液は芳香族第一アミンの定性反応を呈する．

ウ　本品の水溶液（1 → 5000）2 mL に 4-アミノアンチピリン試液 10 mL を加えて振り混ぜるとき，液は赤色を呈する．

エ　本品のエタノール(99.5)溶液（1 → 300）1 mL に過塩素酸ヒドロキシルアミン・エタノール試液 4 mL および N,N′-ジシクロヘキシルカルボジイミド・エタノール試液 1 mL を加え，よく振り混ぜた後，微温湯中に 20 分間放置する．冷後，過塩素酸鉄(Ⅲ)・エタノール試液 1 mL を加えて振り混ぜるとき，液は赤紫色を呈する．

	a	b	c
1	ア	イ	エ
2	ア	エ	ウ
3	イ	ウ	エ
4	ウ	エ	ア
5	ウ	ア	イ
6	エ	イ	ア

〈ヒント〉　各々の医薬品がもつ官能基を列挙できること．そして，確認試験がどの官能基の定性反応か理解しておくことが大事である．

a のレボドパはフェノール性ヒドロキシ基を有している．b のナプロキセンはカルボキシ基を有している．c のヒドロコルチゾンは α-ヒドロキシケトンを有している．それぞれの官能基の定性反応を選択すればよい．

〈解答と解説〉　**正解　4**

a　ウ　フェノール性ヒドロキシ基をもつ医薬品は，4-アミノアンチピリンと反応してインドフェノール系色素を生成し，赤色，緑色，青紫色など様々な呈色を示す．

b　エ　カルボン酸は N,N′-ジシクロヘキシルカルボジイミド(DCC)の存在下，ヒドロキシルアミンと反応して，ヒドロキサム酸を生成する．ヒドロキサム酸は Fe(Ⅲ)とキレートを形成し，赤紫色を呈する．

c ア ヒドロコルチゾンはα-ヒドロキシケトン（α-ケトール）を有しているので，フェーリング試液中の銅イオン（Ⅱ）が還元されて酸化銅（Ⅰ）（Cu₂O）の赤色沈殿を生じる．この反応は，アルデヒドも陽性である．

α-ヒドロキシケトン

演習問題 5.2.2 日本薬局方医薬品 a ～ d に適用する確認試験ア～エの正しい組合せはどれか．

a (構造式: 2-acetoxybenzoic acid / アスピリン)

b (構造式: nitrazepam類似のベンゾジアゼピン)

c (構造式: クロフィブラート系エステル・HCl塩)

d (構造式: カンファー)

ア 本品 0.02 g に希塩酸 15 mL を加え，5 分間煮沸し，冷後，ろ過する．ろ液は芳香族第一アミンの定性反応を呈する．

イ 本品 0.01 g にエタノール(95) 2 mL を加え，必要ならば加温して溶かし，冷後，塩酸ヒドロキシアンモニウムの飽和エタノール(95)溶液 2 滴および水酸化カリウムの飽和エタノール(95)溶液 2 滴を加え，水浴中で 2 分間加熱する．冷後，希塩酸を加えて弱酸性とし，塩化鉄（Ⅲ）試液 3 滴を

	a	b	c	d
1	ア	エ	ウ	イ
2	イ	ウ	エ	ア
3	エ	イ	ア	ウ
4	ウ	エ	ア	イ
5	エ	ア	イ	ウ

加えるとき，液は赤紫色〜暗紫色を呈する．
- **ウ** 本品 0.1 g をメタノール 2 mL に溶かし，2,4-ジニトロフェニルヒドラジン試液 1 mL を加えた後，水浴上で 5 分間加熱するとき，だいだい赤色の沈殿を生じる．
- **エ** 本品 0.1 g に水 5 mL を加えて 5〜6 分間煮沸し，冷後，塩化鉄(Ⅲ)試液 1〜2 滴を加えるとき，液は赤紫色を呈する．

〈ヒント〉 加水分解反応を行った後に官能基の定性反応を行うことがある．

アの確認試験は希塩酸を加えて加水分解を行い，芳香族第一級アミンとした後に定性反応を行っている．また，エの確認試験は水で煮沸しエステルの加水分解を行った後に定性反応を行っている．エステルやアミドは穏やかな条件で加水分解が起こる官能基であり，エーテルは激しい条件で加水分解が起こる官能基である．

〈解答と解説〉 正解 5

a **エ** アスピリンは，水で煮沸すると加水分解してサリチル酸を生じる．フェノール性水酸基をもつ物質は塩化鉄(Ⅲ)試液を加えると鉄キレートをつくり，赤紫色を呈する．

b **ア** ニトラゼパムは，希塩酸中煮沸することにより，七員環のアミドとイミンが加水分解を受け，2-アミノ-5-ニトロベンゾフェノンとグリシンを生じる．2-アミノ-5-ニトロベンゾフェノンが，芳香族第一アミンの定性反応を示す．

c **イ** メクロフェノキサート塩酸塩は，水酸化カリウム存在下，塩酸ヒドロキシアンモニウムと反応してヒドロキサム酸となる．ヒドロキサム酸は Fe(Ⅲ)とキレートを形成し呈色する．

d ウ *d*-カンフルのカルボニル基に 2,4-ジニトロフェニルヒドラジンが縮合してヒドラゾンを生成し，だいだい赤色の沈殿を生じる．

2,4-ジニトロフェニルヒドラジン　　　　　　　　　　2,4-ジニトロフェニルヒドラゾン

5.3　医薬品の純度試験

例題 5.3A　次の記述は，日本薬局方エテンザミドの純度試験に関するものである．この試験の対象となっている混在物はどれか．

「本品 0.20 g を薄めたエタノール (2 → 3) 15 mL に溶かし，希塩化鉄(Ⅲ)試液 2 ～ 3 滴を加えるとき，液は紫色を呈しない．」

1　サリチルアミド
2　メトキシベンゼン
3　エトキシアニリン
4　ベンズアミド
5　アセトアニリド

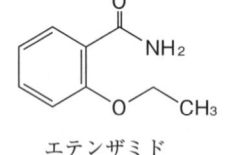

エテンザミド

〈解答と解説〉　正解　**1**

塩化鉄(Ⅲ)試液は，フェノール性ヒドロキシ基の検出に用いられる．
1 ～ 5 の化合物の構造式は，

よって，対象となる混在物は，1 のサリチルアミドである．

例題 5.3B　日本薬局方カフェイン水和物の純度試験中の「硫酸塩」の記述である．
[　　] の中に入れるべき数値は次のうちどれか．ただし，$SO_4 = 96$ とする．

「本品 2.0 g を熱湯 80 mL に溶かし，20℃ に急冷し，水を加えて 100 mL とし，試料溶液とする．試料溶液 40 mL に希塩酸 1 mL および水を加えて 50 mL とする．これを検液とし，試験を行う．比較液には 0.005 mol/L 硫酸 [　　] mL を加える (0.024 % 以下)．」

1　0.10　　2　0.40　　3　1.2　　4　2.0　　5　3.6

〈解答と解説〉 正解　2

比較液を調製するために量り取った，0.005 mol/L 硫酸の量を x（mL）とおく．

$$比較液中の硫酸塩の量 = 0.005 \times 96 \times x = 0.48x \text{（mg）}$$

$$検液中の無水カフェインの量 = 2.0 \times 1000 \times \frac{40}{100} = 800 \text{（mg）}$$

$$\frac{0.48x}{800} \times 100 = 0.024 \text{（\%）}$$

$$x = 0.40 \text{（mL）}$$

例題 5.3C　次の記述 a～c は，日本薬局方の純度試験に関するものである．それぞれの試験法により試験される不純物の正しい組合せはどれか．

a　アミドトリゾ酸：本品 0.20 g を水酸化ナトリウム試液 2.0 mL に溶かし，0.5 mol/L 硫酸試液 2.5 mL を加え，時々振り混ぜながら 10 分間放置した後，クロロホルム 5 mL を加えてよく振り混ぜ，放置するとき，クロロホルム層は無色である．

b　エトスクシミド：本品 1.0 g をエタノール(95) 10 mL に溶かし，硫酸鉄(Ⅱ)試液 3 滴，水酸化ナトリウム試液 1 mL および塩化鉄(Ⅲ)試液 2～3 滴を加え，穏やかに加温した後，希硫酸を加えて酸性にするとき，15 分以内に青色の沈殿を生じないかまたは青色を呈しない．

c　塩化カルシウム水和物：本品 0.5 g を水 5 mL に溶かし，希塩酸 2～3 滴およびヨウ化亜鉛デンプン試液 2～3 滴を加えるとき，液は直ちに青色を呈しない．

	a	b	c
1	ヨウ素	シアン化物	次亜塩素酸塩
2	臭素	亜鉛	亜硫酸塩
3	臭素	シアン化物	次亜塩素酸塩
4	ヨウ素	シアン化物	亜硫酸塩
5	ヨウ素	亜鉛	次亜塩素酸塩

〈解答と解説〉 正解　1

a　ヨウ素：水酸化ナトリウムに溶かした後，硫酸酸性にして，遊離ヨウ素をクロロホルムで抽出する．10 分間放置した後，クロロホルムを加えるのは，分離をよくするためである．ヨウ素が存在するとクロロホルム層が紫色～赤紫色を呈する．

b　シアン化物：アルカリ性でシアン化物イオンは鉄(Ⅱ) Fe^{2+} と反応してヘキサシアノ鉄(Ⅱ)酸イオンを生じる．これに鉄(Ⅲ) Fe^{3+} が反応すると青色沈殿(ベルリン青) $KFe^{Ⅲ}[Fe^{Ⅱ}(CN)_6]$ が生成する．

c　次亜塩素酸塩：サラシ粉 $(CaCl(ClO) \cdot H_2O)$ の混在を試験している．サラシ粉は塩化カルシウムと次亜塩素酸カルシウムとの複塩である．次亜塩素酸は塩酸と反応して塩素を遊離し，これがヨウ化亜鉛を酸化してヨウ素を遊離する．遊離したヨウ素が，デンプンと反応して青色を呈する．

演習問題 5.3.1 純度試験で用いられる日本薬局方一般試験法ア〜エと試験法の概略 a 〜 d について，正しい組合せはどれか．

ア 塩化物試験法　　**イ** 重金属試験法　　**ウ** 鉄試験法　　**エ** ヒ素試験法

a 検液および標準液にヨウ化カリウム，酸性塩化スズ(II)試液を加え，さらに亜鉛を加え揮発性物質に還元する．N,N-ジエチルジチオカルバミド酸銀と反応させ，生成するコロイド状銀の赤紫色を比較する．

b 検液および比較液に硝酸銀液を加え，黒色を背景にして液の混濁を比較する．

c 検液および比較液に硫化ナトリウム試液を加え，白色を背景にして液の色を比較する．比較液には，鉛標準液を用いる．

d 検液および比較液に L-アスコルビン酸を加えて還元し，2, 2′-ビピリジルを加え，白色を背景にして生成するキレートの赤色を比較する．

	a	b	c	d
1	ア	エ	ウ	イ
2	イ	ウ	エ	ア
3	イ	エ	ア	ウ
4	ウ	エ	ア	イ
5	エ	ア	イ	ウ

〈ヒント〉 各々の一般試験法で用いられる特徴的な試薬や生成する物質やその色などは整理しておきたい．

a の試験法は N,N-ジエチルジチオカルバミド酸銀で赤紫色のコロイド状銀を生成させている．

b の試験法は硝酸銀を加えて白色の混濁を比較している．白色の銀沈殿は AgCl が代表的である．

c の試験法は硫化ナトリウムを加えて生成する硫化物の色を比較している．

d の試験法は 2, 2′-ビピリジルで赤色のキレート化合物を形成させていることが特徴で，これは 1, 10-フェナントロリンとキレート形成して濃赤色を示す金属の反応である．

〈解答と解説〉 **正解　5**

a　エ　ヒ素試験法は医薬品中に混在するヒ素の限度試験．ヒ素の限度を三酸化二ヒ素(As_2O_3) の量として ppm で表す．ヒ素化合物を還元し，揮発性のあるヒ化水素(AsH_3)に導き，これを N,N-ジエチルジチオカルバミド酸銀と反応させ，生成するコロイド状銀の赤紫色を標準色と比較する．

b　ア　塩化物試験法は医薬品中に混在する塩化物の限度試験．塩化物(Cl として)の限度を％で表す．硝酸銀試液を加えて，生成する AgCl の白色混濁を比較している．

c　イ　重金属試験法は医薬品中に混在する重金属の限度試験．重金属の限度を鉛(Pb)の量として ppm で表す．重金属とは，酸性(pH = 3.0 〜 3.5)で硫化ナトリウム試液と反応して黄色〜褐黒色を呈する有害性重金属 (Pb, Bi, Cu, Cd, Sb, Sn, Hg など)をいう．

d　ウ　鉄試験法は医薬品中に混在する鉄の限度試験．鉄(Fe として)の限度を ppm で表す．L-アスコルビン酸を加えて Fe^{2+} に還元し，2, 2′-ビピリジルを加え赤色キレートを形成させ比較している．

> **演習問題 5.3.2** 日本薬局方医薬品ベタメタゾンの純度試験中の「重金属」の記述である．[ ]の中に入れるべき数値は次のうちどれか．
> 「本品 0.5 g をとり，第 2 法により操作し，試験を行う．比較液には鉛標準液 1.5 mL (0.01 mg/mL) を加える（[ ]ppm 以下）．」
> **1** 2.0　　**2** 3.0　　**3** 10　　**4** 20　　**5** 30

〈ヒント〉 鉛標準液 1 mL 中には 0.01 mg の鉛が含まれている．1.5 mL 量り取るので，1.5 × 0.01（mg）の鉛が含まれていることになる．本品 0.5 g 中，すなわち 0.5 × 1000（mg）中に換算して，ppm 単位で求めればよい．

〈解答と解説〉 **正解　5**

比較液中の鉛の量 = 0.01 × 1.5 = 0.015（mg）
検液中のベタメタゾンの量 = 0.5 × 1000 = 500（mg）

$$\frac{0.015}{500} \times 10^6 = 30 \text{（ppm）}$$

第6章 金属分析

6.1 原子吸光光度法

【重要事項のまとめ】

[原　理]
　原子が吸収または放射する光のスペクトルは原子スペクトルと呼ばれ，**輝線スペクトル**となる．光の吸収を利用する分析法が原子吸光光度法で，光が原子の蒸気層を通過するとき，基底状態の原子が特有波長の光を吸収する現象を利用する．光の放射を利用する分析法は後述の発光分析法である．
　干渉や**バックグラウンド**を考慮する必要がある．

干渉
① 分光学的干渉
② 物理学的干渉
③ 化学的干渉
④ イオン化干渉

検量線
① 検量線法（絶対検量線法）
② 標準添加法
③ 内標準法

　Lambert–Beer（ランベルト–ベール）の法則に従うので，原子を対象とする**定量分析**に利用される．

[装置]

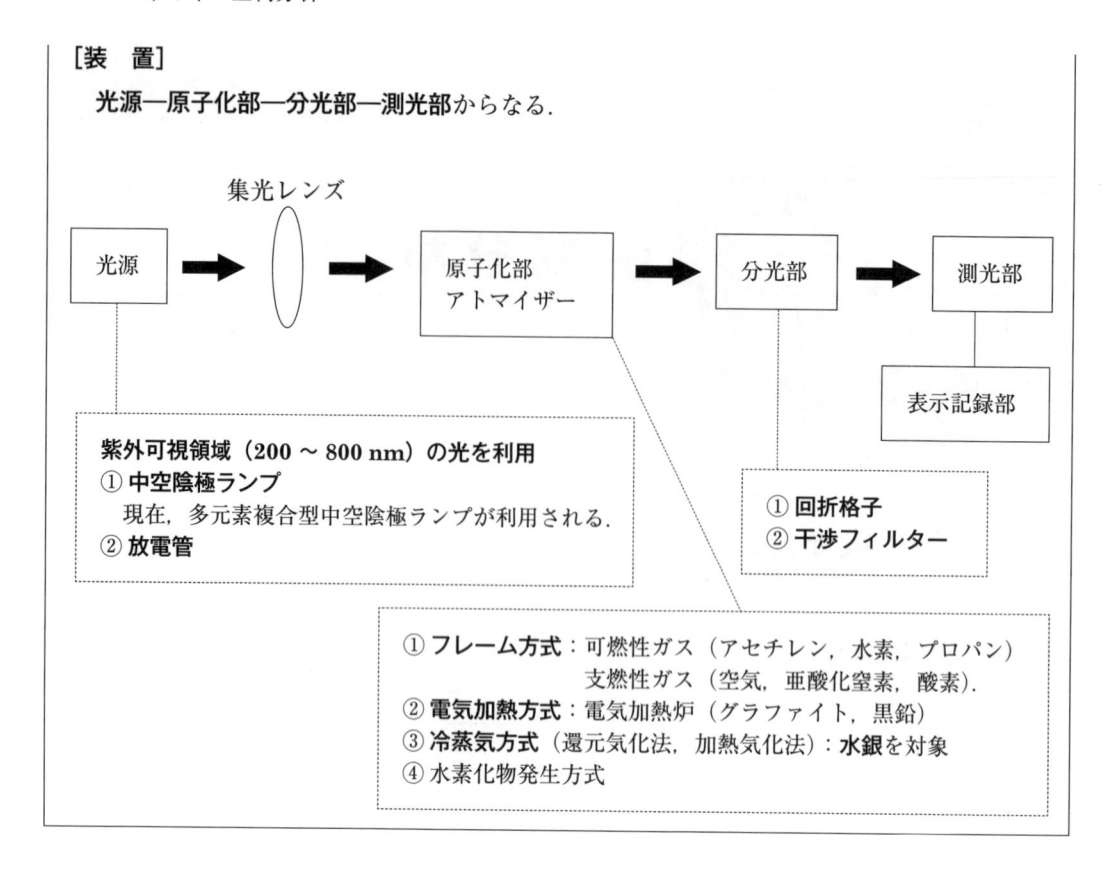

光源―原子化部―分光部―測光部からなる．

```
光源 → 集光レンズ → 原子化部アトマイザー → 分光部 → 測光部
                                                        ↓
                                                    表示記録部
```

紫外可視領域（200〜800 nm）の光を利用
① 中空陰極ランプ
　現在，多元素複合型中空陰極ランプが利用される．
② 放電管

① 回折格子
② 干渉フィルター

① フレーム方式：可燃性ガス（アセチレン，水素，プロパン）
　　　　　　　　支燃性ガス（空気，亜酸化窒素，酸素）．
② 電気加熱方式：電気加熱炉（グラファイト，黒鉛）
③ 冷蒸気方式（還元気化法，加熱気化法）：水銀を対象
④ 水素化物発生方式

【チェック問題】

次の記述について，正しいものに○，誤っているものに×を付けよ．

1)（　）原子吸光光度法は，気化した原子の励起状態から基底状態への遷移に伴う光を測定する方法である．
2)（　）光源部には，重水素放電管またはタングステンランプを用いる．
3)（　）試料の原子化法にはフレーム方式，電気加熱方式および冷蒸気方式がある．
4)（　）原子スペクトルは，連続スペクトルである．
5)（　）原子スペクトルは各原子に固有のものであるから，分光部は不必要である．
6)（　）重金属元素の測定には不向きである．
7)（　）還元気化法では，適当な還元剤を加えて一価の水銀イオンまで還元する．
8)（　）フレーム方式では，試料は一般に溶液にして測定される．
9)（　）電気加熱方式では，試料溶液を用いることはできない．
10)（　）定量に際しては，干渉およびバックグラウンドを考慮する必要がある．
11)（　）原子吸光光度法で用いられる光の波長は，主に赤外線領域である．
12)（　）原子吸光光度法において，水銀は冷蒸気方式によって測定される．
13)（　）金チオリンゴ酸ナトリウムの定量には，原子吸光光度法が用いられる．
14)（　）吸光度は，原子蒸気中の基底状態の原子数に比例する．

〈解答と解説〉

1) × 光が原子蒸気層を通過するとき，基底状態の原子が特有波長の光（共鳴線）を吸収する現象を利用する方法である．
2) × 光源として，中空陰極ランプまたは放電ランプを用いる．
3) ○
4) × 連続スペクトルではなく，波長幅の狭い輝線スペクトルである（吸光光度測定法，蛍光法などは連続スペクトル）．
5) × 原子化部の後に，分光部がある．
6) × 重金属元素の測定によく使われる．
7) × 水銀イオンを塩化スズ(Ⅱ)($SnCl_2$) などの還元剤で金属水銀（Hg）に還元して測定する．金属水銀になると，常温で基底状態の原子蒸気層ができる．
8) ○
9) × 電気加熱方式では，固体試料や溶液試料が測定できる．
10) ○
11) × 原子吸光光度法で用いられる光の波長は，主に紫外可視領域である．
12) ○
13) ○
14) ○

例題 6.1A　原子吸光光度法による鉛を含む検体 A（溶液）の定量を示したものである．

　検体 A に，鉛の標準溶液を段階的に添加したのち一定容量とし，添加量が 0（無添加），5, 10, 15 μg/mL となるようにしたものを試験溶液とした．これらの 4 つの試験溶液につき吸光度を測定して，次のような結果を得た．無添加の試験溶液中の鉛の濃度（μg/mL）は，次の 1～5 のうちどれに最も近いか．

鉛の添加量（μg/mL）	吸光度
0	0.14
5.0	0.26
10.0	0.38
15.0	0.50

1 0.2　　**2** 4.3　　**3** 5.0　　**4** 5.8　　**5** 9.0

〈解答と解説〉　**正解　4**

　原子吸光光度法の**標準添加法**を用いて鉛の濃度を測定する方法である．すなわち，一定量の鉛標準溶液を添加した後，最終的に一定容量にして試験溶液とする方法である．

　鉛の添加量が 5.0 μg/mL 増加するごとに，吸光度が 0.12 増加している．

　したがって，次の比例式より鉛無添加のときの吸光度 0.14 が，どれくらいの鉛の量（x μg/mL）に対応しているかを求める．

$$5.0\,(\mu g/mL) : 0.12 = x\,(\mu g/mL) : 0.14$$
$$x = 5.8\ (\mu g/mL)$$

（別　解）

標準添加法による検量線を作成して，濃度を求める方法がある．

演習問題 6.1.1 原子吸光光度法に関する次の記述について，正しいものに○，誤っているものに×を付けよ．

a 原子吸光光度法は，光が原子蒸気層を通過するとき，励起状態の原子が特有波長の光を吸収する現象を利用し，試料中の元素量を測定する方法である．

b 装置は，光源部，試料原子化部，分光部，測定部および表示記録部からなり，光源にはキセノンランプが用いられる．

c 高温のフレーム中で被検元素の原子蒸気が生成するが，一部はイオン化される．原子吸光光度法で分析されるものは基底状態の原子だけである．

d 定量に際しては，干渉およびバックグラウンドを考慮する必要がなく，どんな試薬，試液を用いても測定の妨げとならない．

〈第 87 回　問 33　改変〉

〈解答と解説〉

a　×　**基底状態**の原子が**特有波長の光を吸収する**現象を利用する．

b　×　光源には**中空陰極ランプ**や**放電ランプ**が用いられる．

c　○　原子吸光光度法で分析されるものは基底状態の原子だけである．

d　×　定量に際しては，**干渉およびバックグラウンドを考慮する**必要があり，規定の試薬，試液を用いる．

演習問題 6.1.2 原子吸光光度法に関する次の記述について，正しいものに○，誤っているものに×を付けよ．

a 原子吸光光度法は，気化した原子の励起状態から基底状態への遷移に伴う光を測定する方法である．

b 原子吸光光度法で観測する波長は，紫外可視光（200～800 nm）である．

c 原子吸光光度法による定量は，紫外可視吸光光度法と同様にランベルト-ベール（Lambert-Beer）の法則に基づく．

d 原子吸光光度法では，被検元素の試料中での存在状態に関する情報を，抽出法やクロマトグラフ法などの分離手段と併用することなしに容易に得ることができる．

〈第 89 回　問 32　改変〉

⟨解答と解説⟩
a ×　気化した原子の基底状態から励起状態への遷移に伴う光の吸収を測定する．
b ○
c ○
d ×　被検元素の試料中での存在状態に関する情報を得ることはできない．

演習問題 6.1.3　原子吸光光度法に関する次の記述について，正しいものに○，誤っているものに×を付けよ．
a　原子吸光光度法に用いられる光は連続スペクトルである．
b　試料原子化部を通過した光を，回折格子，干渉フィルターなどを用いて分光する．
c　水素化物発生装置および加熱吸収セルは，水銀の定量に用いられる．
d　常水中からのカドミウム抽出は，キレート形成後，溶媒抽出により行われる．
⟨第 91 回　問 32⟩

⟨ヒント⟩
実試料中の金属濃度が低い場合，濃縮して測定する．

⟨解答と解説⟩
a ×　原子吸光光度法に用いられる光は**輝線スペクトル**である．
b ○
c ×　水素化物発生装置法および加熱吸収セルは，揮発性の水素化物を形成する元素（例えばヒ素 As，セレン Se，ビスマス Bi）に利用され，水銀の定量には**冷蒸気方式**（**還元気化法**）が用いられる．
d ○　カドミウムをジチゾンなどのキレート化剤でキレートを形成させた後，有機溶媒で抽出し，さらに濃縮して測定する．

演習問題 6.1.4　原子吸光光度法に関する次の記述について，正しいものに○，誤っているものに×を付けよ．
a　本法は，被検元素を原子蒸気にする必要があるため，ナトリウム，マグネシウム，カルシウムなどの軽金属の測定に適しており，重金属元素の測定には不向きである．
b　フレーム方式では，試料は一般に溶液にして測定される．
c　定量には，検量線法，標準添加法および内標準法を用いる．
d　試料中の金属濃度が低い場合には，キレート剤と有機溶媒を用いる溶媒抽出法により金属を濃縮できる．

⟨解答と解説⟩
a ×　重金属の分析に利用できる．

b ○
c ○
d ○

> **演習問題 6.1.5** 原子吸光光度法に関する次の記述について，正しいものに○，誤っているものに×を付けよ．
> a フレーム原子吸光光度法では電子炉で加熱することにより元素を解離させて原子蒸気化する．
> b 水銀の定量には還元気化－フレームレス原子吸光光度法が用いられる．
> c 冷蒸気方式の試料原子化部は還元気化器や加熱気化器などの水銀発生部および吸収セルからなる．
> d 還元気化法では，適当な還元剤を加えて Hg^+ まで還元する．

〈解答と解説〉

a ×　フレームを利用して原子蒸気化する．
b ○
c ○
d ×　水銀イオンではなく，金属水銀 Hg まで還元する．

> **演習問題 6.1.6** 次の（　）の中に入れるべき化学式または語句の正しい組合せはどれか．
> 　水銀の還元気化法による原子吸光分析では，酸性の試料溶液に（　A　）を加えて試料中の水銀を（　B　）とした後，空気を循環させて十分に蒸気化し，水銀のホロカソードランプの輝線スペクトルを吸収するときの吸光度を測定する．
>
> | | A | B |
> |---|---|---|
> | 1 | $ZnCl_2$ | 第二水銀イオン |
> | 2 | $CuCl_2$ | 金属水銀 |
> | 3 | $CuCl_2$ | 第一水銀イオン |
> | 4 | $SnCl_2$ | 金属水銀 |
> | 5 | $SnCl_4$ | 第一水銀イオン |

〈ヒント〉
　水銀の分析では，水銀の酸化体を還元して，水銀の蒸気層をつくって測定する．

〈解答と解説〉　正解　4
　水銀の定量には還元気化法が用いられる．試料中の水銀化合物を適当な還元剤［例えば，塩化スズ（Ⅱ）$SnCl_2$ や金属亜鉛 Zn］で還元して，金属水銀 Hg とする．金属水銀は常温で気化して基底状態の原子蒸気層となる．

6.2　発光分析法

【重要事項のまとめ】

励起状態の原子から放射される原子スペクトルを利用した分析法である．原子を励起状態のするために**高周波誘導結合プラズマ炎** inductively coupled plasma（**ICP**），フレーム，アーク放電，スパーク放電を利用する．

1. ICP 発光分析法
　ICP とは，高周波誘導によって励起されたアルゴンプラズマ（アルゴン炎）をいう．
　プラズマの中に試料を導入すると，試料中の元素は励起され発光する．
　ICP は非常に高温（6000 ～ 10000 K）で，中性原子よりイオン化原子からのイオンスペクトル線が多い．
　多元素同時分析が可能である．
　ほとんどの元素が測定可能である．
同定：原子スペクトル線の種類で元素を同定する．
定量：**発光強度**は励起した**原子数に比例**する．

2. フレーム（炎光）分析法
　可燃性ガス（プロパン，水素，アセチレンなど）と**支燃性ガス**（空気，酸化二窒素，酸素など）を組み合わせて化学炎をつくる．
　アルカリ金属，アルカリ土類金属を高感度に測定することができる．
　原子スペクトル線の種類で元素を同定する．
　発光強度は励起した原子数に比例するので，定量に利用される．

【チェック問題】

次の記述について，正しいものに○，誤っているものに×を付けよ．

1）（　　）発光分析法は，金属元素の同定には利用できるが，定量には不向きである．
2）（　　）発光分析法での元素の原子化と励起に用いられる熱エネルギー源として，高周波誘導結合プラズマ炎（ICP）が利用される．
3）（　　）ICP 発光分析法では，光源としてキセノンランプを用いる．
4）（　　）ICP 発光分析法では，高温で励起される元素の分析には不向きである．
5）（　　）フレーム分析法では，励起状態の原子蒸気層に特有波長の光を照射して，発光強度を測定する．
6）（　　）フレーム分析法は，高温で励起される元素の分析には向いている．

7）（　） フレーム分析法では，定量に際して，内標準法は利用できない．
8）（　） フレーム分析法では，ヘリウムや窒素ガスが用いられる．
9）（　） 発光分析法は，励起状態の原子やイオンが基底状態に戻る際に特有の光を放出する現象を利用したものである．
10）（　） ICP発光分析法は，定性分析に適していない．
11）（　） ICP発光分析法は，測定できる元素が少ない．

〈解答と解説〉

1）× 　定量もできる．

2）○

3）× 　発光分析法では，光源は不要である．

4）× 　ICP発光分析法では，ICPが高温であるので，高温で励起される元素の分析に向いている．

5）× 　フレーム分析法では，フレームで励起された原子から放射される光を測定する．

6）× 　フレーム分析法は，アルカリ金属やアルカリ土類金属など比較的低温で励起される元素の分析に向いている．

7）× 　定量には，検量線法，標準添加法および内標準法を用いる．

8）× 　フレーム分析法では，試料溶液を霧状にして可燃性および支燃性ガスによる炎に導入するため，不燃性のヘリウムや窒素は用いられない．

9）○

10）× 　ICP発光分析法は，定性分析に適している．

11）× 　ICP発光分析法は多くの元素に対して高感度であり，多元素同時測定が可能である．

例題 6.2A 次の記述は日本薬局方炭酸リチウムの純度試験中ナトリウムに関するものである．計算式中の $\frac{W'}{W} \times 100$ の値はどれか．
ただし，NaCl：58.4，Na：23.0とする．また，試料の採取量は0.800 gとする．
「ナトリウム　本品約0.8 gを精密に量り，水を加えて溶かし，正確に100 mLとし，試料原液とする．試料原液25 mLを正確に量り，水を加えて正確に100 mLとし，試料溶液とする．別に塩化ナトリウム0.0254 gを正確に量り，水を加えて溶かし，正確に1000 mLとし，標準溶液とする．また試料原液25 mLを正確に量り，標準溶液20 mLを正確に加え，更に水を加えて正確に100 mLとし，標準添加溶液とする．試料溶液及び標準添加溶液につき，炎光光度計を用い次の条件でナトリウムの発光強度を測定する．波長の目盛りを589 nmに合わせ，標準添加溶液をフレーム中に噴霧し，その発光強度 L_S が100近くの目盛りを示すように感度調節した後，試料溶液の発光強度 L_T を測定する．次に他の条件は同一にし，波長を580 nmに変え，試料溶液の発光強度 L_B を測定し，次の式によりナトリウムの量を計算するとき，その量は0.05％以下である．

$$\text{ナトリウム(Na)の量(\%)} = \frac{L_T - L_B}{L_S - L_T} \times \frac{W'}{W} \times 100$$

W：試料原液 25 mL 中の試料の量（mg）

W'：標準溶液 20 mL 中のナトリウムの量（mg）

1 0.01　　**2** 0.02　　**3** 0.05　　**4** 0.1　　**5** 0.2　　**6** 0.5

〈解答と解説〉　**正解　4**

この問題は，標準添加法を利用して炭酸リチウム中に混在する不純物のナトリウム量を求めるものである．

試料原液 25 mL 中の試料の量 W（mg）は，下記の式で求められる．

$$W(\text{mg}) = \frac{800(\text{mg})}{100(\text{mL})} \times 25(\text{mL}) = 200(\text{mg})$$

標準試料 20 mL 中のナトリウムの量 W'（mg）は，下記の式で求められる．

$$W'(\text{mg}) = \frac{25.4(\text{mg})}{1000(\text{mL})} \times \frac{23.0}{58.4} \times 20(\text{mL}) = 0.200(\text{mg})$$

したがって，上記で求められた値を，設問文中の式 $\frac{W'}{W} \times 100$ に当てはめると

$$\frac{W'}{W} \times 100 = \frac{0.200(\text{mg})}{200(\text{mg})} \times 100 = 0.001 \times 100 = 0.1$$

となる．

演習問題 6.2.1 炎光光度法に関する次の記述について，正しいものに○，誤っているものに×を付けよ．

a 炎光光度法は，光が原子蒸気層を通過するとき，励起状態の原子が特有波長の光を吸収して発光する現象を利用し，試料中の被検元素量（濃度）を測定する方法である．

b アルカリ金属やアルカリ土類金属の測定には不向きである．

c 金属元素特有の共鳴線が測定に利用される．

d 定量法の一つに内標準法がある．

〈解答と解説〉

a ×　炎光光度法は，試料中の原子をフレームで励起するとき，**励起状態の原子が光を放射する現象**を利用し，発光強度から試料中の被検元素量（濃度）を測定する方法である．

b ×　**アルカリ金属やアルカリ土類金属**の測定に向いている．

c ○

d ○　定量法には，検量線法，内標準法および標準添加法がある．

第7章 クロマトグラフィー

7.1 クロマトグラフィーの原理

【重要項目のまとめ】

a. 原理と特徴

クロマトグラフィーは，**固定相**（固体または液体）と**移動相**（気体，液体または超臨界流体）とに対する被検成分の親和性の違いを利用して，分離精製する方法．次式で定義される**質量分布比**（k）の値が大きい物質ほど固定相に対する親和性が高く，移動速度が遅い（保持時間が長い）．

$$質量分布比（k）= \frac{固定相に存在する物質量}{移動相に存在する物質量}$$

形状から，**カラムクロマトグラフィー**（ガスクロマトグラフィー（GC），**液体クロマトグラフィー**（LC），**超臨界流体クロマトグラフィー**（SFC））と**平板クロマトグラフィー**（薄層クロマトグラフィー（TLC），**ろ紙クロマトグラフィー**（PC））に大別される．クロマトグラフィーは，医薬品や生薬成分の確認試験および純度試験，定量に用いられる．

b. 分離モード

分離モード	固定相	用いられるクロマトグラフィー
吸着型	固体	GC, LC, SFC, TLC
分配型	液体	GC, LC, SFC, TLC, PC
イオン交換型	イオン交換体	LC, TLC
サイズ排除型（分子ふるい型）	ゲル	LC
アフィニティー型	生物学的親和性のあるもの	LC

c. クロマトグラム

クロマトグラムとは，カラムクロマトグラフィーで分離したときの状態を示すグラフ（チャート）のこと（図7.1）．縦軸に検出器の応答能を，横軸に計測時間をとり，検出器の応

答状態を連続的に表現．クロマトグラムから，いくつかの定性的指標を知ることができる．

1) 保持時間 (t_R)：測定試料注入からピーク頂点までの時間

$t_R = (1+k) \times t_0$　　ただし，t_0：固定相に全く保持されない物質（$k=0$）を注入してから，その成分が示すピーク頂点までの時間（図7.1）

分析条件（カラムの充填剤と温度，移動相の種類と流速）が同じなら，物質に固有の値を示す．

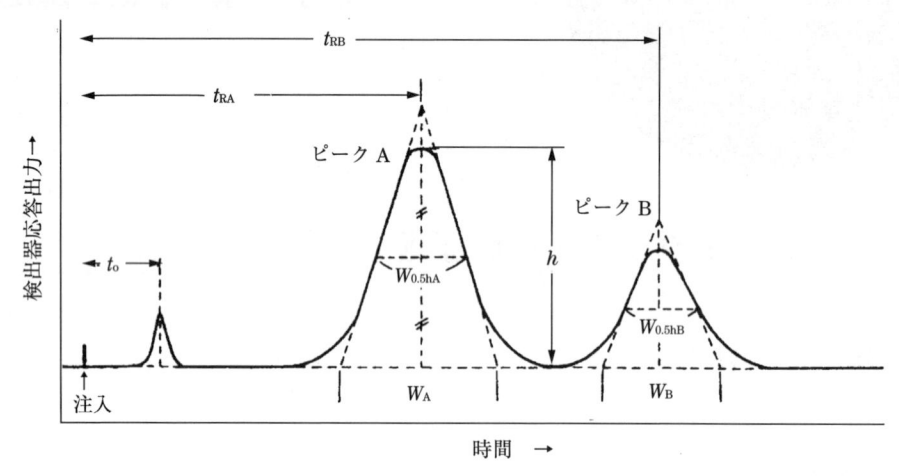

図 7.1

2) 分離の挙動

① 分離係数 (α)：クロマトグラムにおけるピーク相互の保持時間の関係

$$分離係数 (\alpha) = \frac{t_{RB} - t_0}{t_{RA} - t_0}$$

ただし，t_{RA}, t_{RB}：2つの物質の保持時間（図7.1）

② 分離度 (Rs)：クロマトグラムにおけるピーク相互の保持時間とそれぞれのピーク幅の関係

$$分離度 (Rs) = 1.18 \times \frac{(t_{RB} - t_{RA})}{(W_{0.5hA} + W_{0.5hB})}$$

ただし，$W_{0.5hA}$, $W_{0.5hB}$：各ピーク高さの中点におけるピーク幅（図7.1）

局方では，分離度（Rs）が1.5以上のとき，2つのピークが完全に分離していると定義される．

3) カラム効率

① 理論段数 (N)：カラム内における物質のバンドの広がりの度合い

$$理論段数 (N) = 5.54 \times \left(\frac{t_R}{W_{0.5h}}\right)^2$$

② 理論段高さ (H)：カラム全長を理論段数（N）で割ったもの（カラム1段あたりの長さ）

$H = \dfrac{L}{N}$　　ただし，L：カラムの全長

4) シンメトリー係数（S）：クロマトグラムにおけるピークの対称性の度合い（図 7.2）

$$\text{シンメトリー係数 }(S) = \frac{W_{0.05h}}{2f}$$

ただし，$W_{0.05h}$：ピーク高さの 1/20 の高さにおけるピーク幅
f：$W_{0.05h}$ のピーク幅を，ピークの頂点から記録紙の横軸に下ろした垂線で二分したときのピークの立ち上がり側の距離

ピークが**正規分布**曲線を描くとき $S = 1$，**テーリング**しているとき $S > 1$（図 7.2A），**リーディング**しているとき $S < 1$ を示す（図 7.2B）．

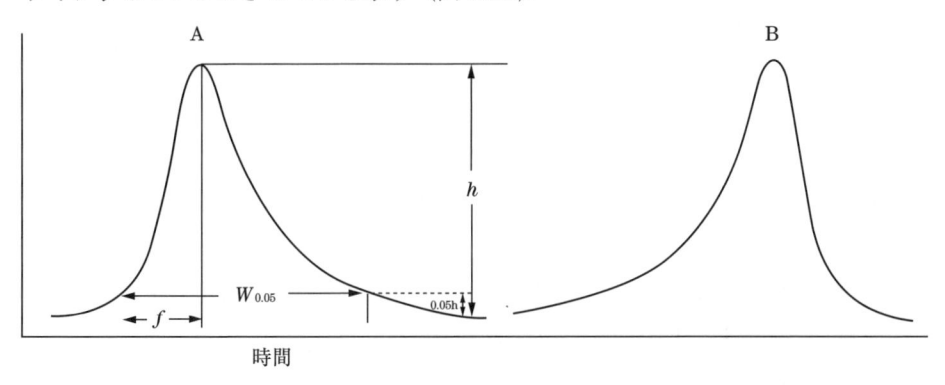

図 7.2

d. 定 量

クロマトグラムとして描かれたピークの大きさは成分量に比例するので，**ピーク高さ**または**ピーク面積**を利用して定量する．ピーク面積測定法の一つである**半値幅法**は，ピーク高さの中点におけるピーク幅にピーク高さを乗じてピーク面積を算出する方法．

1) 内標準法：既知一定量の**内標準物質**を用いることで，試料注入量を一定にする必要がない定量法．カラムクロマトグラフィーでの定量のファーストチョイス．検量線の縦軸は，被検物質と内標準物質とのピーク面積比（またはピーク高さ比）で表記．内標準物質には，**被検成分に近い保持時間をもち，いずれのピークとも完全に分離する，安定な化合物**を用いる．

2) 絶対検量線法：適当な内標準物質が得られない場合に用いる定量法．内標準物質を用いないので，試料注入を含む**すべての操作を厳密に行う**必要がある．検量線の縦軸は，被検物質標準品のピーク面積（またはピーク高さ）で表記．

3) 標準添加法：被検成分以外の成分が定量結果に影響を及ぼす場合に用いる定量法．局方では **GC のみに適用**．既知濃度の標準被検物質を被検物質試料に段階的に加え，検量線を作成．検量線の横軸は添加した標準被検物質の濃度で表記し，検量線と x 軸との交点から定量値を求める．

【チェック問題】

次の記述について，正しいものに○，誤っているものに×を付けよ．
1)（　）クロマトグラフィーの分離の原理は，化学物質の固定相に対する親和性の差である．
2)（　）クロマトグラフィーは物質の確認や定量に用いられ，純度の試験には用いられない．
3)（　）分離度は，クロマトグラム上のピーク相互の保持時間の関係を示す．
4)（　）理論段数は，クロマトグラム上のピークの対称性の度合いを示す．
5)（　）ピークの完全分離とは，分離度1.0以上を意味する．
6)（　）定量に用いる内標準物質のピークは，被検成分のピークと完全に分離する必要はない．

〈解答と解説〉
1)　○
2)　×　ガスクロマトグラフィーや液体クロマトグラフィーでは，医薬品中に存在する混在物の種類および量を知ることができる．
3)　×　問題文は分離係数のもの．分離度は，さらにピーク幅との関係も考慮に入れたもの．
4)　×　問題文はシンメトリー係数のもの．理論段数は，カラム内における物質のバンドの広がりの度合いを示す．
5)　×　局方では，分離度1.5以上を完全分離の目安としている．
6)　×　完全に分離しないと，定量のためのピーク面積が算出できない．

例題7.1A カラムクロマトグラフィーに関する次の記述について，正しいものに○，誤っているものに×を付けよ．
a　カラムクロマトグラフィーで用いられる移動相は，気体，液体又は固体である．
b　カラムクロマトグラフィーで用いられる固定相は，気体又は固体である．
c　分離度は，カラムの理論段数に依存しない．
d　カラムの理論段数は，カラムの長さに依存しない．
e　カラムの理論段高さは，最適流速で最小となる．

〈第93回　問25〉

〈解答と解説〉
a　×　移動相には気体や液体だけでなく，超臨界流体が用いられることがある．固体は用いられない．
b　×　固定相は固体（吸着型）と液体（分配型）が一般的で，気体は用いられない．
c　×　分離度は，クロマトグラム上におけるピーク相互の保持時間とそれぞれのピーク幅との関係を示す値である．一方，理論段数もピークの保持時間とそのピーク幅により定まる値であるため，分離度は理論段数に依存する．
d　×　一般にクロマトグラフィーのカラムを長くすると，分離能が高くなる．つまりカラム効

率を示す理論段数は大きくなる．
e ○ 移動相を最適流速で流すと，理論段数は最大となるので，理論段高さ（カラム長を理論段数で割った値）は最小となる．

演習問題 7.1.1 クロマトグラフィーに関する次の記述について，正しいものに○，誤っているものに×を付けよ．
a カラムの長さが2倍になると，保持時間（t_R）は2倍になる．
b カラムの長さが2倍になると，質量分布比（k）は2倍になる．
c カラムの長さが2倍になると，理論段数（N）は2倍になる．
d カラムの長さが2倍になると，理論段高さ（H）は2倍になる．

なお，上記パラメータは下記のように定義される．

$$k = \frac{t_R - t_0}{t_0} \qquad N = 5.54 \times \left(\frac{t_R}{W_{0.5h}}\right)^2 \qquad H = \frac{L}{N}$$

ただし，t_0 は移動相のカラム通過時間，$W_{0.5h}$ はピーク高さの中点におけるピーク幅，L はカラムの長さ，である．

〈第91回 問27〉

〈解答と解説〉
a ○ 保持時間は，カラムの全長を物質の移動速度で割ったものである．移動速度が一定ならば，カラムの長さが2倍になると，保持時間も2倍になる．
b × カラムの長さが2倍になると保持時間は2倍になり，このとき t_0 も2倍になると考えられる．よって質量分布比の式は，分子分母ともに2倍となり，結局 k の値は変わらない．

$$k = \frac{t_R - t_0}{t_0} = \frac{2t_R - 2t_0}{2t_0}$$

c ○ 理論段高さ（H）は同一カラムにおいて一定の値なので，理論段数（N）とカラムの全長（L）は比例する．よって，カラムの長さが2倍になれば，理論段数は2倍になる．
d × H は L を N で割った値であり，同一カラムにおいて一定の値である．つまり，カラムの長さとは無関係である．一方，N と L には比例関係があるため，カラムの長さが2倍になれば N の値も2倍になることから，カラムの種類が同じであれば H は変化しない．

演習問題 7.1.2 次の記述は，日本薬局方一般試験法の液体クロマトグラフィーに関するものの一部である．☐に入れるべき正しい字句はどれか．

「クロマトグラム上のピーク相互の保持時間とそれぞれのピーク幅との関係は，分離度 R_S として次の式で定義される．通例，分離度は医薬品各条に規定する．

$$分離度 (R_S) = 1.18 \times \frac{(t_{RB} - t_{RA})}{(W_{0.5hA} + W_{0.5hB})}$$

t_{RA}, t_{RB}：分離度測定に用いる二つの物質の保持時間．ただし，$t_{RA} < t_{RB}$．
$W_{0.5h1}, W_{0.5h2}$：☐．
ただし，$t_{R1}, t_{R2}, W_{0.5h1}, W_{0.5h2}$ は同じ単位を用いる．」

1 それぞれのピークのベースラインにおけるピーク幅
2 それぞれのピークのベースラインにおけるピーク幅の $\frac{1}{2}$
3 それぞれのピークの両側の変曲点における接線とベースラインとの二つの交点間の幅
4 それぞれのピークのピーク高さの中点におけるピーク幅
5 それぞれのピークの両側の変曲点における接線の交わる点からベースラインまでの高さの中点におけるピーク幅

〈第 80 回　問 110〉

〈解答〉4

演習問題 7.1.3 クロマトグラフィーに関する次の記述について，正しいものに○，誤っているものに×を付けよ．
a 移動相に用いられるのは，液体と気体だけである．
b 固定相には液体も用いられる．
c 薄層クロマトグラフィーにおける R_f 値の最大値は 1 である．
d カラムの理論段当たり高さは移動相の流速に依存しない．

〈第 88 回　問 28〉

〈解答と解説〉
a × クロマトグラフィーの移動相として，気体，液体，超臨界流体が用いられる．
b ○
c ○ 7.5 平板クロマトグラフィー参照．
d × 最適流速のときに理論段数は最大となり，理論段当たり高さは最小となる．

演習問題 7.1.4 液体クロマトグラフィーに関する次の記述について，正しいものに○，誤っているものに×を付けよ．

a 同一の分離条件で，2つの化合物の保持時間が同じ場合，両者の分離係数は0である．
b 同一の分離条件で，2つの化合物の保持時間が同じ場合，両者の分離度は1である．
c 2つのピークをほぼ完全に分離させるには，両者の分離度は1.5以上必要である．
d テーリングしたピークのシンメトリー係数は，1より小さい．
e リーディングしたピークのシンメトリー係数は，1より大きい．

〈第89回　問28〉

〈解答と解説〉

a × 2つの化合物の保持時間が同じ場合，分離係数は1となる．
b × 2つの化合物の保持時間が同じ場合，分離度は0となる．
c ○
d × ピーク頂点より t_R の短い方にピークが尾を引く現象をリーディングといい，$S<1$．
e × dと逆に，t_R の長い方にピークが尾を引く現象をテーリングといい，$S>1$．

演習問題 7.1.5 液体クロマトグラフィーによる物質の定量に関する次の記述について，正しいものに○，誤っているものに×を付けよ．

a 内標準法は標準添加法とも呼ばれ，定量結果に対して被検成分以外の成分の影響が無視できない場合に適している．
b 内標準法を用いて定量を行う場合，作成する検量線の縦軸には被検成分のピーク面積またはピーク高さをとる．
c 内標準物質としては，被検成分に近い保持時間をもち，いずれのピークとも完全に分離する安定な物質が適している．
d 絶対検量線法を用いて定量を行う場合，注入操作などの測定操作を厳密に一定の条件に保つ必要はない．
e ピーク面積の測定を行う場合，ピーク高さの中点におけるピーク幅にピーク高さを乗じてピーク面積を求めることができる．

〈第90回　問28〉

〈解答と解説〉

a × 内標準法と標準添加法は異なる定量法である．内標準法では被検成分以外の成分を添加するのに対し，標準添加法では被検成分の標準溶液を段階的な濃度で添加して検量線を作成する．
b × 内標準法の検量線は，横軸に被検物質の濃度を，縦軸に被検成分と内標準物質とのピーク面積（またはピーク高さ）の比をとる．

116   第7章　クロマトグラフィー

c ○
d ×　絶対検量線法では，操作上のわずかな変動・誤差も測定値に影響を与えるため，注入量も厳密に一定に保つ必要がある．
e ○　ピーク面積測定法の一種で，半値幅法と呼ばれる．

7.2　ガスクロマトグラフィー（GC）

【重要項目のまとめ】

1) 特　徴
気体を移動相（キャリヤーガス）とし，固定相には固体または液体を用いるカラムクロマトグラフィー．気体試料または気化できる熱に安定な試料のみ分析可能であるが，不揮発性の成分は揮発性を高める誘導体化を行うことで分析できる．キャリヤーガスには，窒素やヘリウム（熱伝導度検出器では他に，水素やアルゴンも使用）が用いられる．カラム温度を一定速度で上昇させることで，効果的な分離パターンが得られることが多い．

2) 検出器

検出器	対象となる試料	特　徴
熱伝導度検出器（TCD）	有機物，無機物	感度が低い
水素炎イオン化検出器（FID）	C–H 結合を有する有機物	
電子捕獲（イオン化）検出器（ECD）	**ハロゲン化合物**，ニトロ基，カルボニル基，有機金属	イオン化に ^3H や ^{63}Ni 由来の **β線を使用**
炎光光度検出器（FPD）	イオウおよびリン化合物	
アルカリ熱イオン化検出器（FTID）	窒素およびリン化合物	
質量分析計（MS）	さまざまな有機物	LC でも使用される

3) 分離モード

分離モード	固定相
気固クロマトグラフィー（吸着型）	シリカゲル，活性炭，アルミナ，合成ゼオライト
気液クロマトグラフィー（分配型）	担体表面に固定相液体の薄膜を保持させたもの

【チェック問題】

次の記述について，正しいものに○，誤っているものに×を付けよ．

1)（　　）ガスクロマトグラフィーは気体試料または気化できる試料に適用でき，物質の確認や定量または純度の試験などに用いられる．
2)（　　）ガスクロマトグラフィーの移動相（キャリヤーガス）には，空気や酸素などを用いる．
3)（　　）ガスクロマトグラフィーの水素炎イオン化検出器は，有機物および無機物一般に利用

7.2 ガスクロマトグラフィー（GC）　117

できる．

4）（　）ガスクロマトグラフィーで用いる熱伝導度検出器は，有機ハロゲン類の検出に適している．

5）（　）電子捕獲検出器には放射線源が使われているため，使用する際に届出を必要とする．

6）（　）質量分析計をガスクロマトグラフィーの検出器に用いると，微量成分の分子量の測定と定量ができる．

7）（　）紫外可視吸光度検出器は，ガスクロマトグラフィーでの汎用的な検出器である．

〈解答と解説〉

1）　○

2）　×　窒素やヘリウムなどの不活性ガスが移動相として用いられる．

3）　×　水素炎イオン化検出器は，C–H 結合を有する有機化合物の検出に用いる．問題文は熱伝導度検出器のもの．

4）　×　有機ハロゲン化合物の検出には電子捕獲型検出器が適している．

5）　○　イオン化に ^{3}H や ^{63}Ni 由来の β 線が使用されている．

6）　○

7）　×　ガスクロマトグラフィーではなく，液体クロマトグラフィーに汎用的な検出器である．

例題 7.2A　ガスクロマトグラフィーに関する次の記述について，正しいものに○，誤っているものに×を付けよ．

a　吸着型充填剤としては，長鎖アルキル基結合シリカゲル，活性炭，アルミナ，ゼオライトなどが用いられる．

b　分配型充填剤を用いる方法が，気・液クロマトグラフィーに含まれる．

c　液体クロマトグラフィーと同じく，イオン交換型充填剤も使われる．

d　電子捕獲型検出器内の放射線源には，^{3}H または ^{32}P が用いられる．

e　アルカリ熱イオン化検出器は，リンやイオウに選択的である．

〈第 90 回　問 27〉

〈解答と解説〉

a　×　ガスクロマトグラフィーには吸着型と分配型の 2 種類の充填剤があり，吸着型充填剤にはシリカゲル，活性炭，アルミナ，合成ゼオライトなどがある．長鎖アルキル基結合シリカゲルは，分配型の液体クロマトグラフィーで用いられる充填剤である．

b　○　気・液クロマトグラフィーとは，移動相に気体，固定相に液体を用いる分配型のガスクロマトグラフィーのことである．

c　×　ガスクロマトグラフィーの充填剤には吸着型と分配型の 2 種類があり，イオン交換型は用いられない．イオン交換型は液体クロマトグラフィーで使用される充填剤である．

d　×　電子捕獲検出器の放射線源には，^{3}H や ^{63}Ni 由来の β 線を使用している．^{32}P も β 線放

118　第7章　クロマトグラフィー

出核種だが，半減期が短い（約12日）ため，線源には適さない．
e　×　アルカリ熱イオン検出器は，含窒素化合物や含リン化合物に対して選択性を示す．

例題 7.2B　次の記述は，日本薬局方医薬品の純度試験の一部である．この方法に従って酢酸（$C_2H_4O_2$）の純度試験を行うとき，酢酸の許容される上限値として正しい数値はどれか．ただし，検出器の感度は一定に保たれているものとする．
「酢酸　　本品 0.50 g をとり，リン酸溶液（59 → 1000）に溶かし，正確に 10 mL とし，試料溶液とする．別に酢酸（100）1.50 g をとり，リン酸溶液（59 → 1000）に溶かし，正確に 100 mL とする．この液 2 mL を正確に量り，リン酸溶液（59 → 1000）を加え，正確に 200 mL とし，標準溶液とする．試料溶液及び標準溶液 2 μL につき，次の条件でガスクロマトグラフィー<2.02>により試験を行う．それぞれの液の酢酸のピーク面積 A_T 及び A_S を測定するとき，A_T は A_S より大きくない．」

1　0.03%　　**2**　0.30%　　**3**　0.33%　　**4**　3.0%　　**5**　3.3%

〈第79回　問196〉

〈解答と解説〉　正解　2

試料溶液の濃度　0.50（g）÷ 10（mL）= 0.050（g/mL）

標準溶液の濃度　$\dfrac{1.50\,(g)}{100\,(mL)} \times \dfrac{2\,(mL)}{200\,(mL)} = 0.15 \times 10^{-3}$（g/mL）

両者を同量ずつガスクロマトグラフィーで分析するので，濃度比が限度となる．

上限値　$\dfrac{0.15 \times 10^{-3}}{0.050} \times 100 = 0.30$（%）

演習問題 7.2.1　ガスクロマトグラフィーに関する次の記述について，正しいものに○，誤っているものに×を付けよ．
a　カラム効率は理論段数（N）で表すことができ，N の値が小さいほどカラム効率は良い．
b　試料の熱安定性や揮発性を高める目的で，トリメチルシリル化などの誘導体化が行われることがある．
c　分離を効果的に行う目的で，カラム温度を一定速度で上昇させることがある．
d　水素炎イオン化検出器は，ほとんどすべての無機及び有機化合物を検出できる．

〈第92回　問25〉

〈解答と解説〉

a　×　ピーク形状が鋭く，かつ保持時間が大きいピークほど理論段数は大きな値を示し，カラム効率（分離能）が優れていることを意味する．
b　○

c ○
d × 水素炎イオン化検出器は，C–H結合を有する有機物を高感度に検出することができる．

演習問題 7.2.2 ガスクロマトグラフィーに関する次の記述について，正しいものに○，誤っているものに×を付けよ．
a 本法の移動相はキャリヤーガスと呼ばれ，窒素，水素，アルゴン，ヘリウムなどが使用される．
b 本法においては，移動相の種類によって試料成分の溶出の順序が変化する．
c 本法で用いられる充填剤は，吸着型，イオン交換型，分配型の3種類に大別される．
d 水素炎イオン化検出器は，C–N結合を有する有機化合物のみを検出する．
e 通例，定量は絶対検量線法によるが，被検成分以外の成分の影響が無視できない場合は内標準法による．

〈第86回　問29〉

〈解答と解説〉

a ○
b × ガスクロマトグラフィーでは，移動相の種類によって試料成分の溶出順序が変化することはない．化合物の固定相への分配または吸着のされやすさによって溶出順序が決まる．
c × イオン交換型の充填剤は液体クロマトグラフィーや薄層クロマトグラフィーで用いられる．
d × 水素炎イオン化検出器は，C–H結合を有する化合物の検出に用いられる．NやPを含有する化合物の検出に用いられるのは，アルカリ熱イオン化検出器である．
e × ガスクロマトグラフィーでの定量は，通例，内標準法で行うが，適当な内標準物質がない場合には絶対検量線法を用いる．また，被検成分以外の妨害物質からの影響が無視できない場合には標準添加法を用いる．

演習問題 7.2.3 ガスクロマトグラフィーに用いられる次の検出器A～Dについて，それぞれの特徴は a～d のどれが適当か．
A 水素炎イオン化検出器（flame ionization detector，FID）
B 炎光光度検出器（flame photometric detector，FPD）
C 熱伝導度検出器（thermal conductivity detector，TCD）
D 電子捕獲検出器（electron capture detector，ECD）

a 有機ハロゲン化合物を高感度で検出できる．
b 有機化合物のみならず無機化合物も検出できる．
c ほとんどの有機化合物を検出できる．
d リンを含む有機化合物を比較的選択的に検出できる．

〈第82回　問32〉

〈解答〉**A** c，**B** d，**C** b，**D** a

演習問題 7.2.4　電子捕獲型検出器を備えたガスクロマトグラフィーで，高感度に分析できる薬毒物は次のどれか．適当なものを2つ答えよ．

a　Cl-C₆H₄-CH(CCl₃)-C₆H₄-Cl　　b　CH₃HgCl　　c　C₆H₅-CH₂-CH(NH-CH₃)-CH₃　　d　C₆H₅-CH₃

〈第93回　問99〉

〈解答と解説〉**正解　a，b**

　a は DDT（ジクロロジフェニルトリクロロエタン），**b** は塩化メチル水銀，**c** はメタンフェタミン，**d** はトルエンである．電子捕獲イオン化検出器は，特にハロゲン含有化合物の検出に用いられる．**c** のメタンフェタミンの分析には質量分析計，**d** のトルエンには水素炎イオン化検出器が主に利用されている．

7.3　液体クロマトグラフィー（LC）

【重要項目のまとめ】

1) 特　徴
　液体を移動相（溶離液）とし，固定相には固体または液体を用いるカラムクロマトグラフィー．**液体試料**または**溶液にできる試料**を分析可能．検出に適した吸収，蛍光などの特性をもたない試料の場合，適当な**誘導体化（ラベル化）**を行う．誘導体化には，カラム注入前に反応を行う**プレラベル法**とカラム分離後にオンラインで反応を行う**ポストラベル法**がある．

2) 検出器

検出器	特徴
紫外（または紫外可視）吸光度検出器（UV または UV/VIS）	多くの有機物に適用可能
蛍光検出器（FLD）	感度がよい．無蛍光性物質には誘導体化が不可欠
電気化学検出器（ECD）	電気化学的に活性な物質のみを選択的に計測可能
示差屈折計（RI）	屈折率の変化を計測するので，**全ての成分を計測可能**
質量分析計（MS）	定量だけでなく，定性分析の要素も付与．高感度

3) 分離モード

分離モード		固定相	特徴
吸着型		シリカゲル，アルミナ	**固定相が高極性，移動相が低極性**
分配型	順相	水を保持させたシリカゲル，アミノプロピルシリル化シリカゲル	固定相が高極性，移動相が低極性
	逆相	**オクタデシルシリル（ODS）化シリカゲル**	**固定相が低極性，移動相が高極性**
イオン交換型		多糖類やシリカゲルにイオン交換体を結合したもの	アミノ酸分析に汎用
サイズ排除型（分子ふるい型）		三次元網目構造をもつ非イオン性の多孔性ゲル	**分子量の大きい化合物**から先に溶出
アフィニティー型		生物学的親和性のあるもの	抗原と抗体，酵素と基質などの組合せ

4) アミノ酸の分析

① アミノ酸のラベル化

ラベル化試薬	検出器	ラベル化
ニンヒドリン	紫外可視吸光度検出器	ポストラベル化
オルトフタルアルデヒド	蛍光検出器	プレラベル化，ポストラベル化
ダンシルクロリド	蛍光検出器	プレラベル化

② ラベル化していないアミノ酸の分離

固定相	移動相	溶出順序
陽イオン交換樹脂	酸性溶液→塩基性溶液	酸性アミノ酸→中性アミノ酸→塩基性アミノ酸
陰イオン交換樹脂	塩基性溶液→酸性溶液	塩基性アミノ酸→中性アミノ酸→酸性アミノ酸

【チェック問題】

次の記述について，正しいものに○，誤っているものに×を付けよ．

1) (　) 液体クロマトグラフィーのサイズ排除モードでは，分子量の小さい物質ほど早く溶出する．
2) (　) 質量分析計は，液体クロマトグラフィーの検出器として使用することが困難である．
3) (　) 液体クロマトグラフィーでは，高感度検出を目的とした誘導体化が行われることがある．
4) (　) アミノ酸を分析するとき，ニンヒドリンはプレラベル法に利用される．

〈解答と解説〉
1) × 分子サイズの大きい物質から順に溶出する．
2) × LC/MS として，各メーカーから市販もされている．
3) ○
4) × ニンヒドリンは，カラム分離後に反応試薬を加えるポストラベル法でのみ利用される．一方，オルトフタルアルデヒドは，プレラベル法にもポストラベル法にも利用できる．

例題 7.3A 日本薬局方液体クロマトグラフィーによる定量に用いられる内標準物質（内部標準物質）を選択する際に一般に留意すべき事項に関する次の記述について，正しいものに○，誤っているものに×を付けよ．
a 被検成分より分子量が小さい．
b 被検成分になるべく近い保持時間をもつ．
c 被検成分のいずれのピークとも完全に分離する．
d 紫外及び可視部の吸収，あるいは蛍光などをもたない．
〈第 81 回 問 24〉

〈解答と解説〉
a × サイズ排除型のクロマトグラフィーを除き，固定相への保持の度合いは分子量と無関係である．よって，内標準物質の候補を考える上で分子量は関係ない．
b, c ○ 被検成分の保持時間に近く，かつ完全に分離する内標準物質が必要である．
d × 吸収などがなければ検出できないので，吸収部位や蛍光部位が必要である．

例題 7.3B 液体クロマトグラフィーに関する次の記述について，正しいものに○，誤っているものに×を付けよ．
a ベンゼンは，安息香酸と比較してシリカゲルカラムに保持されにくい．
b 逆相カラムを用いた場合，ナフタレンはアントラセンより強く保持される．
c サイズ排除用のカラムを用いた場合，グリシンはアルブミンより遅く溶出する．
d イオン交換用の充填剤の基材には，一般にアルミナが使用される．
〈第 87 回 問 28〉

〈解答と解説〉
a ○ シリカゲルはシラノール基を含む極性の高い固定相なので，カルボキシ基をもつ安息香酸を保持しやすい．一方，ベンゼンはシリカゲルには保持されにくく，早く溶出する．
b × 逆相カラムは，固定相の極性が低く（疎水性が高く），移動相の極性が高いものとなっている．ナフタレンより芳香環の多いアントラセンの方が疎水性が高いので，アントラセンの方が固定相に強く保持される．

c ○ サイズ排除クロマトグラフィーでは，化合物は分子の大きさ（分子量の違い）によって分離され，分子サイズ（分子量）の大きい分子が先に溶出する．アミノ酸であるグリシンは，タンパク質であるアルブミンより分子（分子量）が小さいため，遅く溶出する．

d × アルミナは吸着型の充填剤である．イオン交換用のカラムでは，セルロースやデキストランなどの多糖類，有機ポリマーやシリカゲルなどにイオン交換基（$-SO_3^-$や$-COO^-$，$-N^+R_3$など）を結合させた担体を固定相に用いる．

例題 7.3C 次の液体クロマトグラフィー用の検出器のうち，いかなる成分でも検出可能なものはどれか．
1　示差屈折率検出器　　　　2　蛍光光度検出器
3　紫外可視吸光光度計　　　4　電気化学検出器
5　化学発光検出器

〈解答と解説〉 正解　1

1　いかなる成分であろうとも，物質が溶解すると移動相の屈折率は必ず変化するので，吸収を示さない物質の検出にも示差屈折率検出器が用いられる．

演習問題 7.3.1 日本薬局方液体クロマトグラフィーに関する次の記述について，正しいものに○，誤っているものに×を付けよ．
a　物質の確認は，試料の被検成分と標準被検成分の保持時間が一致することにより行うことができる．
b　物質の定量には，内標準法あるいは絶対検量線法を利用する．
c　検出器として紫外吸光光度計を用いたとき，2つの成分が完全に分離され，ピーク面積が同じであれば，2つの成分の含量は同じである．
d　理論段数はカラム中における物質のバンドの広がりの度合いを示す．
〈第83回　問28〉

〈解答と解説〉

a ○ 物質の確認（定性）は，問題文中記載の方法か，試料に標準被検成分を添加しても試料のピーク形状が崩れないことで行う．

b ○

c × 紫外吸光検出を行った場合，ピーク強度は吸光度の大きさを表す．溶液の吸光度は，物質固有の係数（物質によって異なる）と物質濃度の積として表現できるので，異なる2つの成分に由来する吸光度が同じでも濃度や含量までが等しいことはほとんどない．

d ○

演習問題 7.3.2 液体クロマトグラフィーに関する次の記述について，正しいものに○，誤っているものに×を付けよ．

a 固定相としてシリカゲルを用いる吸着クロマトグラフィーでは，塩基性の溶質が先に溶出する．
b 固定相としてオクタデシルシリル化したシリカゲルを用いる逆相分配クロマトグラフィーでは，極性の大きな溶質が先に溶出する．
c 陽イオン交換クロマトグラフィーでは，陽イオンの価数の大きな溶質が先に溶出する．
d サイズ排除クロマトグラフィーでは，分子量の大きな溶質が先に溶出する．

〈第93回 問26〉

〈解答と解説〉

a × シリカゲルはシラノール基をもつので，水素結合を介して極性の高い溶質を吸着する．塩基性の大きい化合物が先に溶出するわけではない．
b ○ 固定相にオクタデシルシリル（ODS）化シリカゲルを用いる逆相分配クロマトグラフィーでは，疎水性の大きい溶質ほど固定相に分配されやすく，時間をかけて溶出する．
c × 陽イオン交換樹脂は負電荷をもつ充填剤を用いるため，陽イオンの価数が大きい溶質の方がその負電荷に保持されやすい．そのため，保持時間が長くなる．
d ○

演習問題 7.3.3 固定相としてオクタデシルシリル（ODS）化シリカゲル，移動相としてメタノールと水の混液を用いて，芳香族化合物の混合物（アントラセン，ナフタレン，ベンゼン）の分離を液体クロマトグラフィーにより行ったときの次の記述について，正しいものに○，誤っているものに×を付けよ．

a アントラセン，ナフタレン，ベンゼンの順に溶出する．
b 移動相のメタノールの含量を増やすと，芳香族化合物の質量分布比（k）は小さくなる．
c カラム温度を上げると，芳香族化合物の k は小さくなる．
d 移動相に 0.1 vol% の酢酸を加えても，芳香族化合物の k はほとんど変わらない．

〈第92回 問26〉

〈解答と解説〉

a × ODS 化シリカゲルは極性の低い固定相なので，疎水性の高い化合物を強く保持する．芳香環は疎水性なので，疎水性の程度はアントラセン＞ナフタレン＞ベンゼンの順となり，この順に保持されやすい．よって，ベンゼン，ナフタレン，アントラセンの順に溶出する．
b ○ メタノールは水よりも極性が低いので，移動相中のメタノール含量を増やすと移動相の極性が低下し，カラムに保持されているものが溶出しやすくなる．よって，移動相に存

在する試料量が増え，固定相に存在する量が減るため，k の値は小さくなる．

c ○ カラム温度は，溶質の拡散速度，移動相の粘性，溶解度などに影響を与える．一般にカラム温度が高くなるにつれて，保持時間は短くなり，カラム圧は低下する．分離が向上する場合も多い．

d ○ 疎水性が高く，極性基をもたない芳香族化合物は，移動相 pH の変動を受けにくく，移動相と固定相に存在する量はほとんど変化しない．すなわち，k の値はほとんど変わらない．

演習問題 7.3.4 生体成分の分離に用いるカラムクロマトグラフィーに関する次の記述について，正しいものに○，誤っているものに×を付けよ．

a ゲルろ過カラムクロマトグラフィーでは，分子量の小さな分子が先に溶出される．
b シリカゲルカラムに脂質を吸着させた後，溶出溶媒の極性を上げてゆくと，極性の低い脂質が先に溶出される．
c タンパク質の分離・精製にイオン交換セルロースカラムクロマトグラフィーを用いることができる．

〈第 80 回　問 137〉

〈解答と解説〉

a × 分子量の小さな分子の方が固定相に取り込まれやすいので，遅く溶出する．
b ○
c ○ タンパク質には電荷が存在するので，イオン交換クロマトグラフィーを分離に用いることができる．

演習問題 7.3.5 液体クロマトグラフィーを用いた多環芳香族炭化水素の定量法に関する次の記述について，正しいものに○，誤っているものに×を付けよ．

a 試料を有機溶媒で抽出し，抽出液を濃縮後分析する．
b 蛍光測定の場合，励起波長は蛍光波長より長波長である．
c 蛍光検出器は紫外部吸収検出器より感度が高い．

〈第 77 回　問 136〉

〈解答と解説〉

a ○ 一般に多環芳香族炭化水素は脂溶性なので，問題文に記載の方法で前処理し，分析する．
b × 蛍光波長は励起波長より長波長域である．
c ○ 多環芳香族炭化水素は蛍光性を示すことがあるので，紫外部吸収検出器より高感度な蛍光検出器を用いる．

演習問題 7.3.6 アミノ酸自動分析には陽イオン交換樹脂カラムが用いられ，溶出液の pH，イオン強度，有機溶媒濃度などを少しずつ変えて各アミノ酸を順次溶出させる．このとき，酸性アミノ酸，中性アミノ酸，塩基性アミノ酸はどの順序で溶出されるか．

〈第 79 回　問 138〉

〈解答と解説〉**正解**　酸性アミノ酸 → 中性アミノ酸 → 塩基性アミノ酸

陽イオン交換樹脂を用いると陽イオン性の物質は樹脂に保持されるが，陰イオン性の物質は保持されない．両性物質のアミノ酸は酸としても塩基としても解離するので，陰イオン性物質（酸性アミノ酸）→ 中性物質 → 陽イオン性物質（塩基性アミノ酸）の順に溶出する．

演習問題 7.3.7 アミノ酸を分析するためのクロマトグラフィーのポストラベル法において，用いられる反応試薬として正しいものを次から 2 つ答えよ．
a　クロモトロプ酸
b　オルトフタルアルデヒド
c　ニンヒドリン
d　ジメチルグリオキシム

〈第 80 回　問 187〉

〈解答と解説〉**正解**　b，c

アミノ酸をオルトフタルアルデヒドでラベルすると蛍光物質へ変換され，ニンヒドリンでは紫色に呈色する．

演習問題 7.3.8 日本薬局方ニカルジピン塩酸塩注射液の定量法に関する次の記述について，正しいものに○，誤っているものに×を付けよ．

「本品のニカルジピン塩酸塩（$C_{26}H_{29}N_3O_6 \cdot HCl$）約 2 mg に対応する容量を正確に量り，内標準溶液 5 mL を正確に加えた後，メタノールを加えて 50 mL とし，試料溶液とする．別に定量用塩酸ニカルジピンを 105℃で 2 時間乾燥し，その約 50 mg を精密に量り，メタノールに溶かし，正確に 50 mL とする．この液 2 mL を正確に量り，内標準溶液 5 mL を正確に加えた後，メタノールを加えて 50 mL とし，標準溶液とする．試料溶液及び標準溶液 10 μL につき，次の条件で液体クロマトグラフィーにより試験を行い，内標準物質のピーク面積に対するニカルジピンのピーク面積の比 Q_T 及び Q_S を求める．

$$\text{ニカルジピン塩酸塩（}C_{26}H_{29}N_3O_6 \cdot HCl\text{）の量（mg）} = W_S \times \frac{Q_T}{Q_S} \times \boxed{}$$

W_S：定量用塩酸ニカルジピンの秤取量（mg）
内標準溶液：フタル酸ジ-n-ブチルのメタノール溶液（1 → 625）

試験条件
　カラム：内径 4.6 mm，長さ 15 cm のステンレス管に 5 μm の液体クロマトグラフィー用オクタデシルシリル化シリカゲルを充てんする．
　移動相：リン酸二水素カリウム 1.36 g を水に溶かし，1000 mL とする．この液 320 mL にメタノール 680 mL を加える．」

a 本定量法では，試料溶液および標準溶液を厳密に 10 μL 注入する必要がない．
b ニカルジピンおよび内標準物質の分離は，逆相クロマトグラフィーにより行われている．
c □□□ に入れるべき数値は $\frac{1}{25}$ である．

〈第 94 回　問 27〉

〈解答と解説〉

a ○　内標準法では，試料の注入量を厳密に一定にする必要はない．

b ○　固定相にオクタデシルシリル化シリカゲル，移動相に緩衝液（水）とメタノールの混液を用いているので，逆相分配モードで分離している．

c ○　定量用塩酸ニカルジピンを用いた標準液の操作には，2 mL を 50 mL に希釈する操作が加わっているので，係数の $\frac{1}{25}$ は正しい．

演習問題 7.3.9　次のア～エに示す生体試料中の分析対象物質について，それぞれ適切な定量法は a～d のどれか．
　　ア　肝臓中の L-アスコルビン酸　　　イ　毛髪中のメチル水銀
　　ウ　血液中の鉄イオン　　　　　　　エ　尿中のエストリオール

a 原子吸光光度法
b 電気化学検出器を用いる液体クロマトグラフ法
c 電子捕獲イオン化検出器を用いるガスクロマトグラフ法
d ラジオイムノアッセイ法

〈第 87 回　問 34〉

〈解答と解説〉　正解　アーb　イーc　ウーa　エーd

ア　b　アスコルビン酸は液体クロマトグラフィーで分離することができる．容易に酸化されるので，電気化学検出器で選択的に検出できる．

イ　c　アルキル水銀は，塩素化した後，電子捕獲イオン化検出器（ECD）を備えたガスクロマトグラフィーで定量を行う．

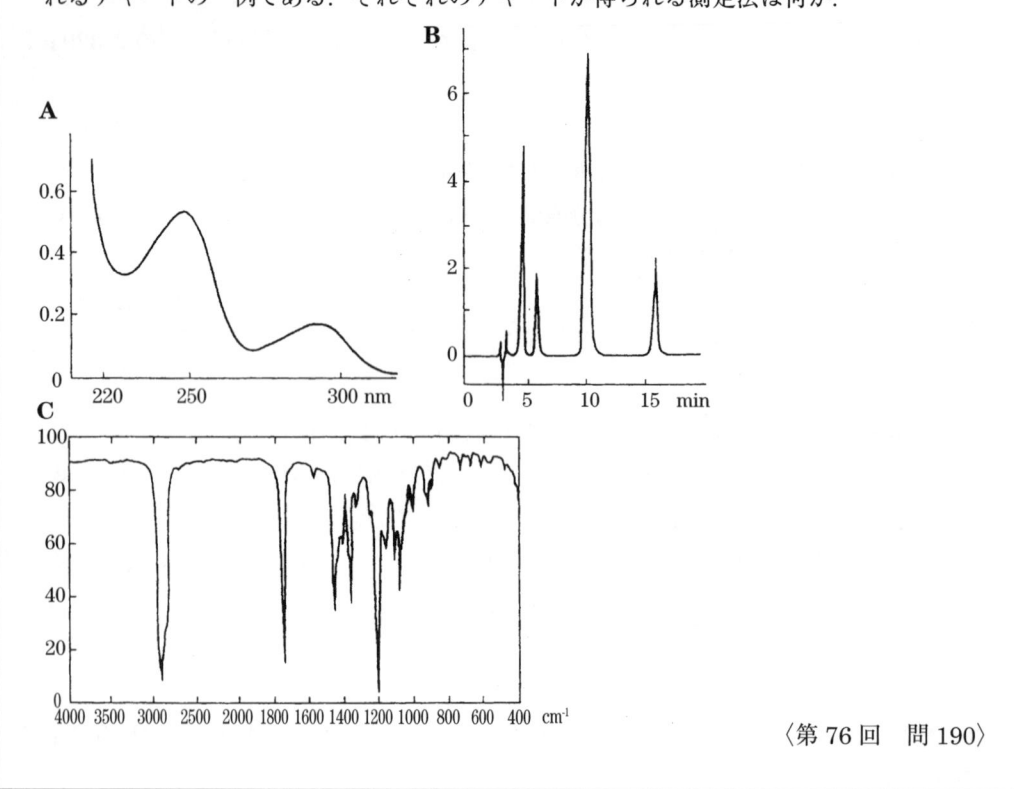

演習問題 7.3.10 次の図は，日本薬局方一般試験法に定める測定法で測定したときに得られるチャートの一例である．それぞれのチャートが得られる測定法は何か．

〈第76回 問190〉

〈解答と解説〉

A 吸光度測定法：横軸は波長，縦軸は吸光度を表している．

B 液体クロマトグラフィー（またはガスクロマトグラフィー）：横軸は分（試料注入からの時間），縦軸は高さ（シグナル強度）を表している．

C 赤外吸収スペクトル測定法：横軸は波数，縦軸は透過率を表している．

7.4 超臨界流体クロマトグラフィー（SFC）

【重要項目のまとめ】

超臨界流体を移動相とするカラムクロマトグラフィー．通常，移動相には超臨界状態の二酸化炭素が，検出器にはガスクロマトグラフィーや液体クロマトグラフィーのものが用いられる．超臨界流体とは，気体と液体が共存できる限界の温度・圧力（臨界点）を超えた状態

にある流体で，どこにでも忍び込む気体としての性質（拡散性）と，成分を溶かし出す液体としての性質（溶解性）を併せ持つ．

7.5 平板クロマトグラフィー

【重要項目のまとめ】

1) 特　徴

	薄層クロマトグラフィー	ペーパークロマトグラフィー
固定相	・主に吸着型（**シリカゲル，アルミナ，セルロース**） ・イオン交換型や分配型もある	・主に分配型（ろ紙中の水分が固定相） ↓ 高極性の物質ほど，R_f 値が小さい
移動相	液体	液体
特徴	・展開時間が短い ・さまざまな検出法が利用可能 ・**R_f 値の再現性が悪い**	・利用できる検出法が限定される（硫酸が使用できない） ・**R_f 値の再現性が良い**

2) 確　認

R_f 値を用いて定性を行う．

$$R_f = \frac{原線からスポット中心までの距離}{原線から溶媒先端までの距離}$$ つまり，$0 \leq R_f \leq 1$

【チェック問題】

次の記述について，正しいものに○，誤っているものに×を付けよ．
1)（　）薄層クロマトグラフィーおよびペーパークロマトグラフィーは，いずれも常温で展開する．
2)（　）日本薬局方では，薄層クロマトグラフィーおよびペーパークロマトグラフィーは，いずれも物質の定量にも用いられる．
3)（　）薄層クロマトグラフィーの展開容器内は，展開溶媒の蒸気で飽和させて展開する．
4)（　）薄層クロマトグラフィーに用いられる R_f 値の最大値は 1 である．
5)（　）薄層クロマトグラフィーは，ペーパークロマトグラフィーに比べて R_f 値の再現性が乏しい．

〈解答と解説〉

1) ○
2) ×　物質の確認または純度の試験には用いられるが，定量には用いられない．
3) ○
4) ○
5) ○

130　第7章　クロマトグラフィー

> **例題 7.5A** クロマトグラフィーに関する次の記述について，正しいものに○，誤っているものに×を付けよ．
> a　ペーパークロマトグラフィーは，ろ紙繊維の表面に吸着されている水を固定相とする分配型である．
> b　セルロースを担体とする場合の薄層クロマトグラフィーは，操作が簡単で，展開時間も短く，ペーパークロマトグラフィーに取って代わる場合が多い．
> c　アルミナやシリカゲルは，薄層クロマトグラフィーの担体として利用できない．
> d　ゲル（ろ過）クロマトグラフィーでは，他の条件が同じであれば，分子量の大きい方が先に溶出される．
>
> 〈第82回　問33　改変〉

〈解答と解説〉

a　○　通常の薄層クロマトグラフィーはシリカゲルやアルミナなどの固定相固体を塗布し，乾燥，活性化することで，固定相固体への吸着度を分離の原理に利用した吸着クロマトグラフィーが多い．一方のペーパークロマトグラフィーはろ紙に含まれる水分が固定相となる分配クロマトグラフィーである．

b　○　セルロースを担体とする薄層クロマトグラフィーは，ペーパークロマトグラフィーと同様，分配型の分離モードである．特徴は問題文に記述のとおり．

c　×　シリカゲルやアルミナが最も汎用されるが，セルロース，ケイ酸マグネシウム，ケイソウ土，イオン交換樹脂なども利用される．

d　○　分子量の小さいものほど，固定相の細孔に取り込まれ，遅く溶出する．

> **演習問題 7.5.1**　次の記述は，日本薬局方一般試験法の薄層クロマトグラフィーの操作法に関するものである．□に入れるべき正しい数値はいくらか．
> 「薄層板の下端から約　A　mm の高さの位置を原線とし，左右両側から少なくとも　B　mm 離し，原線上に医薬品各条に規定する量の試料溶液または標準溶液を，マイクロピペットなどを用いて約　B　mm 以上の適当な間隔で直径　C　mm の円形状にスポットし，風乾する．次に別に規定するもののほか，あらかじめ展開用容器の内壁に沿ってろ紙を巻き，ろ紙を展開溶媒で潤し，更に展開溶媒を約　B　mm の深さに入れ，展開用容器を密閉し，常温で約1時間放置し，これに先の薄層板を器壁に触れないように入れ，容器を密閉し，常温で展開を行う．」
>
> 〈第78回　問189〉

〈解答と解説〉　正解　A　20，B　10，C　2〜6（図7.3参照）

図 7.3

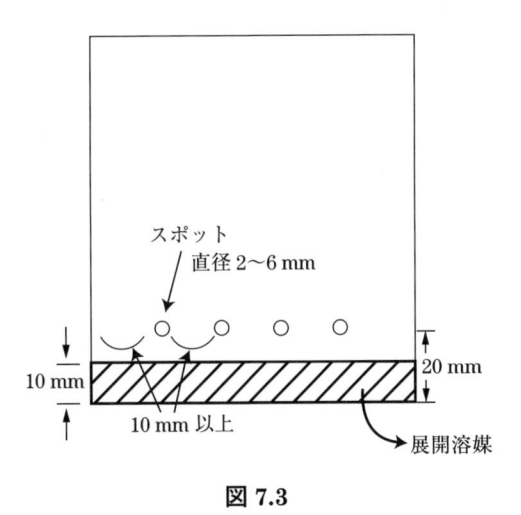

演習問題 7.5.2 日本薬局方医薬品の薄層クロマトグラフィーによる試験において，固定相として用いられるものを次から2つ答えよ．
a　セルロース　　　　　　　　b　ゼオライト
c　メチルシリコーンポリマー　　d　シリカゲル

〈第 74 回　問 189〉

〈解答と解説〉正解　a, d

固定相に用いられるものとして，シリカゲル（蛍光剤が入っているものもある），セルロース，アルミナ，セファデックスなどがある．

演習問題 7.5.3 日本薬局方薄層クロマトグラフィーで，試料溶液または標準溶液を薄層板にスポットするときに用いられるものを次から2つ答えよ．
a　ガラス棒　　　b　駒込ピペット
c　ビュレット　　d　マイクロピペット
e　毛細管

〈第 71 回　問 42〉

〈解答と解説〉正解　d, e

スポットする量を一定にしなければならないとき（純度試験など）はマイクロピペットを利用するが，スポットの位置（R_f 値）のみを確認する場合，量が関係ないので毛細管（キャピラリー）も利用できる．

第8章 光分析法

8.1 紫外可視吸光度測定法

【重要事項のまとめ】

紫外可視分光光度計

光源：紫外部（200〜400 nm）重水素放電管，可視部（400〜800 nm）タングステンランプまたはハロゲンタングステンランプ

セル：紫外部　石英製，可視部　ガラス製または石英製

透過度 $t = \dfrac{I}{I_0}$ （I_0：入射光の強さ，I：透過光の強さ）

透過率 $T = \dfrac{I}{I_0} \times 100 = 100\,t$ （％）

吸光度 $A = \log \dfrac{1}{t} = -\log t$

ランベルト-ベールの法則

$$A = E_{1\,cm}^{1\%} \times c \times l$$

　　$E_{1\,cm}^{1\%}$：比吸光度（単位は $g^{-1} \cdot cm^{-1} \cdot mL$），$c$：質量パーセント濃度（w/v%），

　　l：測定セルの層長（単位は cm）

$$A = \varepsilon \times c' \times l$$

　　ε：モル吸光係数（単位は $mol^{-1} \cdot cm^{-1} \cdot L$），$c'$：モル濃度（単位は mol/L），

　　l：測定セルの層長（単位は cm）

比吸光度 $E_{1\,cm}^{1\%}$ とモル吸光係数 ε の関係

c は質量対容量パーセント濃度（w/v%）：溶液 100 mL 中に溶けている質量（g）

c' はモル濃度（mol/L）：溶液 1 L 中に溶けている物質量（mol）

両者を同じ単位に揃えるためには，$c' = \dfrac{10c}{M}$（1 L 中に溶けている質量 $10c$ を化合物の分子量 M で割る）．

$$A = E_{1\,\text{cm}}^{1\%} \times c \times l = \varepsilon \times c' \times l = \varepsilon \times \dfrac{10c}{M} \times l$$

これより　$E_{1\,\text{cm}}^{1\%} = \varepsilon \times \dfrac{10}{M}$，この式は　$\varepsilon = E_{1\,\text{cm}}^{1\%} \times \dfrac{M}{10}$ と書き換えることもできる．

【チェック問題】

次の記述について，正しいものに○，誤っているものに×を付けよ．

1)（　）紫外可視吸光度測定法は，分子を構成する原子核間の振動状態の変化に伴う光の吸収を利用したものである．
2)（　）通例，200 nm から 600 nm までの範囲の光が物質により吸収される程度を測定する．
3)（　）吸収スペクトルが幅広い吸収帯となるのは，分子の電子エネルギー変化に加え，振動エネルギーと回転エネルギーの変化も反映されるからである．
4)（　）吸光度は透過度の逆数の常用対数と定義される．
5)（　）測定にはモノクロメータを用いる光電光度計または光学フィルターを用いる分光光度計を使用する．
6)（　）紫外部か可視部かを問わず，光源には重水素放電管が用いられる．
7)（　）紫外部の吸収測定には，ガラス製のセルを用いる．
8)（　）測定セルの層長を 1 cm，吸光物質の濃度を 1 mol/L の溶液に換算したときの吸光度をモル吸光係数 ε という．
9)（　）不飽和結合が共役すると吸収極大は短波長側に移動する．

〈解答と解説〉

1) × 分子中の電子状態の変化に伴う光の吸収を利用したものである．振動状態の変化を測定するのは赤外吸収スペクトル測定法．
2) × 本法では通例，200 〜 800 nm までの範囲の光が物質に吸収される度合いを測定する．
3) ○
4) ○
5) × モノクロメータ，光学フィルターいずれも白色光を単色光に分光する装置であるが，モノクロメータは，回折格子やプリズムを用いることでより狭い範囲で単色光を取り出すことが可能であることから，分光光度計の中に組み込まれている．
6) × 可視部の光源にはタングステンランプまたはハロゲンタングステンランプが用いられる．
7) × ガラスは紫外線を吸収するので，純度の高い石英製のセルが用いられる．
8) ○

9) × 共役系が延長するほど吸収極大は長波長側にシフトする．長波長側に移動することを深色移動（レッドシフト）という．

例題 8.1A ある医薬品（分子量：200）の 1.00 mg を溶かして正確に 50 mL とし，この水溶液につき層長 1 cm で波長 250 nm における吸光度を測定した．このとき得られる吸光度の値は次のどれか．ただし，この医薬品の水溶液の 250 nm における比吸光度 $E_{1\,\text{cm}}^{1\%}$ は 125 である．

1 0.025　　**2** 0.050　　**3** 0.125　　**4** 0.250　　**5** 0.500

〈第 91 回　問 31〉

〈解答と解説〉**正解　4**

吸光度 A，比吸光度 $E_{1\,\text{cm}}^{1\%}$，濃度 c（w/v%），層長 l（cm）とすると，ランベルト–ベールの法則より，$A = E_{1\,\text{cm}}^{1\%} \times c \times l$．いま 50 mL 溶液中に 1 mg（= 1×10^{-3} g）溶けているので，100 mL 中には $1 \times 10^{-3} \times \dfrac{100}{50} = 2 \times 10^{-3}$ g 溶けていることになる．100 mL 中の質量（g）は質量パーセント（w/v%）で表すことができるので，$c = 2 \times 10^{-3}$（w/v%）となる．あとは，式中に $E_{1\,\text{cm}}^{1\%} = 125$，$l = 1$ を代入すれば，吸光度 $A = 0.250$ が得られる．よって正解は 4 となる．

演習問題 8.1.1 紫外可視吸光度測定法に関する次の記述について，正しいものに○，誤っているものに×を付けよ．

a　光源としては，紫外部測定にはタングステンランプ，可視部測定には重水素放電管が用いられる．

b　比吸光度とは，光路長を 1 cm，濃度を 1 mol/L の溶液に換算したときの吸光度をいう．

c　石英セルは紫外部測定に用いることができるが，可視部測定に用いることはできない．

d　ある溶液の透過率が 80 % であったとき，これを吸光度にすると 0.10 となる．ただし，$\log 2 = 0.30$ とする．

〈解答と解説〉

a　×　紫外部測定には重水素放電管，可視部測定にはタングステンランプが用いられる．

b　×　比吸光度 $E_{1\,\text{cm}}^{1\%}$ は，光路長を 1 cm，濃度を 1 w/v% の溶液に換算したときの吸光度をいう．

c　×　石英セルは，紫外部のみならず可視部においてもほとんど吸収を持たないことから，いずれの測定にも使用することができる．

d　○　透過率 $T = 100\,t = 80\,\%$ なので，透過度 $t = 0.8 = \dfrac{8}{10}$

吸光度 $A = \log \dfrac{1}{t} = -\log t$ の式に $t = \dfrac{8}{10}$ を代入すると，$A = -\log \dfrac{8}{10} = \log 10 - \log 8$

$\log 10 = 1$，$\log 8 = \log 2^3 = 3 \log 2 = 0.90$　なので，吸光度 $A = 0.10$ となる．

演習問題 8.1.2 紫外可視吸光度測定法に関する次の記述について，正しいものに○，誤っているものに×を付けよ．
a 紫外可視領域における光の吸収は，分子内電子の π→π＊ および n→π＊ 遷移による．
b 吸収極大波長が長波数側にシフトすることを，深色移動（レッドシフト）という．
c 分子内の電子共役系が延長するほど吸収極大波長は，短波長側にシフトする．
d 助色団には，ニトロ基，ニトロソ基，フェニル基などがある．

〈解答と解説〉

a ○ 紫外可視光で励起できるのは，π→π＊ および n→π＊ の遷移である．σ→σ＊ や n→σ＊ の遷移にはより高いエネルギーが必要であり，これは 200 nm 以下の波長の光に相当する．

b ○ 反対に短波長側にシフトすることを浅色移動（ブルーシフト）という．

c × 電子共役系が延長するほど，吸収極大波長は長波長側にシフトする．

d × 助色団とは，化合物の吸収極大を長波長側にシフトさせ，モル吸光係数を増大させる官能基のこと．$-NH_2$，$-OH$，$-SH$，ハロゲンなどがある．

演習問題 8.1.3 ランベルト-ベールの法則によると，吸光度 (A) は光の透過距離 (l cm) と物質の濃度 (c mol L^{-1}) に比例する．比例定数を ε とすると，A，c および ε の関係は式（ a ）で表される．この比例定数 ε は（ b ）と呼ばれ，単位は（ c ）である．ある有機化合物の紫外部吸収スペクトルは 360 nm に $\varepsilon_{max} = 2 \times 10^4$（ c ）の吸収極大を示した．光の透過距離 1.0 cm のセルを用いてこの化合物の紫外部吸収スペクトルを測定したところ，同じ波長における吸光度は 0.66 であった．この濃度は（ d ）mol L^{-1} である． 〈第 88 回 問 31〉

〈解答と解説〉

a ランベルト-ベールの法則より，$A = \varepsilon \times c \times l$
b モル吸光係数
c cm^{-1} mol^{-1} L
d $A = 0.66$，$\varepsilon = 2 \times 10^4$，$l = 1$ を代入すると，$c = 3.3 \times 10^{-5}$ となる．

演習問題 8.1.4 次の記述は，日本薬局方カルバマゼピンの定量法に関するものである．（ a ）に入れるべき正しい数値はいくらか．
「本品を乾燥し，その約 0.05 g を精密に量り，エタノール（95）に溶かし，正確に 250 mL とする．この液 5 mL を正確に量り，エタノール（95）を加えて正確に 100 mL とする．この水溶液につき層長 1 cm で紫外可視吸光度測定法により試験を行い，波長 285 nm 付近の

吸収極大の波長における吸光度 A を測定する．

$$\text{カルバマゼピン}（C_{15}H_{12}N_2O）\text{の量（mg）} = \frac{A}{490} \times （\text{ a }）\text{」}$$

〈ヒント〉 波長 285 nm におけるカルバマゼピンの比吸光度 $E_{1\,cm}^{1\%}$ は 490 である．また，この場合量りとった医薬品カルバマゼピン 0.05 g という値は計算に全く関係しない．量りとった本品中の純物質としてのカルバマゼピンの量を x g として測定溶液中のパーセント濃度（w/v%）を求め，ランベルト–ベールの式に当てはめればよい．

〈解答と解説〉 正解　50000

吸光度 A，比吸光度 $E_{1\,cm}^{1\%}$，パーセント濃度 c（w/v%），層長 l（cm）とすると，ランベルト–ベールの法則より，$A = E_{1\,cm}^{1\%} \times c \times l$ となる．いま 250 mL 溶液中に x（g）溶けており，そのうちの 5 mL をとるので，エタノール（95）を加えて薄めた測定溶液 100 mL 中にはカルバマゼピンが $x \times \frac{5}{250}$（g）溶けている．100 mL 中の質量（g）はパーセント（w/v%）で表すことができるので，$c = x \times \frac{5}{250}$（w/v%）となる．あとは，式中に $E_{1\,cm}^{1\%} = 490$，$l = 1$ を代入し，最後に x（g）を mg 表記にするために 1000 倍すれば，係数 a = 50000 が得られる．

演習問題 8.1.5 次の記述は，日本薬局方メチルテストステロンの定量法に関するものである．これについて以下の各問に答えよ．

「本品を乾燥し，その約 0.01 g を精密に量り，エタノール（95）に溶かし，正確に 100 mL とする．この液 5 mL を正確に量り，エタノール（95）を加えて正確に 50 mL とする．この水溶液につき層長 1 cm で紫外可視吸光度測定法により試験を行い，波長 241 nm 付近の吸収極大の波長における吸光度 A を測定する．

$$\text{メチルテストステロン}（C_{20}H_{30}O_2）\text{の量（mg）} = \frac{A}{536} \times （\text{ a }）\text{」}$$

1) （ a ）に入れるべき数字はいくつか．
2) メチルテストステロンの波長 241 nm 付近の吸収極大の波長におけるモル吸光係数 ε はいくらか．ただし，メチルテストステロンの分子量は 302.45 とする．
3) 試料 10.50 mg を採取したとき，A が 0.568 であったとすると，このメチルテストステロンの含量は，次のどれに最も近いか．
　　　1 98%　　　**2** 99%　　　**3** 100%　　　**4** 101%　　　**5** 102%

〈ヒント〉 波長 241 nm におけるメチルテストステロンの比吸光度 $E_{1\,cm}^{1\%}$ は 536 である．1) については演習問題 8.1.4 と同様に解くことができる．2) は，比吸光度 $E_{1\,cm}^{1\%}$ とモル吸光係数 ε の関係式を参照のこと．3) では，求めたメチルテストステロン量と採取量 10.50 mg の比から含量を求めることができる．

〈解答と解説〉正解　1）10000　2）16211　3）4

1) 量りとった本品中の純物質としてのメチルテストステロンが 100 mL 溶液中に x g 溶けており，そのうちの 5 mL をとるので，エタノール（95）を加えて薄めた測定溶液 50 mL 中にはカルバマゼピンが $x \times \dfrac{5}{100}$ g 溶けている．100 mL 中の質量（g）はパーセント（w/v%）で表すことができるので，$c = x \times \dfrac{5}{100} \times \dfrac{100}{50}$ (w/v) % となる．あとは，式中に $E_{1\,\text{cm}}^{1\%} = 536$，$l = 1$ を代入し，最後に x g を mg 表記にするために 1000 倍すれば，係数 a = 10000 が得られる．

2) 比吸光度 $E_{1\,\text{cm}}^{1\%}$ とモル吸光係数 ε の関係式 $\varepsilon = E_{1\,\text{cm}}^{1\%} \times \dfrac{M}{10}$ に $E_{1\,\text{cm}}^{1\%} = 536$，M = 302.45 を代入すると $\varepsilon = 16211$ が得られる．

3) 定量によって求められるメチルテストステロン量を x mg とすると，関係式より
$x = \dfrac{A}{536} \times 10000$．吸光度 $A = 0.568$ を代入すると $x \fallingdotseq 10.60$ mg．
したがって含量は $\dfrac{10.60}{10.50} \times 100 = 100.95 \fallingdotseq 101$ % となる．

8.2　蛍光光度法

【重要事項のまとめ】

> 蛍光強度 F は希薄溶液（$\varepsilon cl < 0.05$）では，溶液中の蛍光物質の濃度 c および層長 l に比例する．
>
> $$F = kI_0\phi\varepsilon cl$$
>
> 　　k：比例定数，I_0：励起光の強さ，ϕ：蛍光量子収率（発光した蛍光量子の数／吸収した励起光量子の数），ε：励起光の波長における蛍光物質のモル吸光係数
>
> 装置：蛍光分光光度計
> 光源：キセノンランプ，レーザー，アルカリハライドランプなどを使用
> 層長：1 cm × 1 cm の四面透明で無蛍光の石英製セルを使用（通常のガラスセルでは紫外線を吸収する）

【チェック問題】

次の記述について，正しいものに○，誤っているものに×を付けよ．

1) (　　) 蛍光スペクトルは，励起状態に遷移した電子が基底状態に戻る時に放射される光強度を波長の関数として示したものである．

2) (　　) 光源には通例，重水素放電管を用いる．

3)(　) 蛍光測定には，通例，層長 1 cm 角の四面透明の石英製セルを用いる．
4)(　) 一般に，蛍光の極大波長は励起光の極大波長より短波長側にある．
5)(　) ある蛍光物質の溶液が十分に希薄であるとき，測定条件を一定にすれば蛍光強度は励起光の強度と蛍光物質の濃度に比例する．
6)(　) 蛍光測定では，レイリー散乱光やラマン散乱光の影響をまったく受けない．
7)(　) 励起スペクトルは，蛍光波長を固定し，励起光の波長を変化させて試料溶液の蛍光強度を測定することにより得られる．
8)(　) 蛍光強度は，通常，測定温度が高いほど大きくなる．
9)(　) 蛍光強度は溶媒の pH による影響を受けるが，溶媒粘度の影響は受けにくい．
10)(　) 蛍光は，わずかな量の汚染物質によっても消光しやすい．消光作用のある物質を一般にスカベンジャーと呼ぶ．
11)(　) 蛍光測定は，液体クロマトグラフィーにおける蛍光物質の検出にも用いられる．

〈解答と解説〉

1) ○
2) × 光源には通常，キセノンランプやレーザーなどが用いられる．重水素放電管は紫外可視分光光度計の紫外部の光源に用いられる．
3) ○
4) × 蛍光分子が励起状態になったとき，分子の振動や他分子との衝突などによりエネルギーの一部が失われる．そのため，蛍光は励起光よりエネルギーが小さい長波長の光となる（Stokes の法則）．
5) ○
6) × レイリー散乱とは，励起光を照射した時に励起光と同じ振動数の光が散乱される現象であり，ラマン散乱とは，分子の振動によって振動数がずれた光が放射する現象である．蛍光測定では励起および蛍光の両波長を選択することができるが，選択した波長がこれら散乱光に重なってしまえばこれらを区別することはできずに影響を受けることになる．
7) ○
8) × 温度の上昇により蛍光強度は減少する傾向がある．分子同士の衝突が激しくなり，光励起により得られたエネルギーがそちらに奪われてしまうためと考えられる．
9) × 溶媒の粘性が高いと分子同士の衝突が減少して蛍光強度が大きくなる傾向がある．
10) × 消光作用のある物質はクエンチャー quencher と呼ばれ，器具の汚れ，溶媒中の不純物，ゴムやコルク栓の破片などが挙げられる．
11) ○

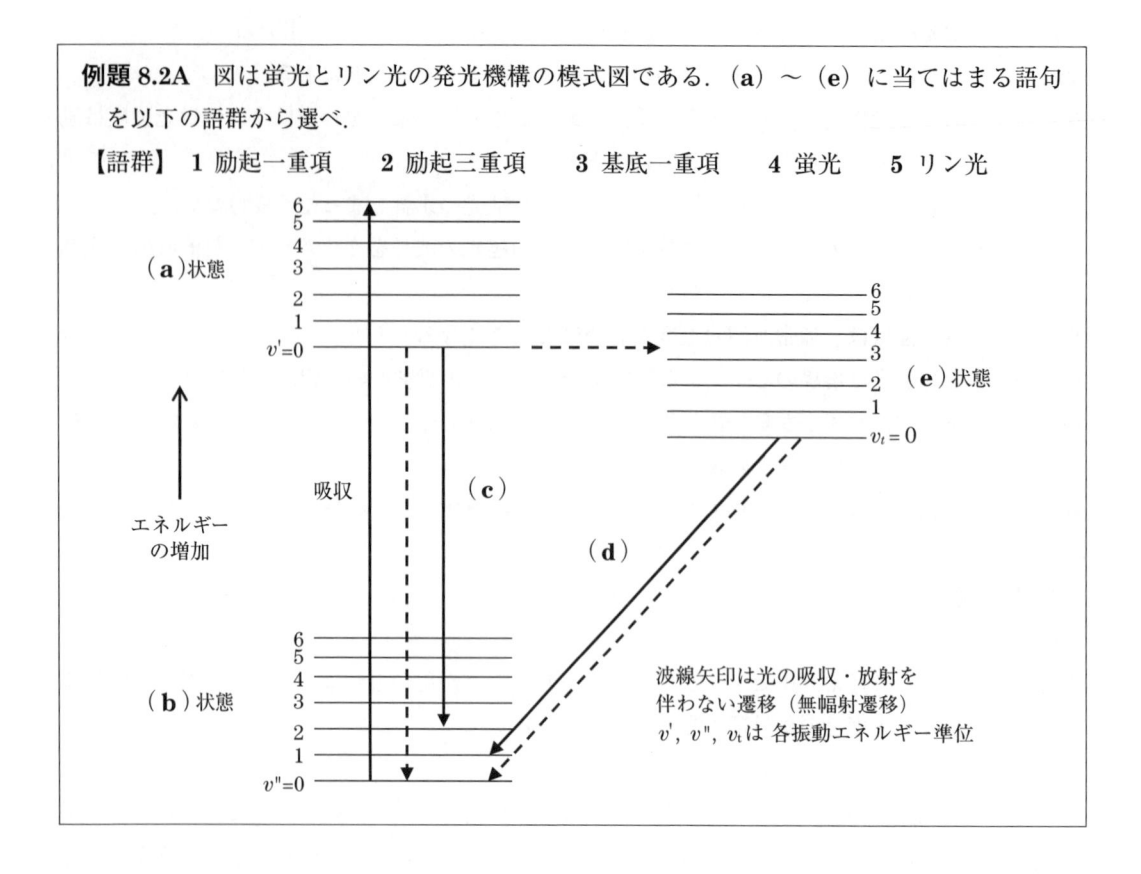

例題 8.2A 図は蛍光とリン光の発光機構の模式図である．(a)～(e)に当てはまる語句を以下の語群から選べ．

【語群】 1 励起一重項　　2 励起三重項　　3 基底一重項　　4 蛍光　　5 リン光

〈解答と解説〉正解　a-1　　b-3　　c-4　　d-5　　e-2

　一般に，蛍光分子が光を吸収すると安定なエネルギー状態である基底状態（状態 b）から高エネルギー状態である励起状態（状態 a）へと遷移する．このとき，励起エネルギーは分子の振動や他分子との衝突などによりその一部が失われる．蛍光とは，励起一重項状態の最低振動準位（$v' = 0$）から基底一重項状態へと遷移する際に放出される光のことである（過程 c）．これに対し，励起一重項状態から励起三重項状態（状態 e）へと無輻射遷移（項間交差）が起こり，このとき励起三重項の最低振動準位（$v_t = 0$）から基底一重項状態へ遷移する際に放出される光がリン光である（過程 d）．励起一重項状態の寿命は極めて短く 10^{-8} 秒程度であるのに対し，励起三重項状態の寿命は 10^{-4} から 30 秒と比較的長い．このため，蛍光は励起光照射を止めるとすぐに発光が終わるのに対し，リン光は励起光照射後もしばらくの間，発光が持続するという特徴がある．

例題 8.2B 次の記述は日本薬局方ジギトキシン錠の含量均一性試験の概要である．これについて各問に答えよ．

「本品 1 個をとり，水を加えて崩壊後，水浴上で 5 分間加温する．冷後，液を分液漏斗に移し，クロロホルム 30 mL で抽出する．クロロホルム抽出液を減圧で蒸発乾固した後，残留物に 1 mL 中にジギトキシン（$C_{41}H_{64}O_{13}$）約 5 μg を含む液となるように薄めたエタノー

ル（4→5）を加えて正確に V mL とし，試料溶液とする．別にジギトキシン標準品約 0.01 g を精密に量り，薄めたエタノール（4→5）に溶かし，正確に 100 mL とする．この液 5 mL を正確に量り，薄めたエタノール（4→5）を加えて正確に 100 mL とし，標準溶液とする．試料溶液，標準溶液及び薄めたエタノール（4→5）2 mL ずつを正確に量り，共栓試験管 T，S 及び B に入れる．次に 0.02 g/dL L-アスコルビン酸・塩酸試液 10 mL ずつを正確に加えて振り混ぜ，直ちに希過酸化水素試液 1 mL ずつを正確に加えてよく振り混ぜた後，これらの液につき，蛍光光度法により試験を行い，励起の波長 400 nm，蛍光の波長 570 nm における蛍光の強さ F_T，F_S 及び F_B を測定する．

$$\text{ジギトキシン（}C_{41}H_{64}O_{13}\text{）の量（mg）} = \text{ジギトキシン標準品の量（mg）}\times (\ a\ )\text{」}$$

(1) 本品 1 個中に含まれるジギトキシンの量を t mg，標準品の採取量を s mg とすると，試料溶液および標準溶液の濃度（mg/mL）はどのように表されるか．

(2) （ a ）に入れるべき式を求めよ．

〈解答と解説〉 **正解（1）** 試料溶液の濃度 $\dfrac{t}{V}$（mg/mL）　　標準溶液の濃度 $\dfrac{s}{2000}$（mg/mL）

正解（2） $a = \dfrac{(F_T - F_B)}{(F_S - F_B)} \times \dfrac{V}{2000}$

(1) 本品中に含まれる純物質としてのジギトキシン t mg は，抽出・蒸発乾固などの操作を経るが最終的にはすべてエタノール（4→5）に溶けて V mL の溶液となるので，試料溶液の濃度は $\dfrac{t}{V}$（mg/mL）となる．標準品ジギトキシンの場合，s mg が溶けている 100 mL の溶液のうち 5 mL をとって，全量を 100 mL とすることから，標準溶液 100 mL 中には $s \times \dfrac{5}{100}$ mg 含まれる．したがって，標準溶液 1 mL 中の濃度は，$s \times \dfrac{5}{100} \times \dfrac{1}{100} = \dfrac{s}{2000}$（mg/mL）となる．

(2) 試料溶液の蛍光強度（F_T）および標準溶液の蛍光強度（F_S）から薄めたエタノール（4→5）を用いて測定した空試験の蛍光強度 F_B をそれぞれ差し引いた蛍光強度の比 $\dfrac{(F_T - F_B)}{(F_S - F_B)}$ は両者の濃度の比に等しい．

したがって，$\dfrac{(F_T - F_B)}{(F_S - F_B)} = \dfrac{t}{V} \times \dfrac{2000}{s}$ となることから，

$$t\ (\text{mg}) = s\ (\text{mg}) \times \dfrac{(F_T - F_B)}{(F_S - F_B)} \times \dfrac{V}{2000}$$

142　第8章　光分析法

> **演習問題 8.2.1**　蛍光光度法に関する次の記述について，正しいものに〇，誤っているものに×を付けよ．
> a　光源には通例，タングステンランプを用いる．
> b　可視部の蛍光測定にはガラス製セルを用いてもよい．
> c　蛍光強度は，希薄溶液中では，溶液中の蛍光物質の濃度に比例し，層長に反比例する．
> d　一般に，蛍光の極大波長は励起極大波長よりも短波長側にある．
> e　タンパク質が示す280 nmでの紫外線吸収と蛍光の大部分は，チロシン，フェニルアラニン，トリプトファンに含まれる芳香環によるものである．

〈解答と解説〉

a　×　光源にはキセノンランプ，レーザー，アルカリハライドランプなどが使用される．
b　〇　ガラスセルは紫外線を吸収するので，より長波長の可視光域で蛍光を発する場合にはガラス製セルを用いてもよい．
c　×　蛍光強度は，蛍光物質の濃度と層長に比例する．
d　×　蛍光の極大波長は，励起極大波長よりも長波長側にある．
e　〇　このため，吸収波長280 nmにおける吸光度測定や，励起光280 nmを照射した蛍光強度測定はタンパク質の定量に利用されている．

> **演習問題 8.2.2**　次の記述は日本薬局方ラナトシドC錠の溶出試験の概要である．□□□に入れるべき式を求めよ．
> 「本品1個をとり，試験液500 mLを用い，溶出試験法第2法により試験を行う．溶出試験開始60分後，溶出液20 mL以上をとり，フィルターでろ過し，初めの10 mLを除き，次のろ液を試料溶液とする．別にラナトシドC標準品を表示量の100倍量を精密に量り，エタノールに溶かし，正確に100 mLとする．この液1 mLを正確に量り，試験液を加えて正確に500 mLとし，37℃で60分間加温した後，標準溶液とする．試料溶液，標準溶液及び試験液3 mLずつを正確に量り，それぞれを褐色共栓試験管T，S及びBに入れる．これらに0.012 g/dL アスコルビン酸・塩酸試液10 mLずつ，薄めた過酸化水素試液（1→100）0.2 mLずつを順に加える．これらの液につき，蛍光光度法により試験を行い，励起の波長355 nm，蛍光の波長490 nmにおける蛍光の強さ F_T，F_S 及び F_B を測定する．
> 　　　　ラナトシドC（$C_{49}H_{76}O_{20}$）の表示量に対する溶出率（％）＝ □□□
> 　　　W_S：ラナトシドC標準品の量（mg）
> 　　　C：1錠中のラナトシドC（$C_{49}H_{76}O_{20}$）の表示量（mg）」

〈ヒント〉

1錠中の純物質としてのラナトシドCの含量を t mgとし，試料溶液の濃度（mg/mL），標準溶液の濃度（mg/mL）をそれぞれ求める．両者の比は蛍光強度の比に等しいことから t を求め

ることができる．溶出率（％）は $\dfrac{1錠中のラナトシドCの含量}{1錠中のラナトシドC表示量} \times 100$，すなわち $\dfrac{100t}{C}$ で表すことができる．

〈解答と解説〉正解　$W_S \times \dfrac{(F_T - F_B)}{(F_S - F_B)} \times \dfrac{1}{C}$

1錠中の純物質としてのラナトシドCの含量を t mgとしたとき，試料溶液の濃度 (mg/mL) $= \dfrac{t}{500}$，標準溶液の濃度 (mg/mL) $= W_S \times \dfrac{1}{100} \times \dfrac{1}{500}$ となる．両者の比は，試料溶液の蛍光強度（F_T からブランク F_B を差し引いた値 $F_T - F_B$）と標準溶液の蛍光強度（F_S からブランク F_B を差し引いた値 $F_S - F_B$）の比に等しいことから，

$$\dfrac{(F_T - F_B)}{(F_S - F_B)} = \dfrac{\dfrac{t}{500}}{W_S \times \dfrac{1}{100} \times \dfrac{1}{500}}$$

したがって，$t = \dfrac{W_S}{100} \times \dfrac{(F_T - F_B)}{(F_S - F_B)}$ となる．溶出率（％）は，$\dfrac{100\,t}{C} = W_S \times \dfrac{(F_T - F_B)}{(F_S - F_B)} \times \dfrac{1}{C}$ となる．

8.3　赤外吸収スペクトル測定法

【重要事項のまとめ】

> 　赤外吸収スペクトルは，通常横軸に波数（単位は cm^{-1}），縦軸に透過率または吸光度で表す．
> 　赤外吸収は一定濃度範囲内では，ランベルト-ベールの法則に従うため医薬品の定量に用いることができる．
> 　固体，液体，気体いずれの試料も測定が可能．
> 　結晶多形の違いも判別することが可能．
>
> **試料調製法**
> 　(1) 臭化カリウム錠剤法または塩化カリウム錠剤法，(2) 溶液法，(3) ペースト法，(4) 液膜法，(5) 薄膜法，(6) 気体試料測定法，(7) 全反射法（ATR法），(8) 拡散反射法が用いられる．

測定領域　400～4000 cm^{-1}（波長では25～2.5 μm）
特性吸収帯（1500 cm^{-1}以上）　官能基に特異的な吸収を示す．
指紋領域（1500 cm^{-1}以下）　様々な吸収帯が重なり合って複雑な吸収パターンを示すことから化合物の同定に用いられる．

主な特性吸収帯（主に伸縮振動が現れる領域，ただし測定法により多少の誤差が生じる）

官能基	特性吸収の位置（波数）
1　ヒドロキシ基（-OH）	3200～3600 cm^{-1}付近
2　アミン（-NH$_2$, -NH-）	3300～3500 cm^{-1}付近
3　カルボニル基（-CO-）	1650～1800 cm^{-1}付近
β-ラクタム環（環状アミドの一種）	1730～1760 cm^{-1}付近
飽和脂肪族エステル（-CH$_2$-COO-）	1735～1750 cm^{-1}付近
飽和脂肪族カルボン酸（-CH$_2$-COOH）	1700～1725 cm^{-1}付近
飽和鎖状ケトン（-CH$_2$-CO-CH$_2$-）	1715 cm^{-1}付近
鎖状アミド -CO-N<	1650～1690 cm^{-1}付近
αβ不飽和ケトン（-CH=CH-CO-）	1665～1685 cm^{-1}付近
4　炭素炭素二重結合（-C=C-）	1600 cm^{-1}付近
脂肪族（-C=C-）	1640～1675 cm^{-1}付近
芳香族（-C=C-）	1500および1600 cm^{-1}付近

【チェック問題】

次の記述について，正しいものに○，誤っているものに×を付けよ．

1)（　　）赤外吸収スペクトル測定法では，分子振動に関する情報が得られる．
2)（　　）赤外吸収は，一定濃度範囲内では，ランベルト-ベールの法則に従う．
3)（　　）赤外吸収スペクトルは一般に波数4000～400 cm^{-1}の範囲で測定され，その波長は2.5～25 μmに対応する．
4)（　　）錠剤法で用いられる塩化ナトリウムは吸湿性が高い．
5)（　　）窓板とは赤外吸収スペクトル用の測定試料を挟むため，あるいは溶液試料を測定するセルの窓として用いられる臭化カリウムや塩化ナトリウムの単結晶板のことである．
6)（　　）有機化合物のヒドロキシ基の伸縮振動による赤外吸収帯は，水素結合すると高波数側にシフトする．
7)（　　）赤外吸収スペクトルにおいて，波数1500 cm^{-1}以上の領域では個々の官能基による吸収帯が観測されるため，これを指紋領域という．

8) (　) 赤外吸収スペクトル測定法が結晶多形の確認に用いられるのは，結晶中に存在している分子の原子核間の結合力が多形間で互いに異なることによる．

〈解答と解説〉

1) ○
2) ○
3) ○
4) × 錠剤法で用いられる化合物の中で吸湿性が高いのは臭化カリウムであり，製錠操作は湿気を吸わないように注意して行う必要がある．
5) ○
6) × ヒドロキシ基が他の分子と水素結合を形成すると，OH の結合距離は長くなり結合が弱まる．したがって，水素結合していない場合と比べてより低波数側に幅広いピークとして観測される．
7) × 指紋領域が現れるのは波数 1500 cm^{-1} 以下の領域である．波数 1500～4000 cm^{-1} の範囲は官能基に特有の吸収が認められることから特性吸収帯と呼ばれる．
8) ○

例題 8.3A 次の 2 つの官能基のうち，より高波数側に吸収が観測されるのはどちらか．

1) a　ヒドロキシ基の OH 伸縮振動，　　b　カルボニルの C=O 伸縮振動
2) a　アルケンの C=C 伸縮振動，　　　b　アルキンの C≡C$_2$ 伸縮振動
3) a　水素結合したカルボン酸の　　　　b　水素結合していないカルボン酸の
　　　　OH 伸縮振動，　　　　　　　　　　OH 伸縮振動
4) a　カルボン酸（−COOH）の　　　　b　カルボン酸アミド（−CONH$_2$）の
　　　　C=O 伸縮振動，　　　　　　　　　　C=O 伸縮振動

〈解答と解説〉 **正解**　1) a　2) b　3) b　4) a

　2 つの原子からなる化学結合は，2 個の物質をバネで結んだモデルに例えることができる．このバネの伸縮振動と呼ばれる伸び縮みが Hooke の法則に従うとき，赤外吸収の振動数はこのバネを振動させるのに必要なエネルギーとして表される．2 つの原子の結合（バネの強さ）が強いとき，エネルギーの高い高波数側に吸収が観測されることになる．

$$波数 = \frac{1}{2\pi c}\sqrt{\frac{k(M+m)}{Mm}}$$

　ここで c は光速度，k はバネ定数と呼ばれ結合力の強さを表す．M と m はバネの両端についたそれぞれの物質の質量であり，$\frac{Mm}{M+m}$ は換算質量と呼ばれる．つまり吸収波数は，結合の強さ（バネ定数）と結合に関与する 2 原子の換算質量に大きく影響される．

1） C=O 結合と O–H 結合では，C=O 結合の方がより強い結合であるが，換算質量 $\dfrac{Mm}{M+m}$ は後者の方がずっと小さい（実際に C=12, O=16, H=1 を代入して換算質量を比べてみよ）．吸収波数は換算質量の平方根に反比例することから，2つの結合の吸収波数には大きな差が生じる．一般に O–H 伸縮振動は 3200～3600 cm^{-1} 付近，カルボニルの C=O 伸縮振動は 1650～1800 cm^{-1} 付近に吸収が観測される．

2） バネ定数 k は C–C 単結合よりも C=C の二重結合が，さらには C≡C の三重結合のほうが結合は強固となるので，アルケンよりもアルキンのほうがより高波数側に吸収が観測される．

3） カルボン酸が他の分子と水素結合を形成すると，OH の結合距離は長くなり結合が弱まる．したがって，水素結合したカルボン酸の OH 伸縮振動は水素結合していない水酸基よりも低波数側に幅広く吸収が観測される．

4） カルボン酸アミド（–CONH$_2$）の C=O 結合は，隣り合うアミンとの共鳴によって弱められる．そのためカルボン酸（–COOH）に比べ C=O 結合が弱くなり，低波数側にシフトして吸収が観測される（共鳴効果）．

演習問題 8.3.1 赤外吸収スペクトルに関する次の記述について，□□□に当てはまる語句を答えよ．
赤外吸収やラマン散乱は，分子の□ a □に伴って起こる．赤外吸収は分子振動に伴って□ b □が変化するときに起こる．赤外吸収スペクトルにおいて，官能基特有の吸収帯を□ c □吸収帯という．また 1500 cm^{-1} 以下は，様々な吸収帯が重なり合って化合物固有の複雑な吸収パターンを示す．この領域を□ d □という．

〈解答と解説〉 正解　a 振動　b 双極子モーメント　c 特性　d 指紋領域
赤外吸収スペクトルでは分子振動によって双極子モーメントが変化するときに分子振動に対応した赤外線が吸収される．これに対しラマンスペクトルは発光スペクトルであり，分子振動によって分極率が変化するとき，入射光と散乱光の波数差から分子の振動数を観測するものである．

演習問題 8.3.2 赤外分光法に関する記述について，正しいものに○，誤っているものに×を付けよ．

a　波数目盛りの校正には，ポリスチレン膜の吸収帯の波数が用いられる．
b　本法では，気体試料の測定もできる．
c　赤外分光光度計は，光源，分光器，検出器などからなり，光源にはキセノンランプが用いられる．
d　有機化合物のヒドロキシ基の伸縮振動による赤外吸収帯は，水素結合すると低波数側にシフトする．

〈解答と解説〉
a ○
b ○ 気体試料を測定する方法として，専用セルに規定した圧力で試料を導入する気体試料測定法がある．
c × 光源にはグローバ灯（炭化ケイ素の棒）などが用いられる．
d ○ 水素結合を形成することで OH の結合が弱くなることから，よりエネルギーの低い低波数側に吸収が観測される．

演習問題 8.3.3 次の2つの官能基のうち，より高波数側に吸収が観測されるのはどちらか．

1) a カルボン酸（–COOH）の　　　　b 塩化アシル（–COCl）の
　　　C=O 伸縮振動，　　　　　　　　　C=O 伸縮振動
2) a アルカンの C–H 伸縮振動，　　　b 重水素化されたアルカンの C–D 伸縮振動
3) a βラクタム環の C=O 伸縮振動，　　b 鎖状カルボン酸アミドの C=O 伸縮振動

〈解答と解説〉 正解　1) b　　2) a　　3) a

1) 塩化アシルのように C=O の隣にハロゲンなどの電子吸引性の原子が結合すると炭素原子上の電子が引っ張られ，C=O 結合が短く強い結合となる〔誘起効果（I 効果）〕．したがって，カルボン酸よりも高波数側に吸収が観測される．

2) 例題 8.3A の 1) と同様，換算質量が大きくなると吸収波数は小さくなる．仮に C=12，H=1，重水素 D=2 として換算質量を求めてみると吸収波数は換算質量の平方根に反比例することから，C–D 伸縮振動の波数は C–H の波数の約 0.73 倍となる．実際，C–H 伸縮振動の吸収が 3000 cm^{-1} に認められるのに対し，C–D 伸縮振動は 2100 cm^{-1} 付近に吸収が観測される．

3) 鎖状カルボン酸アミドの C=O 伸縮振動は 1650 〜 1690 cm^{-1} 付近に吸収が観測されるが，βラクタム環は 4 員環構造をとっているため強いひずみがかかり，その吸収は高波数側の 1730 〜 1760 cm^{-1} 付近に観測される．

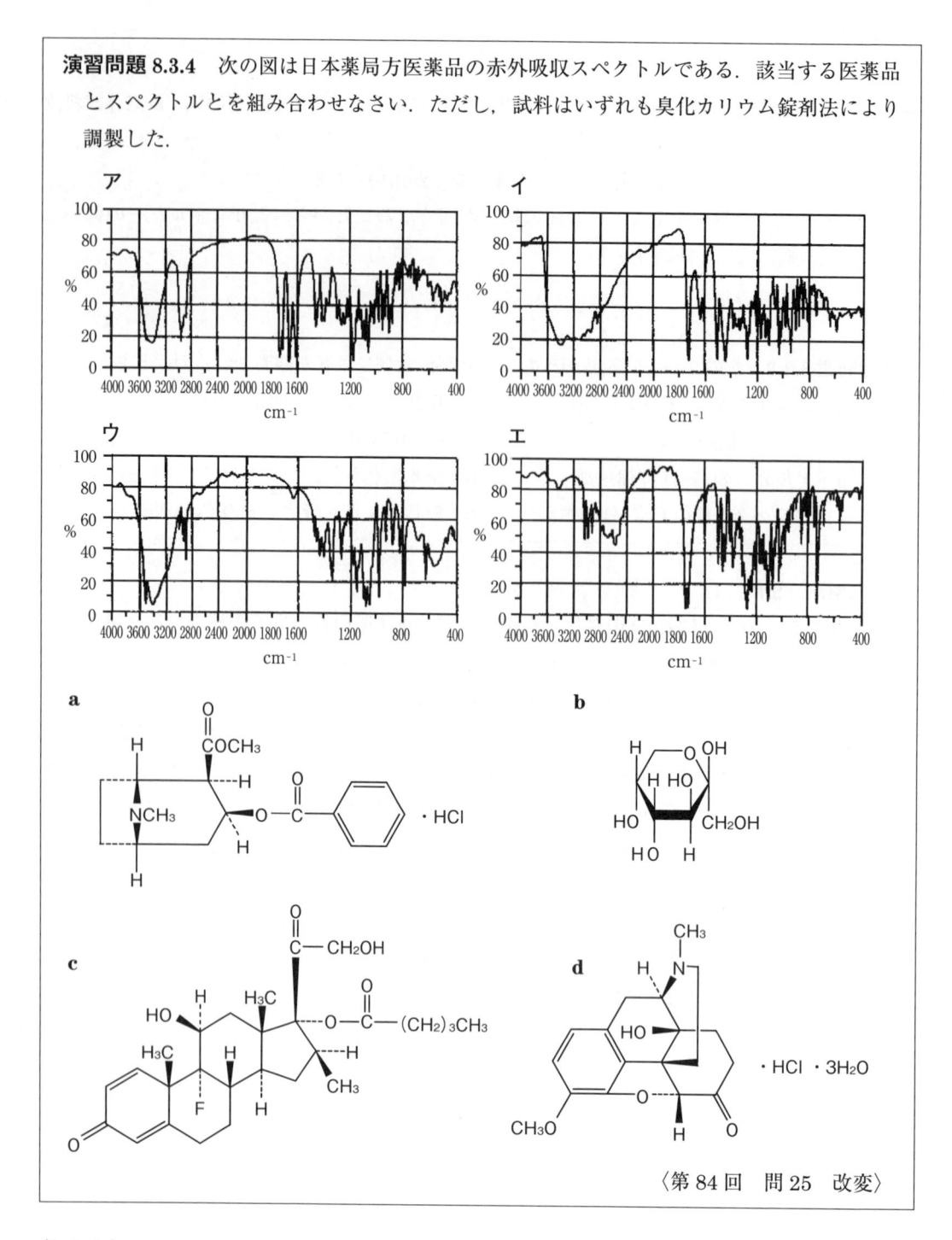

演習問題 8.3.4 次の図は日本薬局方医薬品の赤外吸収スペクトルである．該当する医薬品とスペクトルとを組み合わせなさい．ただし，試料はいずれも臭化カリウム錠剤法により調製した．

〈第 84 回 問 25 改変〉

〈ヒント〉

1つのスペクトルから構造を予測することは困難であるが，このような問題では水酸基（3200～3600 cm^{-1}）やカルボニル基（1650～1800 cm^{-1}）における吸収帯の有無や数について注目すれば簡単に正解を導くことができる．

〈解答と解説〉**正解 アーc**（ベタメタゾン吉草酸エステル），**イーd**（オキシコドン塩酸塩），**ウーb**（果糖），**エーa**（コカイン塩酸塩）

アのスペクトルでは3400 cm^{-1}付近（OH伸縮振動），1600 cm^{-1}付近（C=C伸縮振動），1650〜1800 cm^{-1}付近（C=O伸縮振動）に2本以上の吸収が観測されることから，構造中に水酸基とC=C結合，そして2個以上のカルボニル基を持つ化合物であると予想される．イのスペクトルについても3400 cm^{-1}付近と1650〜1800 cm^{-1}付近に1本の吸収が観測されることから，構造中に水酸基と1つのカルボニル基を持つ化合物であると予想される．一方，ウのスペクトルでは3400 cm^{-1}付近に吸収があるものの，1650〜1800 cm^{-1}付近には全く吸収が観測されないことから，水酸基をもち，かつカルボニル基をもたない化合物であると予想される．エのスペクトルでは，3400 cm^{-1}付近に吸収が観測されず，1650〜1800 cm^{-1}付近に大きな2本の吸収が観測されたことから2つ以上のカルボニル基を持つ化合物であると予想される．

これらをまとめると下の表のようになる．

	ア	イ	ウ	エ
OH伸縮振動 （3200〜3600 cm^{-1}付近）	+	+	+	−
C=O伸縮振動 （1650〜1800 cm^{-1}付近）	+（複数）	+	−	+（複数）

8.4 屈折率，旋光度，旋光分散，円二色性測定法

【重要事項のまとめ】

1. 屈折率測定法

右図のように光が等方性の第1の媒質（例えば，空気）から第2の媒質（例えば，水）に進むとき，入射角 i の正弦（$\sin i$）と屈折角 r の正弦（$\sin r$）の間には屈折率 $n = \dfrac{\sin i}{\sin r}$ の関係が成り立ち，屈折率 n は測定波長，温度及び圧力が一定のとき物質により固有の値となる．

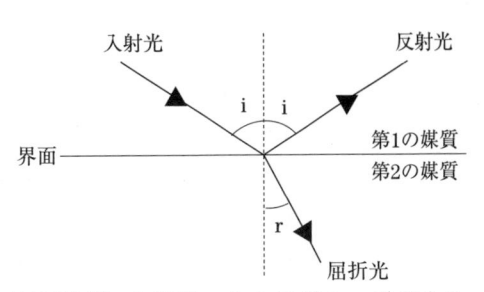

屈折率には，試料の真空に対する屈折率（絶対屈折率）と媒質1から媒質2へ透過するときの屈折率（相対屈折率）がある．

局方では通例，測定装置にアッベ屈折計を用い，測定温度20℃，光線にナトリウムスペクトルのD線（589.0, 589.6 nm）で行った時の試料の空気に対する屈折率を n_D^{20} で表す．

2. 旋光度測定法

比旋光度 $[\alpha]_x^t$ とは，特定の単色光 x（波長または名称で記載する）を用い，温度 t ℃で測定した時の旋光度を意味し，比旋光度 $[\alpha]_x^t$ は次の式で表す．

$$[\alpha]_x^t = \frac{100\alpha}{lc}$$

α：偏光面を回転した角度（旋光度），l：層長（mm），
c：溶液 1 mL 中に存在する薬品の g 数（g/mL）

　光の進行方向に向かって観察した時，偏光面が右向き（時計回り）に回転する場合を右旋性，左に回転する場合を左旋性とし，右旋性を＋，左旋性を－で表す．
　局方では通例，温度 $t = 20$℃，層長 $l = 100$ mm，光線にナトリウムスペクトルの D 線を用いたときの旋光度を比旋光度 $[\alpha]_D^{20}$ とする．

3．旋光分散（ORD）測定法

　光学活性物質の旋光度は波長によって変化する．旋光分散（ORD）曲線とは，横軸に波長，縦軸に旋光度または比旋光度をとった曲線である．ORDでは吸収帯のところで旋光度が著しい変化を示すことがあり，これをコットン効果と呼ぶ．

　正のコットン効果（短波長側が谷，長波長側に山．右図 a）
　負のコットン効果（短波長側に山，長波長側に谷．右図 b）

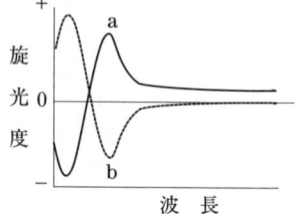

4．円二色性（CD）測定法

　左右の円偏光に対する吸光係数が異なる時，左右円偏光の合成ベクトルは楕円になる．円二色性（CD）曲線とは，横軸に波長，縦軸に楕円率または左右円偏光のモル吸光係数の差をとった曲線である．

【チェック問題】

次の記述について，正しいものに○，誤っているものに×を付けよ．

1)（　）屈折率測定法は，試料の精製水に対する屈折率を測定する方法である．
2)（　）旋光の性質は，偏光の進行方向に向き合って，偏光面を左に回転したものを左旋性，右に回転するもの右旋性とし，偏光面を回転する角度を示す数値の前に，それぞれ左旋性は記号＋を，右旋性は－をつけて示す．
3)（　）比旋光度は，示性値として用いられるが，濃度との間に比例関係がないため，医薬品の定量に用いられない．
4)（　）旋光度の測定は，特定の単色光を使い，通例，ナトリウムスペクトルの D 線で行う．
5)（　）化合物の比旋光度を算出するとき，必ずしも分子量がわかっている必要はない．
6)（　）物質が旋光性を持つためには，分子の中に少なくとも 1 個の不斉原子がなければならない．
7)（　）旋光性は左右円偏光に対する屈折率の差に起因する．
8)（　）旋光分散（ORD）スペクトルにおける負のコットン効果では，短波長側に極小，長波長側に極大が観測される．

9)( ) 円二色性（CD）スペクトルは，左円偏光の光と右円偏光の光の試料溶液での吸光係数の差を波長の関数として示したものである．

10)( ) 旋光分散におけるオクタント則を利用することで，分子の絶対配置を推定ないし決定することができる．

11)( ) ORD，CD スペクトルからタンパク質の2次構造に関する情報が得られる．

〈解答と解説〉

1) × 精製水ではなく空気に対する屈折率を測定する．
2) × 右旋性を示す時に数値の前に＋，左旋性の時に－の符号をつける．
3) × 比旋光度は医薬品の定量に用いられる．
4) ○ 旋光度の測定には視認性の高さから燈色のナトリウムスペクトルのD線（589.0, 589.6 nm）が用いられる．
5) ○
6) × 不斉中心を持たなくても分子全体が非対称であるアレン，ビフェニル化合物のような分子不斉でも旋光性を示す．
7) ○
8) × 負のコットン効果は短波長側に極大，長波長側に極小が観測される．問題文は正のコットン効果の説明．
9) ○
10) ○
11) ○

例題 8.4A 日本薬局方ブドウ糖注射液の定量法に関する次の記述について，正しいものに○，誤っているものに×を付けよ．

「本品のブドウ糖（$C_6H_{12}O_6$）約4gに対応する容量を正確に量り，アンモニア試液0.2 mL 及び水を加えて正確に100 mLとし，よく振り混ぜて30分間放置した後，旋光度測定法により 20 ± 1 ℃，層長 100 mm で旋光度 α_D を測定する．

ブドウ糖（$C_6H_{12}O_6$）の量（mg）＝ $\alpha_D \times 1895.4$ 」

a 旋光度は，測定に用いる光の波長に関係しない．
b 右旋性とは，偏光の進行方向に向き合って見るとき，偏光面を右に回転する性質である．
c アンモニアを加える理由は，ブドウ糖の変旋光を平衡状態にして安定した旋光度を得るためである．
d アンモニアを加える理由は，測定液の着色を防ぐためである．
e 層長 200 mm の測定管を用いても，計算式の係数は 1895.4 である．

〈第88回　問30〉

〈解答と解説〉

a × 旋光は物質中を右円偏光と左円偏光が通過する際に，両者の屈折率の違いによって偏光面を回転させる現象であり，回転した角度を旋光度という．旋光度は測定に用いる光の波長により変化する．この現象を旋光分散という．

b ○ 偏光の進行方向に向き合って，偏光面を右に回転させるものを右旋性，左に回転させるものを左旋性と呼び，それぞれ偏光面を回転させた角度を表す数字の前にそれぞれ＋，－をつけて表す．例えば右に 15°回転した場合，旋光度は +15°，左に 15°回転した場合，旋光度は−15°となる．

c ○ ブドウ糖は水溶液中で α 型と β 型の立体異性体（アノマー）が生成する．α 型の旋光度が +112.2°，β 型の旋光度が +18.7°と大きく異なることから，両者の組成によって旋光度が大きく変化する（変旋光）．そこでアンモニアを加えることで α 型 36 %，β 型 64 %の平衡状態をつくり出し，安定した旋光度（+52.76°）を得ることができる．

d × c の解説を参照．

e × 100 mL の溶液中に含まれるブドウ糖の量を x (g) とすると $c = \dfrac{x}{100}$ (g/mL) となる．

このとき，比旋光度の式 $[\alpha]_D^{20} = \dfrac{100}{c(\text{g/mL})l(\text{mm})} \alpha_D$ を変形すると $c = \dfrac{x}{100} = \dfrac{100}{[\alpha]_D^{20} l} \alpha_D$ となり，$x = \dfrac{10000}{[\alpha]_D^{20} l} \alpha_D$ となる．

さらに x g を x' mg で表記すると $x' = \left(\dfrac{100}{[\alpha]_D^{20} l} \times 100 \times 1000 \right) \times \alpha_D$，かっこ内の部分が係数 1895.4 に相当する．このとき層長 l を 100 mm から 200 mm の測定管に変えると $l = 200$ となるので，係数は半分の 947.7 となる．

演習問題 8.4.1 屈折率に関する次の記述について，正しいものに○，誤っているものに×を付けよ．

a 光の進行速度は媒質の屈折率によらず一定である．

b 光が屈折率の大きい媒質から小さい媒質に入るとき，入射角が臨界角より小さいとき界面で全反射を受ける．

c 試料の絶対屈折率は，その試料の空気に対する屈折率と空気の真空に対する屈折率の和である．

d 日本薬局方一般試験法の屈折率測定法においては，通例，温度は 20 ℃で，光線はナトリウムスペクトルの D 線を用いる．

〈第 85 回　問 17〉

〈解答と解説〉

a × 光の速度（c'）は媒質の屈折率（n）に反比例する．$c' = \dfrac{c}{n}$（c は真空中の光速度）

b × 入射角が臨界角より大きいとき界面で全反射を受ける.
c × 空気に対する屈折率と空気の真空に対する屈折率の積である.
d ○

> **演習問題 8.4.2** 旋光度に関する次の記述について，正しいものに○，誤っているものに×を付けよ．
> **a** 旋光度の測定は，特定の単色光を用い，通例，ナトリウムのD線で行う．
> **b** L-トリプトファンの比旋光度の決定にはその分子量が必要となる．
> **c** L-トリプトファン（分子量 204.23，$[\alpha]_D^{20}$：$-30.0°\sim-33.0°$）0.25 g を正確に量り，水 20 mL を加え，加温して溶かし，冷後，水を加えて正確に 25 mL とし，層長 100 mm のセルを用いて測定すると，旋光度は $-0.30°\sim-0.33°$ になる．
> **d** マルトースとラクトースの水溶液は，いずれも変旋光を示す．

〈解答と解説〉

a ○

b × 比旋光度の決定には溶液 1 mL 中の薬品の濃度（g/mL）が必要であり，分子量がわかっている必要はない．

c ○ 比旋光度 $[\alpha]_D^{20}$ を求める式 $[\alpha]_D^{20} = \dfrac{100\alpha}{l \times c}$ にそれぞれ $[\alpha]_D^{20} = -30.0°$，$l = 100$，$c = \dfrac{0.25}{25} = 0.01$ を代入すると，$\alpha = -0.30°$ となる．

d ○ グルコースなどの還元糖は水中で鎖状構造を介して α 型と β 型の 2 種類のアノマーになり平衡状態を保つ．このとき α 型と β 型では比旋光度が違うため，α と β の存在比が平衡に達するまで旋光度が変化する．このような現象を変旋光という．マルトースは D-グルコース 2 分子が α-1,4 結合した二糖類であり，ラクトースは D-ガラクトースと D-グルコースが β-1,4 結合した二糖類である．これらはいずれも還元末端を持ち，アノマーを形成することができるので変旋光を示す．同じ二糖類でも還元性を持たないスクロースやトレハロースなどは変旋光を示さない．

> **演習問題 8.4.3** 示性値の旋光度の項に,（乾燥後，0.5 g，クロロホルム，50 mL，100 mm）と規定のある日本薬局方について，規定に従い，その 0.5000 g について測定したところ，旋光度は $+1.40°$ であった．この医薬品の比旋光度はいくらか．

〈解答と解説〉 正解 $+140°$

比旋光度の式 $[\alpha]_D^{20} = \dfrac{100}{c(\text{g/mL})l(\text{mm})} \alpha_D$ に $c = \dfrac{0.5}{50}$ (g/mL)，$l = 100$，$\alpha_D = +1.40°$ を代入すると，

$$\alpha_D^{20} = \frac{100}{\frac{0.5}{50} \times 100} \times +1.40° = +140°$$

演習問題 8.4.4 旋光度，旋光分散，円二色性に関する次の記述について，正しいものに○，誤っているものに×を付けよ．

a 円二色性は，左右円偏光に対する屈折率の差に起因する．
b 光学活性物質には，平面偏光を回転させる性質がある．
c 旋光度は，温度により変化する．
d L-リジン塩酸塩（分子量 182.65）2.00 g を正確に量り，6 mol/L 塩酸溶液を加えて正確に 25 mL とし，層長 100 mm のセルを用いて測定した旋光度が +1.62° であるとき，比旋光度 α_D^{20} は +40.6° である．

〈解答と解説〉

a × 円二色性は試料溶液の左右円偏光に対する吸光係数の差を波長の関数として示したものである．左右円偏光に対する屈折率の差を利用するのは旋光度測定．

b ○

c ○ そのため薬局方では，温度 20℃，層長 100 mm で測定したときの旋光度を比旋光度 α_D^{20} という示性値として利用している．

d × 比旋光度 $[\alpha]_D^{20}$ を求める式 $[\alpha]_D^{20} = \frac{100\alpha}{l \times c}$ にそれぞれ $\alpha = +1.62°$, $l = 100$, $c = \frac{2.00}{25} = 0.08$ を代入すると，$[\alpha]_D^{20} = +20.25°$ となる．

第9章 核磁気共鳴スペクトル法

【重要項目のまとめ】

(1) 核磁気共鳴 Nuclear magnetic resonance（NMR）スペクトル法は，原子核とラジオ波との相互作用を利用した電磁波分析である．

(2) 核スピン I が 0 でない核は，NMR スペクトル測定の対象となる．^{1}H や ^{13}C では核スピンが 1/2 である．ゼーマン効果により，磁場の中で ^{1}H や ^{13}C は 2 つのエネルギー準位をとることができる．

(3) ^{1}H や ^{13}C の核が置かれている環境の違いによる共鳴周波数のずれを**化学シフト**という．核の周りに存在する電子雲により核が外部磁場から磁気的に遮蔽されることが化学シフトの主たる要因である．遮蔽の程度が大きいほど高磁場側に観測される．化学シフトは，通常基準物質のシグナル位置を 0 とした δ（ppm）値で表される．基準物質としては，有機溶媒を用いるときは，テトラメチルシラン（TMS）を用いるが，重水溶媒のときは，用いることができない．

(4) 化学結合を介してつながっている 2 つの核の間で**スピン–スピン結合**が起こり，シグナルは分裂する．分裂の大きさは**スピン–スピン結合定数** J（単位は Hz）で表される．^{1}H の場合，スピン結合定数の等しい（等価な）n 個の核と結合しているとき，シグナルは $(n+1)$ 本に分裂する．

(5) ^{1}H–NMR スペクトルにおいて，シグナルの強度は**積分曲線**で表され，シグナルを構成する ^{1}H の数の比がわかる．

(6) OH 基，NH 基，COOH 基等の水素は，溶媒に重水（D_2O）を添加することにより重水素（D）と交換し，^{1}H–NMR スペクトル上から消失する．

(7) ^{13}C–NMR スペクトルの**完全デカップリング法**では，1 つの炭素につき 1 本のシグナルが観測されるので，炭素の数を決定できる．**オフレゾナンスデカップリング法**では，CH_3 が四重線（q），CH_2 が三重線（t），CH が二重線（d），C が単一線（s）として観測され，炭素に直接結合した水素の数を判定できる．

(8) スペクトル解析のため，**核オーバーハウザー効果** nuclear Overhauser effect（NOE）を利用した測定や二次元 NMR などがある．

【チェック問題】

次の記述について，正しいものに○，誤っているものに×を付けよ．

1)（　）核磁気共鳴スペクトルの測定には，紫外線より波長の短いラジオ波領域の電磁波が用いられる．
2)（　）プロトンの核スピン I は，1 である．
3)（　）^{13}C を利用して，有機化合物中の炭素の核磁気共鳴スペクトルを測定できる．
4)（　）一般に，化学シフトは ppm 単位で表し，スピン−スピン結合定数はヘルツ（Hz）単位で表す．
5)（　）プロトン間のスピン−スピン結合定数は，外部磁場の強さには影響されない．
6)（　）テトラメチルシラン（TMS）のメチルプロトンは，ベンゼンの芳香環プロトンに比べて，磁気的遮蔽が小さい．
7)（　）アルデヒドは核磁気共鳴（^{1}H−NMR）スペクトルで，低磁場に特徴的なシグナルを示すので，ケトンと区別が可能である．
8)（　）通例，溶媒として有機溶媒を用いた場合は，内部標準物質としてテトラメチルシラン（TMS）を用いる．
9)（　）エタノールのメチレンプロトンは，メチルプロトンより「電子による外部磁場の遮蔽」の度合いが小さいので，シグナルはメチルプロトンより高磁場に現れる．
10)（　）一般に，シグナルの面積強度はプロトンの数に比例する．
11)（　）隣りに等価なプロトンが n 個存在すると，シグナルは $(n+1)$ 本に分裂する．
12)（　）測定溶液中に重水を添加することによって，OH や NH などの活性水素のシグナルを消失または移動させることができる．
13)（　）核磁気共鳴は原子核スピンの励起に伴う現象なので，周辺電子の状態は共鳴位置に影響を及ぼさない．
14)（　）d−メントールと l−メントールをそれぞれ重クロロホルム中，同条件で ^{1}H−NMR を測定すると，異なるスペクトルを与える．
15)（　）核磁気共鳴（NMR）法は，タンパク質の立体構造決定に使われている．

〈解答と解説〉

1)　×　ラジオ波は紫外線より波長が長い．
2)　×　1 ではなく，1/2 である．
3)　○
4)　○
5)　○　どの装置で測定してもスピン−スピン結合定数（J）の値は同じである．
6)　×　テトラメチルシラン（TMS）のメチルプロトン（0 ppm）は，ベンゼンの芳香環プロトン（約 7.2 ppm）に比べて遮蔽が大きい．
7)　○　C<u>H</u>O の水素シグナルは，9〜10 ppm で観測される．ケトンは，水素をもたないので，^{1}H−NMR スペクトル上にはシグナルは出現しない．

8) ○ 重水溶媒を用いる場合は，TMS を基準物質として用いることができない．
9) × メチルプロトンよりメチレンプロトンのほうが外部磁場の遮蔽の度合いが小さいので，低磁場側に現れる．
10) ○
11) ○
12) ○
13) × 化学シフトの主たる要因は周辺電子による遮蔽である．したがって，周辺電子の状態は共鳴位置に影響を及ぼす．
14) × d-メントールと l-メントールは，エナンチオマーの関係にあり，同一の ^{1}H-NMR スペクトルを与える．
15) ○ タンパク質の立体構造決定には，核磁気共鳴法（NMR）の応用的な技術が用いられる．例えば，空間的に近い距離にある ^{1}H 核間の空間的な相互作用である核オーバーハウザー効果（NOE）を調べることによりタンパク質の立体構造についての知見が得られる．

9.1　^{1}H-NMR

例題 9.1A　次の図は，ある化合物（$C_{10}H_{13}NO_2$）を 60 MHz の装置で DMSO-d_6 中，テトラメチルシランを基準物質として測定したプロトン NMR スペクトルである．このスペクトルから化学構造を推定し，該当する化合物を選べ．ただし，9.55 ppm 付近のシグナルは重水で処理すると消失する．また，測定溶媒に基づくシグナルは除いてある．

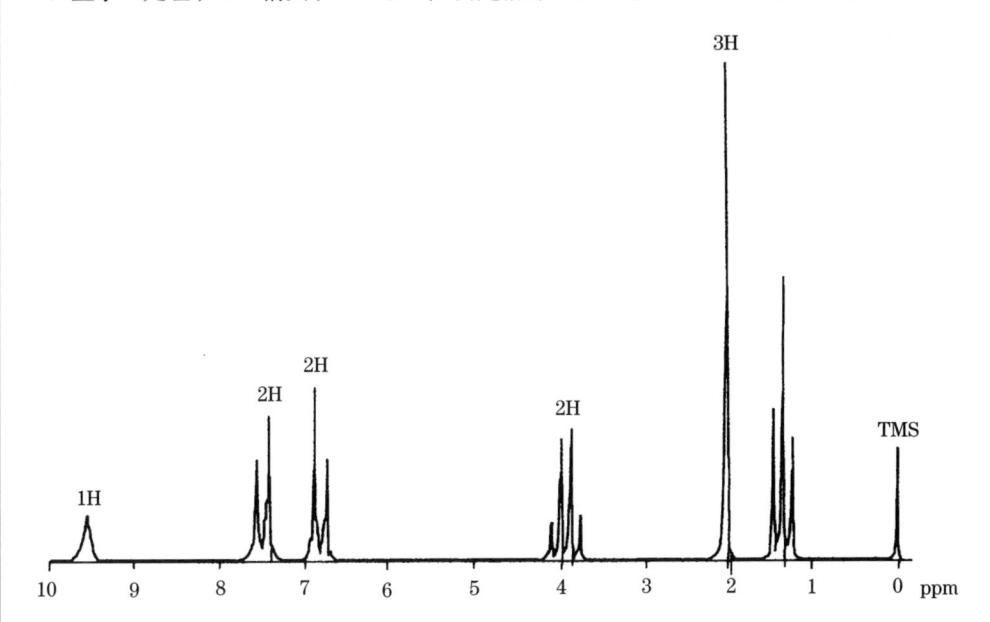

1 HOCH₂—⟨C₆H₄⟩—NHCOCH₂CH₃

2 HO₂C—⟨C₆H₄⟩—NHCH₂CH₃

3 HO₂CCH₂—⟨C₆H₄⟩—N(CH₃)₂

4 CH₃CH₂O—⟨C₆H₄⟩—NHCH₂CHO

5 CH₃CH₂O—⟨C₆H₄⟩—NHCOCH₃

6 CH₃OCH₂—⟨C₆H₄⟩—NHCOCH₃

〈第 82 回　問 39〉

〈解答と解説〉正解　5

　9.55 ppm のシグナルは重水で消えるので，OH や NH などの H が 1 個分含まれていることがわかる．6〜8 ppm のシグナルのパターンは，芳香族化合物のパラ二置換体であることを示している．4.0 ppm の 2H 分の四重線と 1.2 ppm の 3H 分の三重線に注目してもらいたい．CH₃–CH₂–O– をもつ化合物では，必ずこの 2 つのシグナルが同じ場所に出てくる．このパターンはよく出題されるので，覚えておきたい．

　まず，1.2 ppm の 3H 分のシグナルは CH₃ である．CH₃ のシグナルが，1：2：1 の強度比で 3 本に分裂しているので，等価な H が 2 個（CH₂）隣接していることがわかる．

$$-\underset{}{CH_2}-\underset{1.2}{CH_3}$$

　この CH₂ シグナルは，4.0 ppm の 2H 分のシグナルであり，それが 1：3：3：1 の強度比で 4 本に分裂しているので，等価な H が 3 個（CH₃）隣接していることがわかる．さらに，化学シフト値（4.0 ppm）より CH₂ には酸素が結合していることがわかる．

$$-O-\underset{4.0}{CH_2}-\underset{1.2}{CH_3}$$

　残った 2.0 ppm のシグナルは 3H 分で単一線であることから，隣接する H がないことを示しており，化学シフト値から，C$\underline{H}$₃–C=O であることがわかる．

　以上の結果から，正解は 5 の構造である．

演習問題 9.1.1 下の図 A〜C は，アルコールア〜エのいずれかを十分に乾燥した重ジメチルスルホキシド溶液として測定した ^{1}H-NMR スペクトル（60 MHz）である．スペクトルとアルコールを組み合わせなさい．

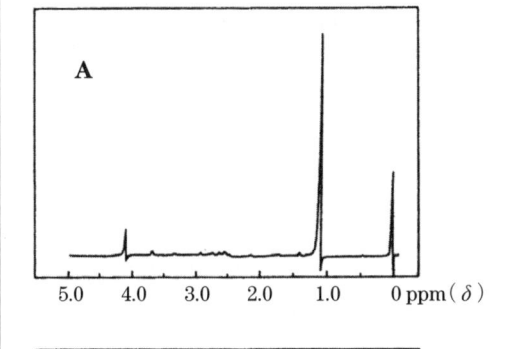

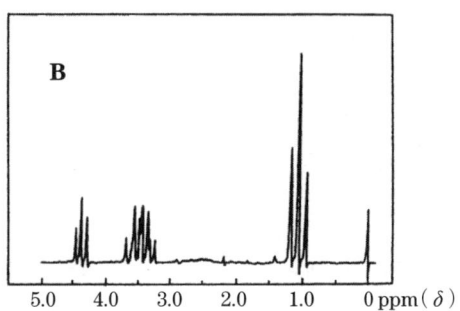

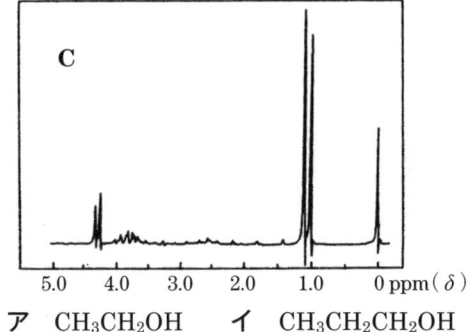

ア　CH_3CH_2OH　　イ　$CH_3CH_2CH_2OH$　　ウ　$(CH_3)_2CHOH$　　エ　$(CH_3)_3COH$

〈第 84 回　問 24〉

〈ヒント〉

1.0 ppm のメチルシグナルに着目する．

〈解答と解説〉　正解　A—エ　　B—ア　　C—ウ

1.0 ppm のシグナルは，CH_3 のシグナルである．CH_3 のシグナルに着目すると，

A のスペクトルでは，CH_3 のシグナルは単一線なので，H が隣接していないことがわかる．

　　　$\underline{CH_3}$-C-

したがって，A は，エのスペクトルである．

B のスペクトルでは，CH_3 のシグナルは三重線なので，2H が隣接していることがわかる．

　　　$\underline{CH_3}$-CH_2-

したがって，B は，アまたはイのスペクトルである．B のスペクトル中，1.0 ppm は CH_3 のシグナル，3.5 ppm は CH_2 のシグナル，4.5 ppm は OH のシグナルということで，B は，アのスペクトルである．

C のスペクトルでは，CH_3 のシグナルは二重線なので，1H が隣接する．

　　　$\underline{CH_3}$-CH-

したがって，C は，ウのスペクトルである．

演習問題 9.1.2 トルエンをニトロ化したところ，**ア〜ウ**の3種の化合物が得られた．下の図 **a 〜 c** は，それらの $CDCl_3$ 中でのプロトン NMR スペクトル（400 MHz）である．化合物とスペクトルを組み合わせなさい．

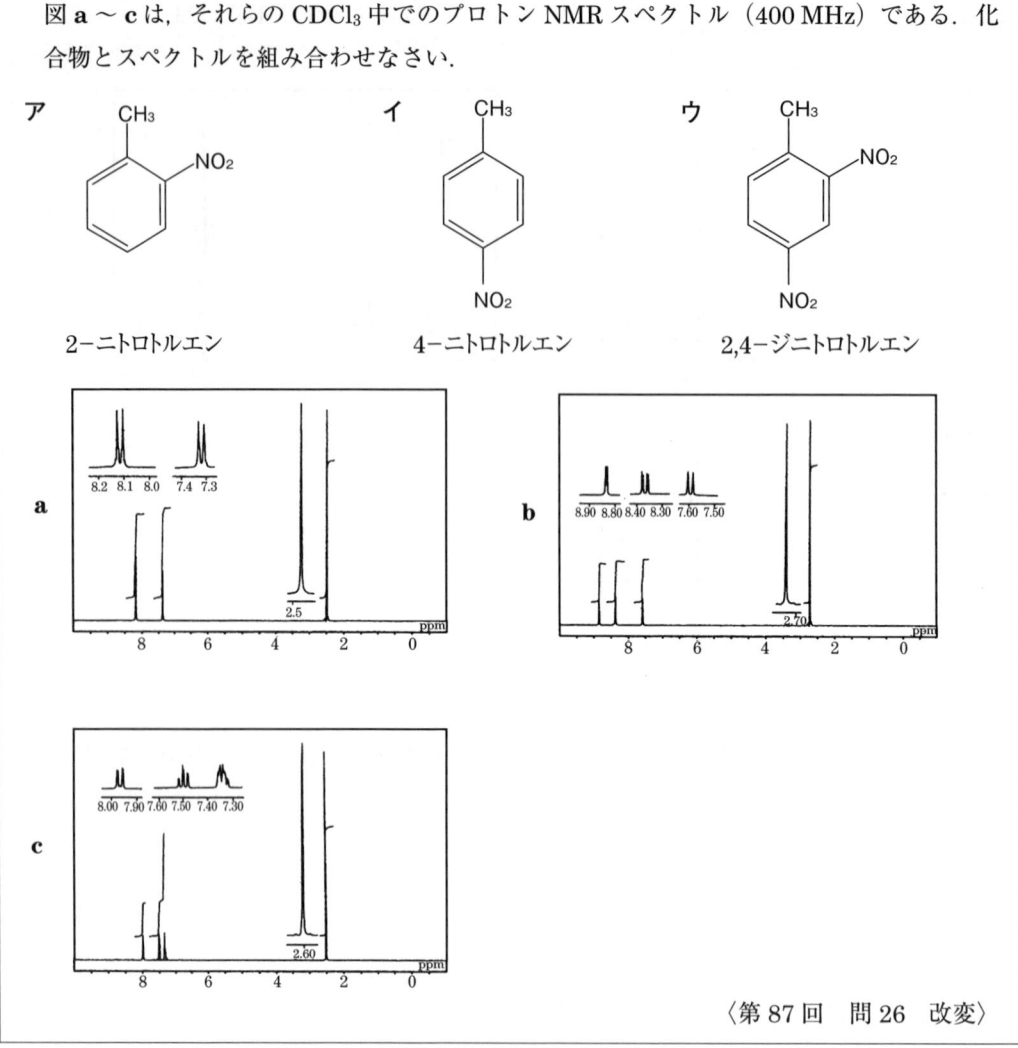

ア　2-ニトロトルエン

イ　4-ニトロトルエン

ウ　2,4-ジニトロトルエン

〈第87回　問26　改変〉

〈ヒント〉

a, b, c のスペクトルで，2.5 ppm のシグナルは共通である．このシグナルは，

のメチルプロトンである．

6 〜 9 ppm の芳香環の水素シグナルを読む必要がある．

芳香族化合物のパラ二置換体のスペクトルパターンを覚えておくこと．

〈解答と解説〉　正解　a－イ　b－ウ　c－ア

a のスペクトルは，2.5 ppm のメチルシグナルの積分曲線の高さを 3H 分とすると，7.3 ppm

と 8.1 ppm の積分曲線の高さは，それぞれ 2H 分となる．この 6～9 ppm の芳香環の水素シグナルのパターンは，芳香族化合物のパラ二置換体であることを示している．
以上のことから，ア～ウのうち，イとなる．

　b のスペクトルでは，2.5 ppm のメチルシグナルの積分曲線の高さを 3H 分とすると，6～9 ppm の 3 つのシグナルは，それぞれ 1H 分（合計で 3H 分）となる．つまり，芳香族化合物の三置換体ということになる．以上のことから，ア～ウのうち，ウとなる．

　c のスペクトルでは，2.5 ppm のメチルシグナルの積分曲線の高さを 3H 分とすると，6～9 ppm のシグナルの合計は，4H 分となる．つまり，芳香族化合物の二置換体である．しかもパラ二置換体とはパターンが異なることから，オルトまたはメタ二置換体ということになる．以上のことから，ア～ウのうち，アとなる．

演習問題 9.1.3 日本薬局方医薬品 **ア～エ**（アスピリン，アセトアミノフェン，サリチル酸メチルおよびパラオキシ安息香酸メチル）の構造式と ^{1}H-NMR スペクトル（**a～d**）を組み合わせなさい．各スペクトルは重水素化溶媒ジメチルスルホキシド-d_6 中で測定しているが，測定溶媒に基づくシグナルは除いてある．各スペクトル中の枠内は拡大スペクトルを示し，拡大領域以外のピークはすべてシングレット（単一線）である．

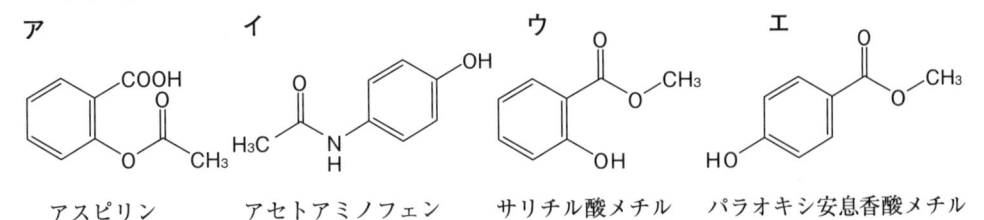

ア　アスピリン
イ　アセトアミノフェン
ウ　サリチル酸メチル
エ　パラオキシ安息香酸メチル

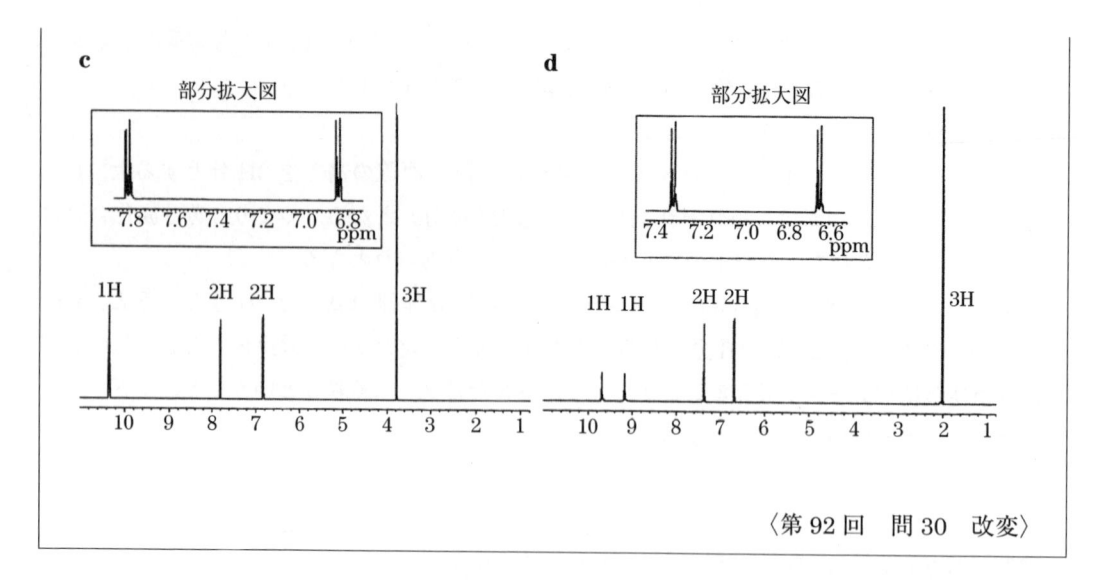

162　第9章　核磁気共鳴スペクトル法

[スペクトル c：部分拡大図 7.8〜6.8 ppm、ピーク 1H(≈10)、2H(≈8)、2H(≈7)、3H(≈3.8)]

[スペクトル d：部分拡大図 7.4〜6.6 ppm、ピーク 1H(≈10)、1H(≈9)、2H(≈7)、2H(≈6.5)、3H(≈2)]

〈第92回　問30　改変〉

〈ヒント〉

① 芳香族化合物のシグナルより置換基の結合様式を考える．特に，パラ二置換体のパターンは覚えておく．

② OC$\underline{H}_3$（3.8 ppm）と C$\underline{H}_3$-C=O（2.0 ppm）は，3H 分の単一線なので，非常に背の高いシグナルであり，スペクトル中，判別しやすいシグナルである．国家試験にもよく出てくるので，覚えておく必要がある．

〈解答と解説〉　正解　アーb　イーd　ウーa　エーc

a 3.8 ppm の 3H 分のシグナルより OCH$_3$ が存在することがわかる．

　6〜9 ppm の 4H 分のシグナルより芳香族化合物のパラ二置換体ではない（オルトまたはメタ二置換体）ことがわかる．以上の結果から，a は，サリチル酸メチルである．10 ppm より低磁場にあるシグナルは，O$\underline{H}$ のプロトンによるものである．

[構造式：サリチル酸メチル、OCH₃ に 3.8、OH に 11.0 の表示]

b 2.1 ppm の 3H 分のシグナルより CH$_3$-C=O が存在することがわかる．

　6〜9 ppm の 4H 分のシグナルより芳香族化合物のパラ二置換体ではない（オルトまたはメタ二置換体）ことがわかる．以上の結果から，b は，アスピリンである．13 ppm あたりにあるシグナルは，COO$\underline{H}$ のプロトンによるものである．

（構造式：アスピリン　COOH 13.0, O-CO-CH₃ 2.1）

c 3.8 ppm の 3H 分のシグナルより OCH₃ が存在することがわかる．

6〜9 ppm の 4H 分のシグナルのパターンより芳香族化合物のパラ二置換体であることがわかる．以上の結果から，c は，パラオキシ安息香酸メチルである．10 ppm より低磁場にあるシグナルは，O$\underline{\text{H}}$ のプロトンによるものである．

（構造式：p-ヒドロキシ安息香酸メチル　O-CH₃ 3.8, HO 11.0）

d 2.0 ppm の 3H 分のシグナルより CH₃-C=O が存在することがわかる．

6〜9 ppm の 4H 分のシグナルのパターンより芳香族化合物のパラ二置換体であることがわかる．以上の結果から，d は，アセトアミノフェンである．9〜10 ppm にあるシグナルは，O$\underline{\text{H}}$ と N$\underline{\text{H}}$ のプロトンによるものである．

（構造式：アセトアミノフェン　NH 9〜10, CH₃ 2.0, HO 9〜10）

演習問題 9.1.4 次の図 **ア〜ウ** は，それぞれ化合物 **a〜c** の ^{1}H-NMR スペクトル（300 MHz）である．基準物質はテトラメチルシランとし，重クロロホルム中で測定しているが，測定溶媒に由来するシグナルは除いてある．また，拡大領域以外のピークはすべて一重線である．スペクトルと化合物を組み合わせなさい．

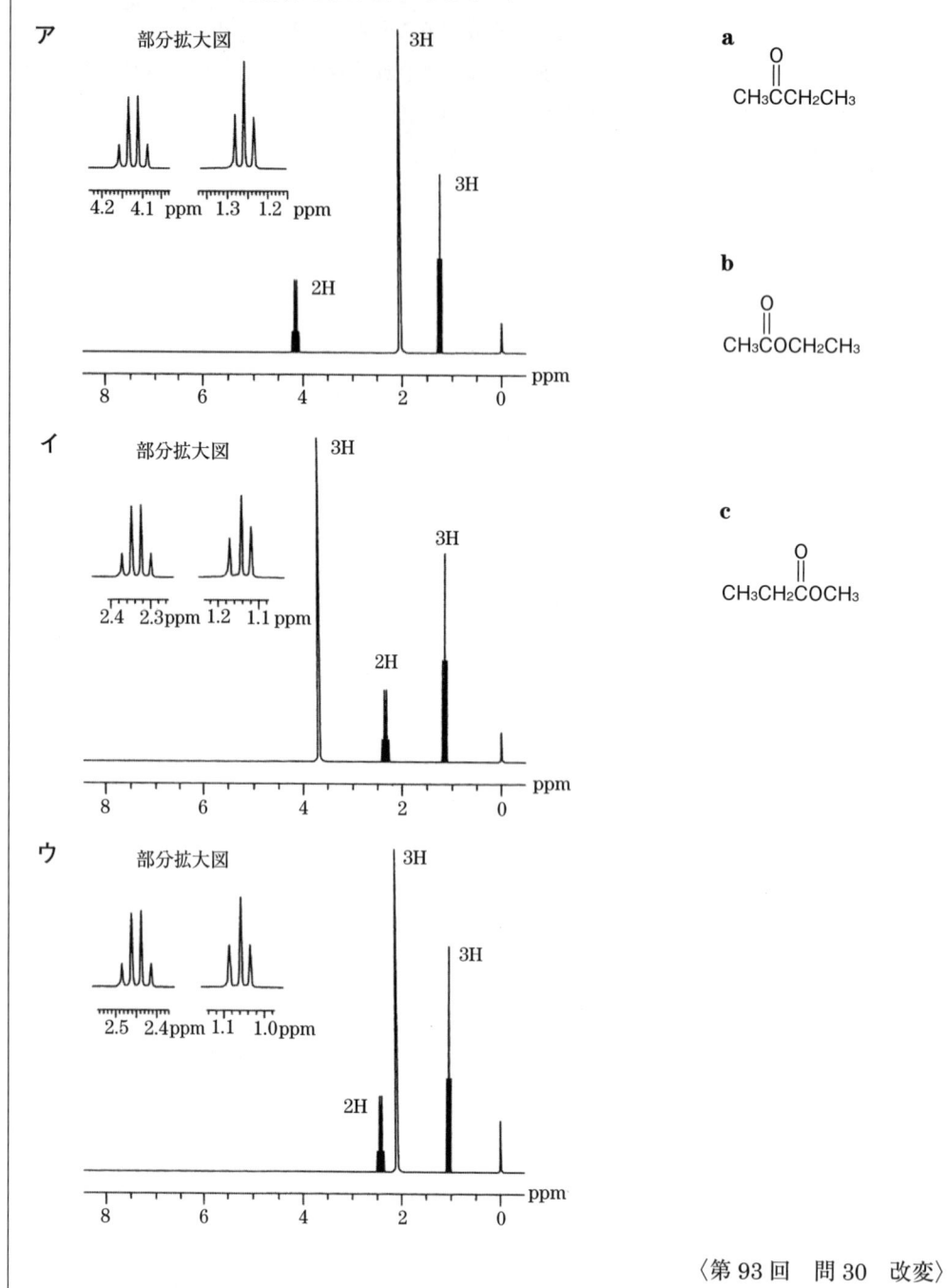

〈第93回 問30 改変〉

〈ヒント〉
 2.0 ppm の 3H 分の単一線（C$\underline{H_3}$-C=O）と 3.8 ppm の 3H 分の単一線（C$\underline{H_3}$-O）の区別ができれば問題ない．

〈解答と解説〉 正解　ア-b　イ-c　ウ-a

ア 1.2 ppm に 3 本に分裂した CH_3 が観測される．分裂のパターンから CH_3 のとなりに CH_2 があることがわかる．その CH_2 のシグナルは，4.1 ppm のところにある 1 : 3 : 3 : 1 の強度比で 4 本に分裂したシグナルである．化学シフト値より酸素が結合していることがわかる．

$$-O-CH_2-CH_3$$
$$4.11.2$$

残りの 2.0 ppm の 3H 分の単一線は，CH_3-C=O の CH_3 である．
したがって，CH_3-CH_2-O- と CH_3-C=O をもつ b の構造となる．

イ 1.1 ppm は，CH_3 のシグナルで，分裂パターンから CH_2 に隣接している．

$$CH_3-CH_2-$$
$$1.1$$

その CH_2 のシグナルは，2.3 ppm の四重線である（等価な 3 個の H(CH_3）が存在している）．化学シフトから酸素が結合しているとは考えにくい．3.8 ppm の 3H 分の単一線は OCH_3 である．以上の結果から，c の構造となる．

$$CH_3-CH_2-\overset{\overset{O}{\|}}{C}-OCH_3$$
$$1.12.33.8$$

ウ 1.1 ppm は，CH_3 のシグナルで，分裂パターンから CH_2 に隣接している．

$$CH_3-CH_2-$$
$$1.1$$

その CH_2 のシグナルは，2.4 ppm の四重線である．化学シフトから酸素が結合しているとは考えにくい．2.0 ppm の 3H 分の単一線は，CH_3-C=O の CH_3 である．以上の結果から，a の構造となる．

$$CH_3-\overset{\overset{O}{\|}}{C}-CH_2-CH_3$$
$$2.02.41.1$$

9.2 ^{13}C−NMR

例題 9.2A 酢酸エチルの ^{13}C−NMR スペクトル（完全デカップリング法）である．4つの炭素シグナルが酢酸エチルのどの炭素によるものか帰属しなさい．

$$\underset{a}{CH_3}-\underset{b}{\overset{\overset{O}{\|}}{C}}-\underset{c}{O}-\underset{d}{CH_2CH_3}$$

ピーク：170.72, 60.32, 20.87, 14.30

（柿沢寛・楠見武徳共著（1999）有機機器分析演習, p.40, 裳華房より改変）

〈解答と解説〉正解　a　20.87　　b　170.72　　c　60.32　　d　14.30

^{13}C−NMR スペクトルの帰属をするのに，下の表に載せているものは最低限必要である．化学シフトの値は環境によって幅があるが，だいたいの値を覚えておくこと．

^{13}C 化学シフト		
190 〜 210 ppm	$\underline{C}$=O	CHO, R$\underline{C}$=OR′
170 ppm	$\underline{C}$=O	COOH, COOR, CONH
100 〜 160 ppm	芳香族炭素	
（150 〜 160 ppm）	酸素が結合した芳香族炭素	
60 ppm	$\underline{C}$-O	
20 ppm	$\underline{C}$H$_3$-C=O	
10 ppm	$\underline{C}$H$_3$-CH$_2$-	

これらを覚えていれば，下記のような帰属ができる．

$$\underset{20.87}{CH_3}-\underset{170.72}{\overset{\overset{O}{\|}}{C}}-\underset{60.32}{O}-\underset{14.30}{CH_2CH_3}$$

演習問題 9.2.1 下図の ^{13}C–NMR スペクトルは，フェナセチンのプロトン完全デカップリングスペクトルである．スペクトル中のそれぞれのシグナルがフェナセチンの構造中のどの部分のものかを示せ．ただし，スペクトル中の (s), (d), (t), (q) は，オフレゾナンスデカップリングスペクトルにおいて，それぞれのシグナルが単一線 (singlet), 二重線 (doublet), 三重線 (triplet), 四重線 (quartet) であったことを意味する．

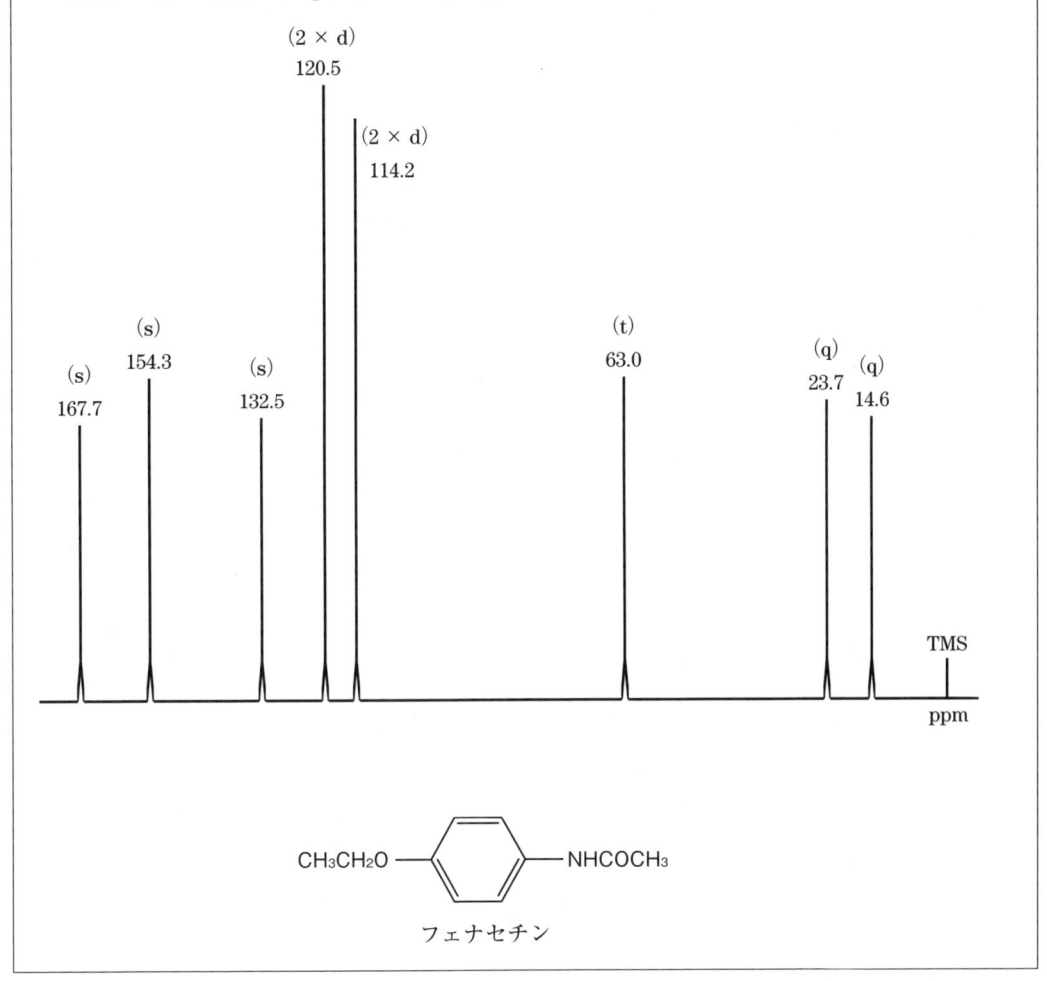

ピーク一覧：
- (s) 167.7
- (s) 154.3
- (s) 132.5
- (2 × d) 120.5
- (2 × d) 114.2
- (t) 63.0
- (q) 23.7
- (q) 14.6

構造：CH₃CH₂O–C₆H₄–NHCOCH₃（フェナセチン）

〈ヒント〉

芳香族化合物の炭素シグナルは，化学シフトで，大体 100 ～ 160 ppm の間に現れることが多い．酸素が結合した芳香環上の炭素シグナルは，150 ～ 160 ppm の間に現れることが多い．

化学シフトとオフレゾナンスデカップリングスペクトルの結果を整理して考える．

^{13}C 化学シフト	オフレゾナンスデカップリングスペクトルの結果	
167.7	s	<u>C</u>=O
154.3	s	芳香族 <u>C</u>
132.5	s	芳香族 <u>C</u>
120.5	d	芳香族 <u>C</u>H
120.5	d	芳香族 <u>C</u>H
114.2	d	芳香族 <u>C</u>H
114.2	d	芳香族 <u>C</u>H
63.0	t	<u>C</u>H$_2$O
23.7	q	<u>C</u>H$_3$–C=O
14.6	q	<u>C</u>H$_3$

〈解答と解説〉

114.2～154.3 ppm の6本のシグナルは，化学シフトとシグナルの数から芳香族炭素によるものと考えられ，オフレゾナンスデカップリングスペクトルの結果とスペクトルのパターン（2個分の炭素シグナルが2本観測されることから非常に対称性の高い化合物とわかる）からパラ二置換体と考えられる．置換基が結合している炭素シグナルは，水素が結合していない 154.3 ppm と 132.5 ppm であり，154.3 ppm の炭素は，化学シフトの値より明らかに酸素が結合していることがわかる．

167.7 ppm のシグナルは，C=O である．63.0 ppm の三重線のシグナルは，CH$_2$O であることを意味している．23.7 ppm と 14.6 ppm に CH$_3$ があるが，低磁場側のシグナル（23.7 ppm）は CH$_3$–C=O の CH$_3$ シグナルであり，高磁場側のシグナル（14.6 ppm）は CH$_3$–CH$_2$– の CH$_3$ シグナルであることがわかる．以上の結果から，下記のように帰属することができる．

演習問題 9.2.2 下図の ^{13}C-NMR スペクトルは，4-ヒドロキシ-4-メチル-2-ペンタノンのプロトン完全デカップリングスペクトルである．スペクトル中のそれぞれのシグナルが 4-ヒドロキシ-4-メチル-2-ペンタノンの構造中のどの部分のものかを示せ．ただし，スペクトル中の (s)，(d)，(t)，(q) は，オフレゾナンスデカップリングスペクトルにおいて，それぞれのシグナルが単一線 (singlet)，二重線 (doublet)，三重線 (triplet)，四重線 (quartet) であったことを意味する．また，測定溶媒に基づくシグナルは除いてある．

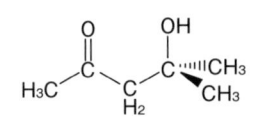

4-ヒドロキシ-4-メチル-2-ペンタノン

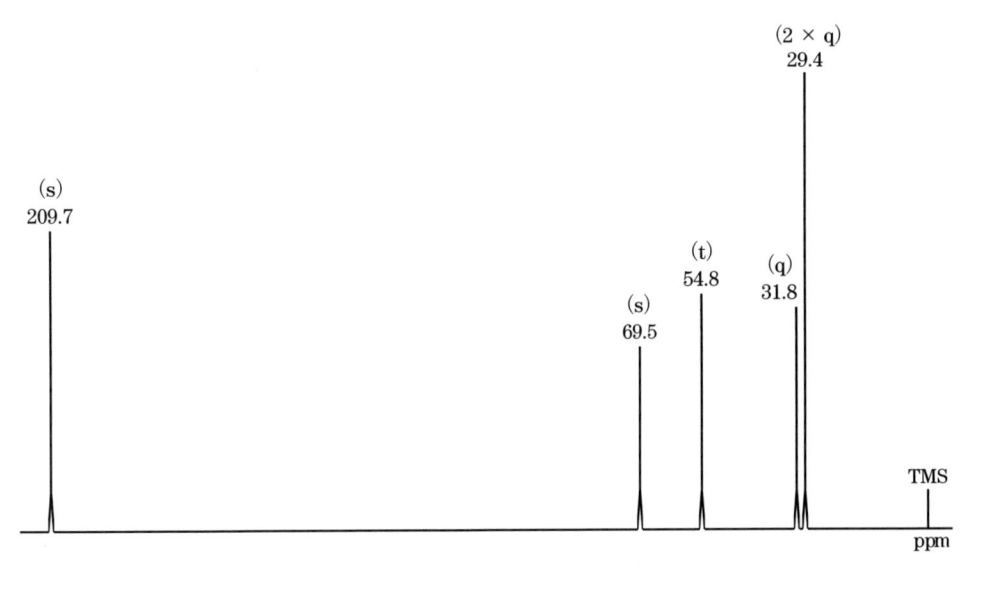

〈ヒント〉

^{13}C 化学シフト	オフレゾナンスデカップリングスペクトルの結果	
209.7	s	$\underline{C}$=O（ケトン）
69.5	s	$\underline{C}$-O
54.8	t	$\underline{C}$H$_2$
31.8	q	$\underline{C}$H$_3$
29.4	q	$\underline{C}$H$_3$
29.4	q	$\underline{C}$H$_3$

〈解答と解説〉

化学シフトより 209.7 ppm のシグナルは C=O，69.5 ppm のシグナルは C–OH であることがわかる．CH₃ が 3 個あるが，29.4 ppm に CH₃ が 2 個分観測されており，これらの CH₃ は非常に環境が似ているということがわかる．

以上の結果から，次のように帰属できる．

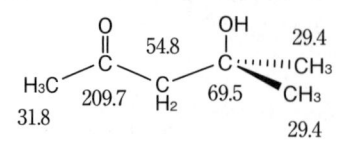

$$\underset{31.8}{H_3C}-\underset{209.7}{\overset{\overset{O}{\|}}{C}}-\underset{54.8}{\overset{}{\underset{H_2}{C}}}-\underset{69.5}{\overset{\overset{OH}{|}}{C}}\genfrac{}{}{0pt}{}{\overset{29.4}{CH_3}}{\underset{29.4}{CH_3}}$$

第10章 質量分析法

【重要事項のまとめ】

1. 質量分析法の概要

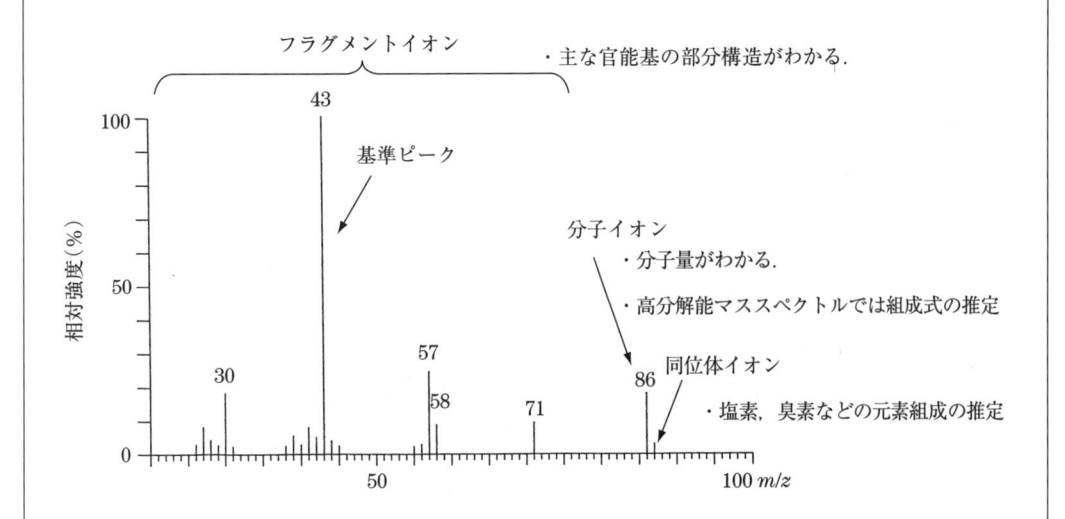

フラグメントイオン

・主な官能基の部分構造がわかる．

基準ピーク

分子イオン
・分子量がわかる．
・高分解能マススペクトルでは組成式の推定

同位体イオン
・塩素, 臭素などの元素組成の推定

図 10.1　2-pentanone の EI-MS

* イオン化した分子を質量電荷比（m/z）に応じて分離し，そのイオン量を測定．
* 横軸に質量電荷比（m/z），縦軸にイオンの相対強度（%）をとって表したのがマススペクトル．
* 選択イオン検出によりピコモル（10^{-12} mol）オーダーの定量分析が可能．
* GC や HPLC の検出器としても用いられる．

2. 装置（質量分析計の基本構成）

試料導入部 → イオン化部 → 質量分析部 → イオン検出部

3. イオン化法

対象となる物質によりイオン化法を選択.

　　　電子イオン化法（EI）　　$M + e^- \longrightarrow M^+ + 2e^-$

CI 法は，メタン，イソブタン，アンモニアなどの試薬ガスを用い，プロトン（H^+）を付加するか，プロトンを引き抜いたりしてイオン化する方法.

イオン化法の特徴

イオン化法	分子量関連イオン	測定できる分子量範囲など
電子イオン化法（EI）	M^+	低極性，～1000 真空中
化学イオン化法（CI）	$[M + H]^+$, $[M + NH_4]^+$, $[M - H]^-$	低極性，～1000 真空中
大気圧化学イオン化法 （APCI）	$[M + H]^+$, $[M - H]^-$	中極性，～1500 大気圧下，LC–MS
エレクトロスプレーイオン化法 （ESI）*	$[M + nH]^{n+}$, $[M - nH]^{n-}$, 多価イオン	高極性，～数十万 大気圧下，LC–MS
マトリックス支援レーザー 脱離イオン化法（MALDI）*	$[M+H]^+$, $[M+Na]^+$, $[M-H]^-$	高極性，～数十万 大気圧下

* ソフトイオン化法を利用した ESI-イオントラップ型質量分析計や MALDI-飛行時間型質量分析計は，ペプチド，タンパク質などの測定に用いられ，プロテオーム解析やメタボローム解析に有力な手段.

4. 質量分析部

磁場型，四重極型，飛行時間型などがある.

磁場型では，次式が成立.

$$\frac{m}{z} = \frac{B^2 r^2}{2V}$$　　加速電圧：V，磁場の強さ：B，軌道の半径：r

V, B が一定のとき，質量が小さいイオンほど半径 r の小さな円運動をするので大きく曲がる．これにより，質量の異なるイオン m/z ごとに分離する．

5. 分子イオン（M^+）

EI 法で，電子が一つ引き抜かれ，e^- を失った不対電子をもつ正イオンで，天然存在比が最大の同位体（通常，最小質量をもつ同位体）どうしで構成されたイオン種をいう．分子イオンの m/z 値（$z = 1$）は試料の分子量に相当する．分子イオンの特定に窒素ルール（分子中に窒素原子を含まないか偶数個含む化合物の分子量は常に偶数であり，窒素原子を奇数個含む化合物の分子量は必ず奇数である）が有用．

6. 同位体イオン

分子イオンより高質量側にみられる安定同位体に基づくピーク．安定同位体の存在割合の高い Si, S, Cl, Br で重要．

- **塩素や臭素を含む分子のマススペクトル**

^{35}Cl と ^{37}Cl はほぼ 3：1，^{79}Br と ^{81}Br はほぼ 1：1 の割合で存在するため，塩素や臭素に

基づく同位体ピークは2マスユニット間隔で顕著に現れる.

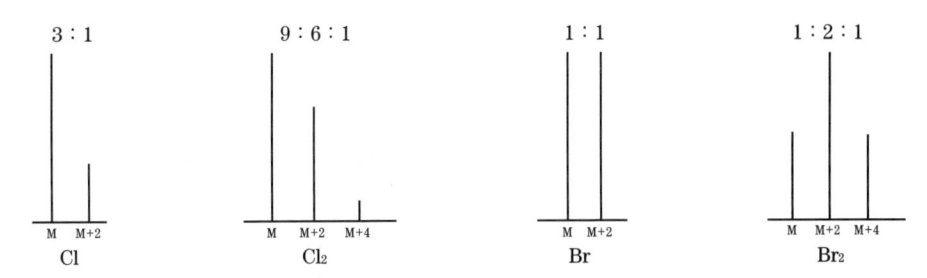

図10.2 塩素,臭素を含む場合の同位体ピークパターン

7. 多価イオン

EI法では2価や3価の多価イオンが生成する場合がある.分子量400のM^{2+}($z=2$)では,m/zは200となるが,一般に多価イオンが観察されることは少ない.ESI法などソフトイオン化法では,種々の多価イオンが検出される場合がある(3.イオン化法 参照).

8. フラグメンテーション

分子イオンは開裂してより小さな質量のフラグメントイオンを生じる.この過程をフラグメンテーションという.

開裂の様式:単純開裂(ラジカル開裂とイオン開裂)と転位を伴う開裂

マクラファティー McLafferty 転位

6員環遷移状態を経る水素原子の転位を伴う開裂.C=O基に対し,γ位の水素原子が引き抜かれる.

M$^+$ から CH$_2$=CH$_2$ や CH$_2$=CH-CH$_3$ が脱離した M−28 や M−42 がみえる.

9. 高分解能マススペクトル

質量500.0と質量500.1のピークの重なりがピーク高さの10%のとき,その分解能は500/(500.1−500.0)=5000.分解能10000以上を有する装置では,1マスユニットの1/1000まで測定できる.これにより各イオンの,組成式を決定できる.

【チェック問題】

次の記述について，正しいものに○，誤っているものに×を付けよ．

1) (　) 陽子の数と中性子の数の和を質量数という．
2) (　) EI-MS（電子イオン化）法は，イオン化した試料を大気中で加速して電場や磁場との相互作用を利用して質量を測定する方法である．
3) (　) 高真空下で一方向に加速されたイオンが電場または磁場を通過するとき，質量電荷比（m/z）が小さいほどイオンの軌道は大きく曲げられる．
4) (　) 電子イオン化（EI）法では，気化した試料に熱電子流を照射すると，分子中の電子がはじき出されて正の電荷をもった分子イオンとなる．
5) (　) 電子イオン化法は，タンパク質の分子量測定に適している．
6) (　) 化学イオン化法は，生体高分子を非破壊でイオン化する方法である．
7) (　) MALDI-TOF質量分析法は，プロテオーム解析に用いられる．
8) (　) 常圧でイオン化できる方法は，未だ開発されていない．
9) (　) LC/MS装置のイオン化では電子イオン化がよく用いられる．
10) (　) 質量電荷比（m/z）の最も大きなピークを基準ピークという．
11) (　) 2個の臭素を含む分子イオンは，2マスユニット間隔でおおよその強度比が1：2：1の3本のピークとして出現する．
12) (　) イオン化の際，過剰のエネルギーを受け取った分子イオンは，弱い結合が開裂して質量のより小さなフラグメントイオンを生成する．
13) (　) m/z値が1000.0と1000.1のピークが明確に区別できる場合の分解能は1000である．

〈解答と解説〉

1)　○
2)　×　質量分析EI-MSは真空中で行う．
3)　○　質量電荷比m/zは$m/z = B^2r^2/2V$の関係があり，m/zが小さいほど，軌道半径は小さく，曲げられ方は大きい．m：質量，z：電荷数，B：磁場強度，r：円軌道の半径，V：イオンの加速電圧
4)　○　気体状態の試料分子に加速した電子を衝撃してイオン化する．
5)　×　エレクトロスプレーイオン化（ESI）法やマトリックス支援レーザー脱離イオン化（MALDI）法が適している．
6)　×　CI法は，分子量1000以下の揮発性化合物をメタンなどの試薬ガスを用いて反応させイオン化する方法．
7)　○　TOF(time-of-flight)は飛行時間型質量分析計のことで，MALDI-TOF質量分析法は，生体高分子（タンパク質や核酸など）の測定に用いられる．
8)　×　ESI法やAPCI法は常圧でイオン化できる．
9)　×　ESI法やAPCI法が適している．
10)　×　基準ピークは相対強度の最も高いピークである．質量電荷比の最も大きなピークが分

子イオンとなることが多い.
11) ○
12) ○ イオン化電圧を高くすればさらに開裂は進み，フラグメントイオンの生成は激しくなる.
13) × 10000

例題 10.1　安息香酸クロリドとイソプロパノールを反応させた後，過剰の安息香酸クロリドを水で加水分解したところ，化合物 A と化合物 B が得られた．化合物 A と化合物 B の混合物のエーテル溶液を飽和炭酸水素ナトリウム水溶液で抽出すると，化合物 B だけが水層に移行した．下の図（**ア**および**イ**）は，化合物 A および化合物 B いずれかの質量スペクトル（EI-MS）である．次の記述について，正しいものに○，誤っているものに×を付けよ．

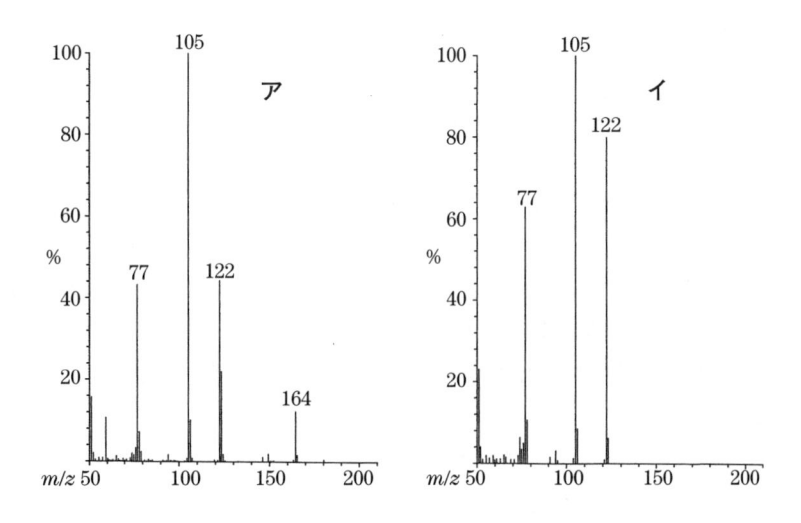

a　**ア**のスペクトルに見られる m/z 164 のピークは，化合物 A の分子イオンピークに相当する．
b　**ア**と**イ**のスペクトルでは，基準ピークの m/z 値が異なる．
c　m/z 105 のピークは，両スペクトルとも同じフラグメントイオンのピークである．
d　m/z 77 のピークは，両スペクトルともアセチル基に由来するイオンピークである．
e　化合物 B は，安息香酸イソプロピルエステルである．

〈第 91 回　問 31　改変〉

〈解答と解説〉
　安息香酸クロリド（塩化ベンゾイル）はアルコール，フェノール，第一アミン，第二アミンの誘導体化試薬である．安息香酸クロリドとイソプロパノールの反応は以下のように進行する．

176　第 10 章　質量分析法

過剰の安息香酸クロリドは加水分解により安息香酸になるので，結果として化合物 A と B は安息香酸イソプロピルと安息香酸のいずれかとなる．これらは中性物質と酸性物質であり，その分離はアルカリ性水溶液とそれと混和しない有機溶媒により分離することができる．まず，混合物のジエチルエーテル溶液に NaHCO$_3$ 水溶液を加えて分配抽出すると，エステルは中性なので，有機溶媒に溶解したままであるが，安息香酸はナトリウム塩となって水層に移行する（なお，安息香酸の pK_a = 4.18 であり，NaHCO$_3$ 水溶液および NaOH 液のいずれにも溶ける）．

問題文には，「B だけが水層に移行した」とあるので，化合物 A がエステル，化合物 B が安息香酸ということになる．

a ○　図アのスペクトルでは，分子イオンが m/z 164，図イのスペクトルでは，分子イオンが m/z 122 と推定される．化合物 A（安息香酸イソプロピル）の分子量は 164，化合物 B（安息香酸）の分子量は 122 であるので，化合物 A は図ア，化合物 B は図イのマススペクトルとなる．

b ×　両方とも基準ピークは m/z 105 である．

c ○　図ア（化合物 A：安息香酸イソプロピル）の m/z 105（M−59）は，(C$_6$H$_5$CO)$^+$，ベンゾイル基に由来するフラグメントイオン．図イ（化合物 B：安息香酸）の m/z 105（M−17）は，OH が取れて生じたフラグメントイオン (C$_6$H$_5$CO)$^+$．下の開裂様式を参照．

d ×　m/z 77 (C$_6$H$_5$$^+$) は両スペクトルともベンゼン環に由来するフラグメントイオン．他に，図アでは，McLafferty 転位を伴ったフラグメントイオン m/z 122 が観察されている．

e ×　化合物 A が安息香酸イソプロピルエステルである．

例題 10.2 化合物 A の質量分析スペクトル（EI-MS）は下図のとおりである．また，高分解能測定により，その組成は $C_6H_4Br_2$ であることがわかった．また，^1H-NMR 測定を行ったところ，7.2 ppm 付近に，シグナルを 1 本観測したのみであった．次の記述について，正しいものに○，誤っているものに×を付けよ．

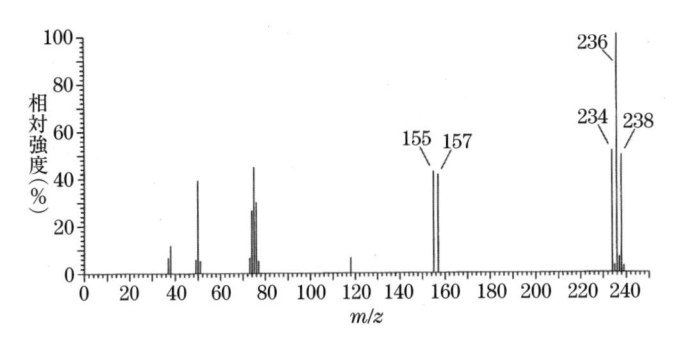

a 臭素の安定同位体は，整数原子量が 79 と 81 のものがほぼ 1：1 で存在するため，M（分子イオンピーク）と M + 2，M + 4 の 3 本のピークは，強度比約 1：3：1 で観測される．

b ほぼ同じ強度をもつ 155 と 157 の 2 本のピークは，分子イオンから臭素原子が 1 つ脱離したフラグメントに由来する．

c 精密質量は，各原子の安定同位体の比率を考慮した平均原子量をもとに計算される．

d ^1H-NMR 測定で 1 本しかピークが観測されなかったのは，4 つのプロトンが磁気的等価な関係にあったためである．

e 化合物 A は，o-dibromobenzene である．

〈第 94 回 問 31 改変〉

〈解答と解説〉

質量スペクトルの原理および構造推定に関する問題である．

a × 有機化合物中には安定同位体が存在するため，元素組成は同じでも質量数の異なる同位体ピークが現れる．その相対強度比は天然同位体存在比により決まる．臭素原子は ^{79}Br とその同位体である ^{81}Br がほぼ 1：1 で存在するため，臭素原子を 2 個含む化合物は，^{79}Br を分子内に 2 個含む場合（1 通り）のピークが M の位置に，^{79}Br と ^{81}Br を 1 個ずつ含む場合（2 通り）の同位体ピークが M + 2 の位置に，^{81}Br を分子内に 2 個含む場合（1 通り）の同位体ピークが M + 4 の位置に現れる．その強度比は 1：2：1 で観測される．

b ○ $C_6H_4Br_2$ の質量は，原子量をそれぞれ C：12，H：1，Br：79 として計算すると，m/z 234 となる．m/z 155 のフラグメントは分子イオンから臭素 1 個が脱離したフラグメント $[M^+-^{79}Br]^+$（234 − 79 = 155）で，m/z 157 は同位体イオンである．さらに，このフラグメント（m/z 155 と m/z 157）は，その強度比がほぼ 1：1 であることから臭素 1 個を含むことがわかる．

c ×　精密質量（モノアイソトピック質量）と平均原子量（平均質量）の違いを把握しておこう．原子の質量は，IUPAC により $^{12}C = 12$ を基準として定義される原子量と，各元素の同位体の存在比を考慮して求める平均原子量がある．試料の分子量を求めるとき，天然同位体存在比の最も高い元素の核質量を用いて計算する精密質量（モノアイソトピック質量）や，平均原子量をもとに算出される平均質量がある．質量分析法では，精密質量としてスペクトル上で観測させる場合が多い．こうして，高分解能質量分析計では，精密質量を測定することで，分子イオンなどの組成式が推定できる．

d ○　物質を構成するプロトンは，それぞれの分子内での磁気的環境が異なるため，異なる化学シフト値のシグナルを与える．複数のプロトンであっても磁気的環境が同じであれば，基準物質との共鳴周波数のずれ（化学シフト）が同じであるため，1つのシグナルを与える．

e ×　dibromobenzene の *ortho* 体ではシグナルが2本，*meta* 体では3本，*para* 体では1本のシグナルを与える．したがって，化合物 A は *p*-dibromobenzene と推定される．

例題 10.3　下の図は一置換ベンゼン誘導体（$C_{10}H_{12}O$）の質量スペクトル（EI-MS）である．次の記述について，正しいものに○，誤っているものに×を付けよ．

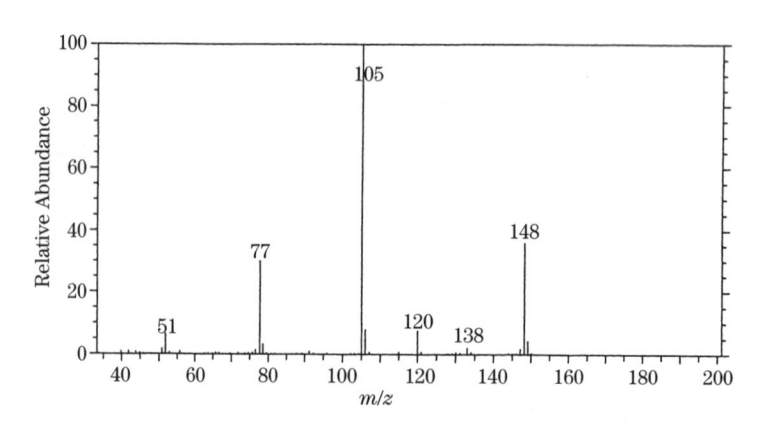

a　フラグメントピーク *m/z* 77 は，ベンゼン誘導体によくみられるピークなので基準ピーク base peak と呼ばれる．
b　フラグメントピーク *m/z* 105 は，$[C_6H_5CO]^+$ に帰属される．
c　フラグメントピーク *m/z* 120 は，$[M-C_2H_4]^+$ に帰属される．
d　この化合物は，1-フェニル-2-ブタノンと推定される．

〈第 87 回　問 27〉

〈解答と解説〉

a　×　スペクトル上で，*m/z* 148 が分子イオンピーク，その他のピークはフラグメントピークである．すべてのイオンピークの中で最も強度の大きなピーク（基準ピーク）は *m/z* 105 であり，*m/z* 77 ではない．フラグメントピーク *m/z* 77 は，一置換ベンゼン誘導体によくみられるピークである（例題 10.1 参照）．

b ○ フラグメントピーク m/z 105 は，[C₆H₅CO]⁺（ベンゾイル基）に帰属される（例題 10.1 参照）．これは，C=O 基の α-位で開裂したフラグメントイオンである．

c ○ この物質（C₁₀H₁₂O）の分子量は，12 × 10 + 1 × 12 + 16 × 1 = 148．C₂H₄（エチレン）の質量は，12 × 2 + 1 × 4 = 28 である．よって，[M−C₂H₄]⁺の質量は，148 − 28 = 120 となり，フラグメントピーク m/z 120 は，[M−C₂H₄]⁺に帰属される．なお，分子量が偶数で，このフラグメントピーク m/z 120 も偶数なので，単純開裂時に水素の転位（McLafferty 転位）が起こっていると考えられる．

d × 分子イオンから C₂H₄ が McLafferty 転位により脱離したとすると，カルボニル基の γ 位に水素をもつ化合物が推定される．よって，ベンゾイル基を有し McLafferty 転位を起こさせる構造は，1-フェニル-1-ブタノンである．

演習問題 10.1 質量分析法に関する次の記述について，正しいものに○，誤っているものに×を付けよ．

a 装置はイオン化部，加速部，質量分析部および検出部よりなる．
b 本法は気体試料のみに適用できる．
c スペクトルは，通常，横軸に質量電荷比（m/z），縦軸に強度の最も大きいイオンを 100 とした各イオンの相対強度を示す棒グラフで表される．
d フラグメントイオンの生成過程における結合の開裂様式には，単純なラジカル開裂およびイオン開裂のほかに転位を伴う場合がある．
e 高分解能で測定すると，各イオンの組成式を知ることができる．

〈第 83 回 問 25〉

〈解答と解説〉

a ○ イオン化部で生じた分子イオンやフラグメントイオンを電界により加速し，質量分析部へ導入する．電場と磁場を配置した磁場型二重収束質量分析計では，電場（扇形，半径一定）E を固定することにより，同じ質量をもつイオンの速度を一定にそろえる．一定速度のイオンを磁場に導くことにより，高い分解能を得ることができる．質量分析計の基本構成に「加速部」は一般に使われないが，問題中の「加速部」は上記の内容を指している．

b × 固体，液体，気体いずれの試料でも測定ができる．

c ○

d ○ 開裂には単純開裂（ラジカル開裂およびイオン開裂）と転位を伴う開裂がある．

180　第10章　質量分析法

e　○　高分解能質分析計（分解能10000以上）では，1原子質量単位 atomic mass unit の 1/1000（ミリマス）まで測定できる．これにより分子の精密質量がわかり，組成式を決定できる．

演習問題10.2 下の図は分子式 $C_5H_{10}O$ で表される化合物 A ～ C のうち，いずれかの質量スペクトル（EI–MS）である．この化合物の CCl_4 溶液の IR スペクトルは $1720\ cm^{-1}$ に非常に強い吸収を示す．次の記述について，正しいものに○，誤っているものに×を付けよ．

　　　　A　　　　　　　B　　　　　　　C

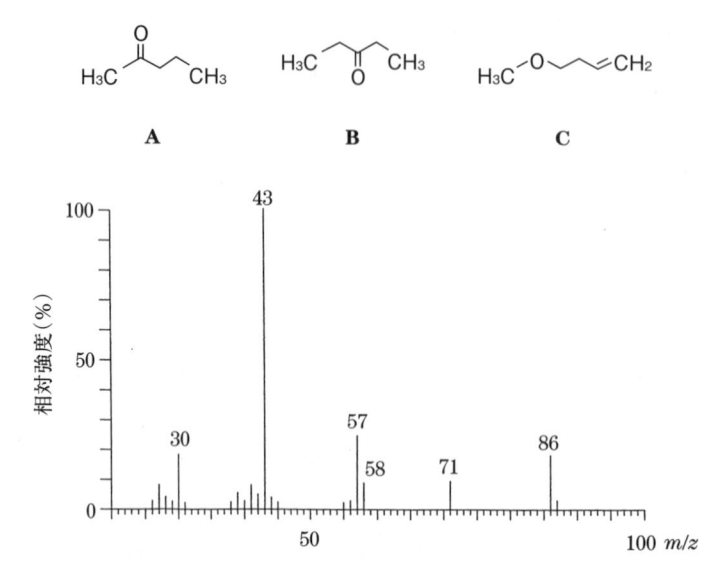

（質量スペクトル図：m/z 30, 43(100%), 57, 58, 71, 86 のピーク）

a　横軸の目盛 m/z の z は，イオンの電荷数である．
b　縦軸は，分子イオンピークに対する相対強度（%）を示す．
c　m/z 58 は，分子イオンからエチレンが McLafferty 転位により脱離したフラグメントイオンピークであると推定される．
d　m/z 43 は，メチルケトンに由来するフラグメントイオンピークであると推定される．
e　この化合物の構造は，A と推定される．

〈第89回　問26〉

〈解答と解説〉

IR スペクトルの特性吸収帯から官能基の推定ができる．$1720\ cm^{-1}$ に非常に強い吸収を示したことから，カルボニル基の存在が予想される．アセトンの $\nu_{C=O}$：$1715\ cm^{-1}$ は暗記しておくこと．McLafferty 転位について理解を深めておくこと．

a　○　質量電荷比 m/z の m はイオンの質量，z はイオンの電荷数のことで，通常 z = 1 である．2価であれば，m の値を z = 2 で割った値が m/z となる．
b　×　フラグメントイオンピークの中で最も大きなものを基準ピークという．基準ピークの強さを 100 とした時，縦軸は基準ピークに対する相対強度（%）を示す．

c ○ C$_5$H$_{10}$O の分子量を計算すると，86（12 × 5 + 1 × 10 + 16 × 1）となる．一方，エチレン（C$_2$H$_4$）の質量は，28（12 × 2 + 1 × 4）である．C$_5$H$_{10}$O から C$_2$H$_4$ が脱離すると，m/z 58（86 − 28）となる．よって，フラグメントイオンピーク m/z 58（偶数であることに注意）は，分子イオンからエチレンが McLafferty 転位により脱離したものであると推定される．

d ○ メチルケトン（[CH$_3$CO]$^+$）の質量を計算すると，43（12 × 2 + 1 × 3 + 16 × 1）となる．よって，フラグメントイオンピーク m/z 43 は，メチルケトンに由来すると推定される．

e ○ 設問 d より，メチルケトン構造を有し，McLafferty 転位を起こさせる化合物は A のみである．

演習問題 10.3 次の図は分子式 C$_9$H$_9$BrO$_2$ で表される芳香族化合物 A～C の，いずれかの質量スペクトル（EI–MS）である．これに関する次の記述について，正しいものに○，誤っているものに×を付けよ．

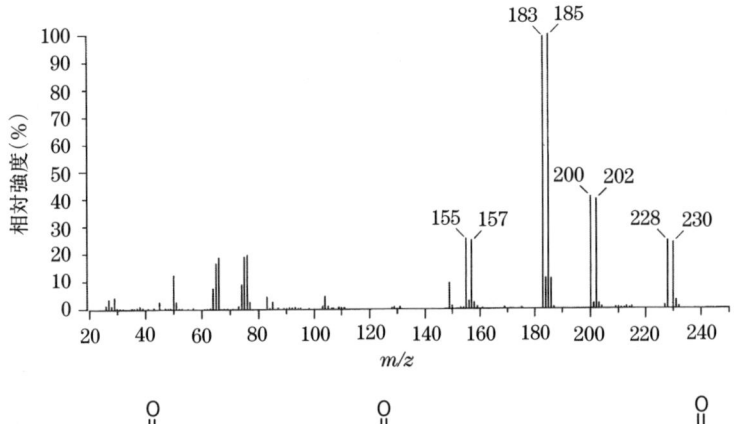

a 分子イオンピークにおいて，同位体ピークとの強度比が 1：1 であるのは，臭素原子 1 個を含むためである．

b m/z 200（その同位体ピーク m/z 202）は，分子イオンからエチレンが McLafferty 転位により脱離したフラグメントイオンピークであると推定される．

c m/z 183（その同位体ピーク m/z 185）は，[C$_7$H$_4$BrO]$^+$ に帰属される．

d この化合物の構造は A である．

〈第 93 回 問 31〉

〈解答と解説〉

分子式 C$_9$H$_9$BrO$_2$ から，この芳香族化合物は，臭素原子を 1 つ含んでいる．同じ強度の 2 マ

スユニット間隔でみえるピークは臭素の同位体ピークである.

a ○ 臭素原子を1つ含むため，分子イオンピーク（m/z 228）とほぼ同じ強度の同位体ピーク（m/z 230）をM + 2の位置に与える.

b ○ 原子量をそれぞれC：12，H：1，O：16，^{79}Br：79，^{81}Br：81として，$C_9H_9BrO_2$の分子量を計算すると，228（12 × 9 + 1 × 9 + 79 + 16 × 2）となる．エチレン（C_2H_4）の分子量は，28（12 × 2 + 1 × 4）であるので，m/z 200は分子イオン（m/z 228）からエチレンがMcLafferty転位により脱離したフラグメントピークであると考えられる．m/z 202はm/z 200の同位体ピーク.

c ○ $[C_7H_4BrO]^+$の質量は，183（12 × 7 + 1 × 4 + 79 + 16）であるため，m/z 183は，$[C_7H_4BrO]^+$に帰属される．このイオンはフラグメントイオン（m/z 200）よりOH基の脱離したイオンに相当する．m/z 185はm/z 183の同位体ピーク.

d × この化合物は，McLafferty転位を起こすので，カルボニル基のγ位に水素をもつ化合物である．また，C_7H_4BrOの構造をもつ化合物である．よって，この化合物の構造はBであると推定される．

演習問題 10.4 下の図は1〜6に示したいずれかの化合物の質量スペクトル（EI-MS）である．また，この化合物は赤外吸収スペクトルで，波数 1685 cm^{-1} 付近に強い吸収を示した．これらの情報に該当する化合物はどれか．

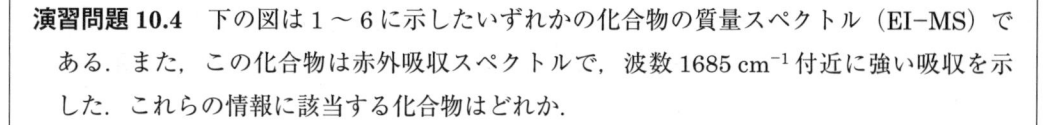

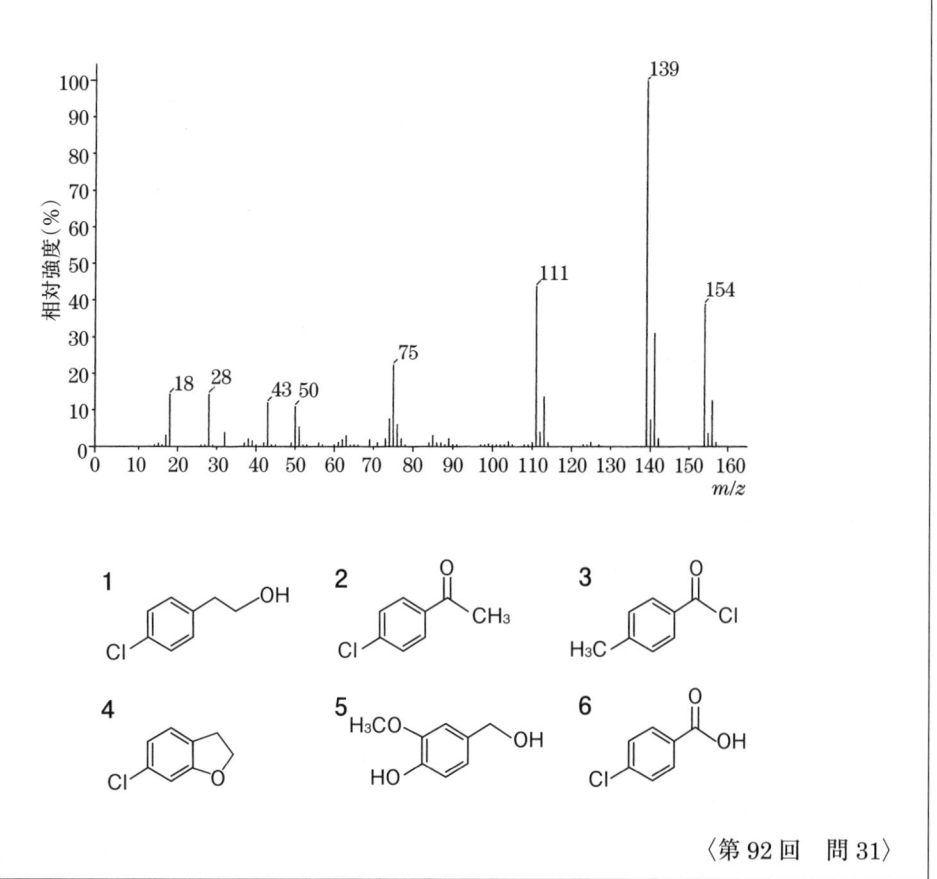

〈第 92 回　問 31〉

〈解答と解説〉正解　2

　IRスペクトルにおいて，波数 1685 cm^{-1} 付近に強い吸収を示したことから，この化合物はカルボニル基を有していることがわかる（通常より低波数側であることに注意）．次に，2マスユニット間隔で同位体ピークの強度比が約 3：1 でみられることから，塩素原子1個を含むことが予想される．m/z 139 は分子イオン m/z 154 との差が 15 で，分子イオンからメチル基が脱離したフラグメントイオンと考えられる．m/z 111 は分子イオンとの差が 43 であり，これは上述の m/z 139 からさらに中性分子 CO が脱離したフラグメントイオンピーク（M−CH$_3$CO：アセチル基の脱離）と考えられる．これにより該当する化合物は 2 である．

演習問題 10.5 下の図は分子式（$C_9H_{10}O_2$）で表される芳香族化合物 A～C のうちいずれかの質量スペクトル（EI–MS）である．次の記述について，正しいものに○，誤っているものに×を付けよ．

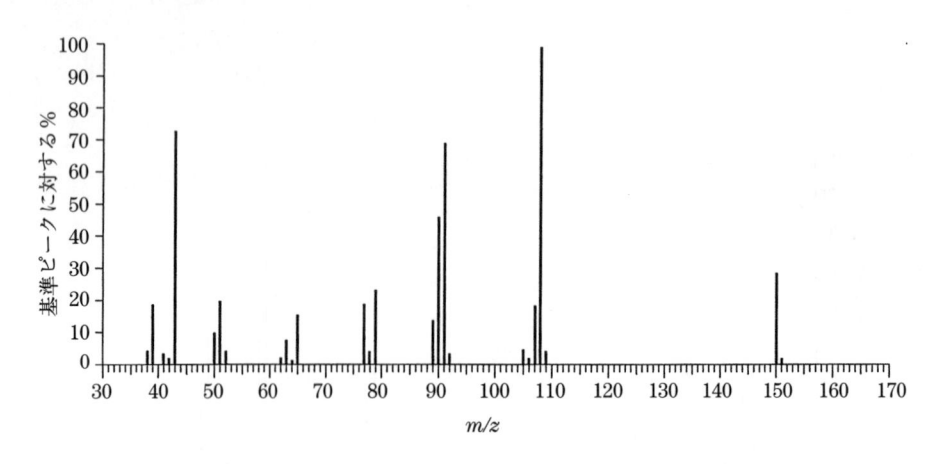

（質量スペクトル図：m/z 30～170 の範囲。主要ピーク：m/z 43 (約73%)、m/z 91 (約69%)、m/z 108 (基準ピーク 100%)、m/z 150 (約28%) など）

構造式：
- **A** C₆H₅–CH₂–O–C(=O)–CH₃
- **B** C₆H₅–CH₂–C(=O)–O–CH₃
- **C** C₆H₅–C(=O)–CH₂–O–CH₃

a m/z 43 はアセチル基に由来するフラグメントイオンである．
b m/z 108 は基準ピークである．
c m/z 91 はベンジル基に由来するフラグメントイオンである．
d この化合物の構造は A と考えられる．

〈第 88 回　問 26〉

〈解答と解説〉

マススペクトルから，分子イオンが m/z 150 と推定される．基準ピークは m/z 108 である．m/z 77 はベンゼンのモノ置換体を予想させる．

a ○　m/z 43 はアセチル基 $[CH_3CO]^+$ を予想させる．
b ○
c ○　m/z 91 はベンジル基 $[C_6H_5CH_2]^+$ を予想させる．
d ○　アセチル基およびベンジル基の両方を有している化合物は A のみである．

第11章 臨床分析法

11.1 生体試料の前処理

溶解，希釈，濃縮，抽出，ろ過，沈殿除去，透析などにより，試料を分析に適した形態に変換する操作のこと．測定するものと除去するものをしっかりと見極めることが大切である．

【重要事項のまとめ】

前処理法の種類

① **溶媒抽出法**　　固体や懸濁液中から目的成分を抽出
　　　　　　　　　固-液抽出
　　　　　　　　　　植物などから目的の成分を適当な溶媒で抽出
　　　　　　　　　液-液抽出
　　　　　　　　　　混じり合わない2つの溶媒に対する分配係数の差を利用
　　　　　　　　　　して目的成分を抽出
　　抽出溶媒：ヘキサン，ベンゼン，酢酸エチル，クロロホルムなど

② **固相抽出法**　　カラムクロマトグラフィーに使用される固相を使用
　　　　　　　　　高い回収率と再現性をもつ
　　固相の種類：順相（吸着）系，逆相（分配）系，イオン交換系およびこれらの組合せ
　　　　　　　　など

③ **除タンパク法**
　　酸変性法
　　　疎水結合，水素結合，イオン結合などを切断することにより，タンパク質の高次構
　　　造を破壊し，変性したタンパク質を沈殿除去する
　　　　使用する酸；過塩素酸，トリクロロ酢酸などの有機酸
　　　　　　　　　　塩酸などの無機酸は適さない
　　有機溶媒変性法
　　　タンパク質の疎水結合を切断し，変性したタンパク質を沈殿除去する

使用する溶媒；メタノールやアセトニトリルなど水に可溶の有機溶媒
限外ろ過法
　限外ろ過フィルターを利用してタンパク質のような高分子化合物を取り除く
④ 誘導体化
　測定対象物質に対して，生物学的または化学的修飾を行うこと
　その特徴を利用して分離・分析を行う

【チェック問題】

次の記述について，正しいものに〇，誤っているものに×を付けよ．
1）（　）溶媒抽出法（液–液抽出）では互いに混ざり合わない2種類の溶媒を用いる．
2）（　）弱塩基性薬物を有機溶媒で抽出する場合，水相のpHをそのpK_aよりも低く調整する．
3）（　）固相抽出には，吸着，分配，イオン交換系などの固相が用いられる．
4）（　）固相抽出法は，溶媒抽出と比較すると操作が簡単だが，試料の回収率は低下する．
5）（　）酸を用いる除タンパク法で，塩酸は優れた除タンパク効果を示す．
6）（　）限外ろ過フィルターを用いた除タンパク法では，一般的に高分子のタンパク質を除去する．

〈解答と解説〉
1）〇
2）× 水相のpHは弱塩基性薬物のpK_aよりも高く調整しなければならない．
3）〇
4）× 固相抽出法は，溶媒抽出法と比較して高い回収率と再現性をもつ．
5）× 塩酸などの無機酸は適さない．
6）〇

例題11.1A 溶媒抽出法に関する記述のうち，正しいものの組合せはどれか．
a　水溶液中の目的成分を有機相に抽出するための有機溶媒として，メタノールやアセトニトリルが適している．
b　水溶液中の目的成分が弱酸性物質である場合，この水溶液をアルカリ性にすれば有機溶媒で抽出されやすくなる．
c　水溶液中の目的成分を有機相に効率的に抽出するために，塩化ナトリウムなどの無機塩を水相に飽和濃度まで添加することがある．
d　水溶液中の目的成分の有機溶媒への抽出率は，用いる有機溶媒の体積には影響されない．
e　水溶液中の目的成分を一定量の有機溶媒で抽出する場合，一度で抽出するより抽出回数を増やしたほうが抽出効率は高くなる．

1　(a, c)　　2　(a, d)　　3　(b, c)　　4　(b, d)　　5　(c, e)　　6　(d, e)

〈第92回　問28〉

〈解答と解説〉 正解　5

溶媒抽出法で使用する溶媒，解離基のある試料の分離，抽出における効率など一般的な知識が問われている．溶媒抽出法の特徴を整理しておこう．

a　×　溶媒抽出の場合，分配平衡を利用して抽出するので水と混ざり合わない有機溶媒を用いる必要がある．メタノールやアセトニトリルなどは水に混和するため，抽出には使えない．

b　×　弱酸性物質，弱塩基性物質それぞれの場合において，次の関係が成り立つ．

弱酸性物質の場合；$pH = pK_a + \log \dfrac{[イオン型]}{[分子型]}$

弱塩基性物質の場合；$pH = pK_a + \log \dfrac{[分子型]}{[イオン型]}$

したがって，弱酸性物質の場合，水の液性を目的物質のpKaよりも低い酸性にすれば，この物質は疎水性の高い分子型となるため有機相へ移行しやすくなる（2章参照）．

c　○　いわゆる塩析である．タンパク質以外に低分子の有機化合物にも利用でき，目的物質を水溶液中で析出させる代わりに有機溶媒で抽出できる．無機塩を加えることにより，水溶液中で水和した状態の物質から水分子を奪い，溶解度を減少させ，有機相への移行を容易にする．

d　×　分配比 D，水相の体積 V_w，有機相の体積 V_o とすると抽出率 E（%）は次のようになる．

$$E\,(\%) = \dfrac{D}{D + \dfrac{V_w}{V_o}} \times 100$$

すなわち，抽出率を大きくするためには，有機溶媒の体積を大きくしたり，D の大きい溶媒の組合せを選択する必要がある（3章参照）．

e　○　水相と有機相の容積は同じで，分配比が1で抽出される場合，初め水相に溶質が1gあるとすると，抽出後水相中の溶質は0.5 gとなる．2回目の抽出を行うと抽出後の水相中の溶質は0.25 gとなり，有機相に合計0.75 g移行したことになる．つまり，抽出回数を多くするほど，抽出率が高くなる（3章参照）．

例題 11.1B　固相抽出法に関する記述のうち，正しいものの組合せはどれか．
a　逆相分配型の固相を用いた抽出では，溶出溶媒としてメタノールやアセトニトリルなどを用いる．
b　イオン性物質の抽出には用いない．
c　生体試料中の薬物の濃縮に用いられる．
d　溶媒抽出法に比べ，一般に回収率が低い．
1　(a, b)　　2　(a, c)　　3　(a, d)　　4　(b, c)　　5　(b, d)　　6　(c, d)

〈第93回　問28〉

〈解答と解説〉正解　2

　固相抽出法に用いる樹脂，溶出溶媒，その他固相抽出法における利点，特徴などについて問われている．固相抽出法の特徴を整理しておこう．

a　○　固相抽出に用いる充填剤は，液体クロマトグラフィーで用いられるものと同様な扱いで使用できる．逆相分配型の固相を用いた場合，溶出溶媒としてメタノールやアセトニトリルが用いられる．

b　×　イオン交換型充填剤を固相に用いるとイオン性物質の抽出に利用できる．

c　○　固相に保持した目的物質を必要最小量の溶出液で溶出することにより，薬物が濃縮される．

d　×　固相抽出法は，溶媒抽出法に比べ，溶媒の量が少なくてすみ，操作が簡便で回収率が高い．

例題 11.1C　生体試料中の薬物を分析する際の除タンパク法として最も適しているものはどれか．

a　シリカゲル，アルミナなどのカートリッジカラムによる固相抽出法
b　塩化ナトリウム，硫酸ナトリウムなどによる塩析法
c　硝酸，硫酸などの酸を用いる方法
d　アセトニトリル，メタノールなどの有機溶媒を用いる方法
e　酵素や抗体などのタンパク質を担体に固定化したアフィニティークロマトグラフィー

〈第 94 回　問 29〉

〈解答と解説〉正解　d

　除タンパク法は，生体試料中の目的物質を分析する際に，測定を妨害するタンパク質を除くための前処理法の 1 つであり，操作としてどのようなものが最も適しているかが問われている．除タンパクの原理を理解しておこう．

a　×　シリカゲルやアルミナはタンパク質も吸着するため，除タンパク法としては不適である．除タンパクが目的で固相抽出を行うならば，タンパク質吸着性のないサイズ排除型のカートリッジを選択する．

b　×　塩析などによってもタンパク質を沈殿させて取り除くことが可能であるが，試料溶液に高濃度の塩が残ることになり，後の操作に支障をきたすこともあるのであまり利用されない．

c　×　除タンパクとして用いる酸は，かさの高いトリクロロ酢酸やスルホサリチル酸等が用いられる．問題にあるような無機酸は，タンパク質の水素結合や疎水結合を切断することができないため変性作用が弱く，除タンパクには不適である．

d　○　有機溶媒は，主に，タンパク質の疎水結合を切断することによって変性作用を示すが，水素結合できる有機溶媒，すなわち，水溶性の有機溶媒だと，水素結合も切断することができるため，より優れた除タンパク効果を示す．

e × アフィニティークロマトグラフィーは，どちらかというと主にタンパク質を分離・精製するために利用される．除タンパク目的での利用も理論的には可能だが，高価な方法のため，特殊な場合を除き，選択すべきではない．

> **演習問題 11.1.1** 試料前処理法に関する記述のうち，正しいものの組合せはどれか．
> a 酸変性法による除タンパク法において，過塩素酸は優れた除タンパク効果を示す．
> b 極性が高い難揮発性化合物をガスクロマトグラフィーで分離する場合，前処理として誘導体化は不要である．
> c 有機溶媒・水系による溶媒抽出法において，有機溶媒にプロパノールを使用することができる．
> d カラムスイッチングとは分析種の分離・検出能を向上させる手法の1つである．
> 1 (a, b)　　2 (a, c)　　3 (a, d)　　4 (b, c)　　5 (b, d)　　6 (c, d)

〈解答と解説〉**正解　3**

a ○

b × クロマトグラフィーでよく利用される誘導体化反応も前処理法の1つと考えられる．測定対象物質に対して生物学的・化学的修飾をほどこし（誘導体化），その特徴を利用して分離・分析する．ガスクロマトグラフィーで検出するためには揮発性物質に変換しなければならず，設問の記述は正反対である．

c × プロパノールは水に可溶である．

d ○ クロマトグラフィーで利用されるカラムスイッチングも前処理法の1つと考えられる．流路系を操作することにより，分析したい画分だけを分析カラムに導入したり（ハートカット），不要な成分を逆向きに流し出す（バックフラッシュ）ことにより，分離・検出能を向上させる．

11.2　免疫反応を用いた分析法（EIA，RIA など）

標識した抗体または抗原を利用したイムノアッセイの問題が多くを占める．また，酵素イムノアッセイは次節（酵素を用いた分析法）の内容と重なるが，国家試験でも生物学的分析法の領域として取り扱われてきた経緯があるため，本節で扱うこととする．

【重要事項のまとめ】

イムノアッセイの分類

a. 非標識法

抗原抗体反応により生じた複合体を，濁度，光散乱，沈降線の有無などにより検出する方法

　　沈降反応：一次免疫拡散法，二重拡散法（オクタロニー反応），免疫電気泳動法

　　凝集反応：直接凝集反応，受身凝集反応

　　補体結合反応：ワッセルマン反応

b. 標識法

標識した抗体または抗原を用い，生じた抗原抗体複合体の標識シグナルを測定することにより，抗原または抗体の量を測定する方法

測定法	標識物質
ラジオイムノアッセイ（RIA）	放射性同位元素（^{125}I, ^{135}I, ^{3}H, ^{14}C など）
酵素イムノアッセイ（EIA）	酵素（ペルオキシダーゼ，アルカリホスファターゼ，β-ガラクトシダーゼ，ルシフェリンなど）
蛍光イムノアッセイ（FIA）	蛍光物質（フルオレセイン，ローダミンなど）
発光イムノアッセイ（LIA）	化学発光物質（ルミノールなど）

＊それぞれの測定法の特徴をつかんでおこう

　　不均一法：B/F 分離は必要

　　均一法：B/F 分離は不要

　　＊B/F 分離

　　　標識体の抗原抗体複合体（結合型：B）と，結合しなかった標識体（遊離型：F）とを分離すること

イムノアッセイの測定原理

a. 競合法

　　例：一定量の抗体に対し，測定対象の抗原とその標識体を競合的に反応させる

b. 非競合法

　　例：固相化した抗体に抗原を反応させ，標識した二次抗体で検出（サンドイッチ法）

問題点

　　交差反応性，免疫原性のないものは測定できない（ハプテンを除く），一般的に高価

【チェック問題】

次の記述について，正しいものに○，誤っているものに×を付けよ．

1)（　　）イムノアッセイは，抗体が抗原を認識する際に高い特異性をもつことを利用した方法である．

2)（　　）抗原抗体反応は高い特異性があり，不可逆反応である．

3)(　) 抗体に用いられるのは通常 IgG である．
4)(　) 特異性の高い抗体は，類似構造をもつ物質との交差反応性が大きい．
5)(　) タンパク質のエピトープは，アミノ酸 10 ～ 15 残基程度である．
6)(　) オクタロニー反応では，ある抗血清に対し，同一の抗原との間に形成されるそれぞれの免疫沈降線は融合する．
7)(　) 赤血球凝集反応は血液型の判定などに利用されている．

〈解答と解説〉

1) ○
2) ×　可逆反応である．
3) ○
4) ×　交差反応性は小さい
5) ×　アミノ酸 5 ～ 6 残基程度である．
6) ○
7) ○

例題 11.2A イムノアッセイに関する次の記述について，正しいものに○，誤っているものに×を付けよ．

a　ラジオイムノアッセイ（RIA）は抗原抗体反応を利用して物質を定量する方法であり，標識するために放射性同位元素を用いる．

b　RIA でタンパク質は定量できるが，ステロイドホルモンや薬物などの低分子化合物は定量できない．

c　エンザイムイムノアッセイ（EIA）は，酵素などを標識として用いる．

d　ELISA（enzyme-linked immunosorbent assay）では，ハプテン，抗原または抗体を固定化した固相が用いられる．

〈第 92 回　問 34〉

〈解答と解説〉
エンザイムイムノアッセイ，ラジオイムノアッセイに関する基本的な問題である．

a　○　ラジオアイソトープ（放射性同位元素）を用いるイムノアッセイということで命名された．

b　×　ステロイドホルモンや医薬品のような低分子化合物は，それ自身は抗原とはならない（免疫原性がない）が，高分子（タンパク質など）との複合体は，抗体産生能をもつようになる．このような抗原をハプテンと呼ぶ．

c　○　ラジオイムノアッセイに因み，エンザイム（酵素）を標識として用いるためにこのように呼ばれる．

d　○　抗体もしくは抗原をプラスチックプレートなどに固定化し，固相で抗原抗体反応させる非競合法エンザイムイムノアッセイの一種．

例題11.2B イムノアッセイに関する記述のうち，正しいものの組合せはどれか．
a　標識イムノアッセイでは，分子量が5,000以下の低分子物質は測定できない．
b　標識イムノアッセイは，血中薬物濃度モニタリング（TDM）に利用される．
c　標識イムノアッセイに用いられる標識物質として，ラジオアイソトープや酵素のほかに蛍光物質も用いられる．
d　それ自身で免疫原性を有する高分子物質をハプテンという．

1　(a, b)　　2　(a, c)　　3　(a, d)　　4　(b, c)　　5　(b, d)　　6　(c, d)

〈第91回　問34〉

〈解答と解説〉**正解　4**

イムノアッセイで測定できるサンプル，標識物質の種類，その応用についての問題．

a　×　ハプテンに対する抗体は作製することができるので，低分子物質でもイムノアッセイで測定可能である．

b　○　TDMにおける血中薬物濃度の測定には，高感度で特異性の高い測定法が必要とされ，イムノアッセイがよく用いられている．

c　○　標識物質には，ラジオアイソトープ，酵素，蛍光物質のほかに，化学発光物質，スピンラベル，金コロイドなどが利用されている．

d　×　ハプテンとは，医薬品などの低分子化合物のように抗体との結合能をもつが，単独では抗体を産生する能力（免疫原性）をもたないものをいう．

例題11.2C イムノアッセイに関する記述のうち，正しいものはどれか．
a　紫外可視吸光度測定法に比べてバラツキが少なく，精度が高い定量法といえる．
b　抗体の特異性が高いので，共存物質の妨害を考慮しなくてよい．
c　ポリクローナル抗体は使用できない．
d　B/F分離を必要としない方式がある．
e　原理上，抗体の標識には放射性物質か酵素しか用いられない．

〈第90回　問34　改変〉

〈解答と解説〉**正解　d**

イムノアッセイに関する問題．

a　×　イムノアッセイは選択性がよく高感度で測定できるが，バラツキが大きい．

b　×　イムノアッセイは特異性が高い方法だが，共存物質の交差反応性に対する注意が常に必要である．

c　×　抗原を免疫して得られた抗血清を精製したものがポリクローナル抗体で，抗体産生細胞を培養して得られる1種類の抗体をモノクローナル抗体といい，イムノアッセイではどちらの抗体も使用できる．ポリクローナル抗体は異なるエピトープを認識する抗体の

集合体なので，交差反応のリスクが高くなるが，検出感度も高くなる．

d ○ 例として，EMIT 法（enzyme multiplied immunoassay technique）と呼ばれるものがある．B/F 分離をしない方法には 2 種類ある．
  （a）F 型：標識体（酵素）が抗体と結合すると不活性体であるが，抗体から離れると活性体となる．
  （b）B 型：不活性な標識体が抗体と結合することにより活性型になる．
  EMIT は F 型の方法で，B/F 分離を行うことなく，遊離抗原量に対する酵素標識した抗原の酵素活性を測定することで抗原量を測定する方法である．

e × 標識には蛍光物質や化学発光物質なども用いられる．

例題 11.2D 免疫学的測定法に関する記述のうち，正しいものの組合せはどれか．
a 補体結合反応は，ワッセルマン反応に利用される．
b 抗血清を中央に，抗原を周囲の小孔（ウェル）に入れたオクタロニー反応において，沈降線が交差するときはそれらの抗原が同一であることを示している．
c 異なるヒト間での白血球混合培養で，リンパ球が増殖するときは，その 2 者間で骨髄移植が成功する可能性は低い．
d ツベルクリン反応が遅延型アレルギー反応であるのは，抗原が特殊であるために抗体を結合するのに時間がかかるためである．
1 (a, b)   2 (a, c)   3 (a, d)   4 (b, c)   5 (b, d)   6 (c, d)

〈第 86 回　問 34　改変〉

〈解答と解説〉正解　2

非標識イムノアッセイを集めた問題である．

a ○ ワッセルマン反応は梅毒の血清学的診断法である．梅毒患者血清中ではリン脂質であるカルジオリピンに対する抗体が出現するため，患者血清と補体（モルモット血清）とを反応させ，残存する補体量を抗体感作赤血球を用いた溶血系を用いて測定する．

b × ある血清と反応する 2 つの抗原 A，B を用いたオクタロニー反応において，A，B が同一抗原の場合，隣接する両者の沈降線は融合するが，異なる抗原の場合は交差する．

c ○ 白血球混合培養 mixed lymphocyte culture（MLC）のことで，臓器移植における組織適合性の評価に利用されている．設問のようにリンパ球が増殖するということは，互いを異物と認識してリンパ球が活性化された結果である．ゆえに，拒絶反応により骨髄移植が成功する可能性は低い．実際は，提供者のリンパ球を不活化して抗原とし，受容者のリンパ球の応答をみる．

d × ツベルクリン反応は，感作Tリンパ球によって仲介される細胞性免疫反応で，遅延型アレルギーとして現れる．この反応は，反応発現まで 24〜48 時間を要する．ヒトの生理反応を利用したバイオアッセイの 1 つともいえる．

演習問題 11.2.1 イムノアッセイに関する記述のうち，正しいものの組合せはどれか．
a　ラジオイムノアッセイでの放射能の検出には，液体シンチレーションカウンターやガンマカウンターがよく利用される．
b　EMIT（enzyme multiplied immunoassay technique）と蛍光偏光イムノアッセイ fluorescence polarization immunoassay（FPIA）はともに B/F 分離を必要としない．
c　化学発光イムノアッセイにより測定対象物を定量する場合，標識物質に紫外線を照射することによって発する蛍光量を測定する．
d　免疫比濁法は，多くの物質が共存した複雑な試料中の目的成分のみを，高感度に定量することができる．
1　(a, b)　　2　(a, c)　　3　(a, d)　　4　(b, c)　　5　(b, d)　　6　(c, d)

〈解答と解説〉　正解　1

a　○　β線放出核種では液体シンチレーションカウンター，ガンマ線放出核種ではガンマカウンターがよく利用される．いずれも放射線の蛍光作用を利用した方法である．イムノアッセイの設問としては不適かも知れないが一石二鳥で覚えておくとよい．
b　○　EMIT については例題 11.2C の d を参照のこと．FPIA は，例えば，蛍光標識したハプテンが抗体と結合しているときとそうでないときで蛍光偏光強度が変化することを利用した方法で，例題 11.2C の d でいうところの B 型に相当する均一法である．
c　×　化学発光は，励起エネルギーに化学反応を利用する発光現象で，紫外線は必要ではない．
d　×　免疫比濁法は，抗原抗体複合体が形成されて不溶性粒子となり，光の散乱が増大することによる"濁り"を測定する方法で，高感度とはいえず，血清などももともと"濁り"があるような，また，何に由来する"濁り"なのか判定できないような混合試料には適さない．

演習問題 11.2.2 イムノアッセイに使用される抗体に関する記述のうち，正しいものの組合せはどれか．
a　ポリクローナル抗体とは，1 つの抗原上にある複数のエピトープと結合できる，1 種類のスーパー抗体である．
b　モノクローナル抗体は，ポリクローナル抗体に比べて交差反応性が小さい．
c　サンドイッチ法では，異なるエピトープに対する抗体が 2 種類以上必要である．
d　モルヒネ系の医薬品をアルブミンと結合させてこの医薬品の抗体を得ようとする場合，医薬品はキャリア，アルブミンはハプテンと呼ばれる．
1　(a, b)　　2　(a, c)　　3　(a, d)　　4　(b, c)　　5　(b, d)　　6　(c, d)

〈解答と解説〉　正解　4

a　×　ポリクローナル抗体とは，1 つの抗原上にある複数のエピトープに対する抗体群である．
b　○　交差反応性が 0.1% のモノクローナル抗体が 10 種類集まったポリクローナル抗体では，

交差反応性は理論上 10 倍になる．
- c ○ 固相用の抗体と，検出用の抗体は別でなければならない．したがって，一般に複数の抗体をつくれないハプテンはサンドイッチ法では測定できない．
- d × 医薬品はハプテン，キャリアはアルブミン．

演習問題 11.2.3 ラジオイムノアッセイで定量するのが適当と考えられる物質はどれか．
- a 肝臓中の L-アスコルビン酸
- b 毛髪中のメチル水銀
- c 血液中の鉄イオン
- d 尿中のエストリオール
- e 呼気中の一酸化炭素

〈解答と解説〉正解 d
抗体をつくれる（ハプテンになりうる）のは女性ホルモンのエストリオールだけである．

演習問題 11.2.4 電気泳動後のタンパク質をニトロセルロース膜に転写し，目的のタンパク質を特異抗体で検出する方法はどれか．
- a イースタンブロット法
- b ウエスタンブロット法
- c サザンブロット法
- d ノーザンブロット法
- e ドットブロット法

〈解答と解説〉正解 b
- a × このような名称の確立した方法はない．
- b ○
- c × DNA を DNA プローブで検出する方法．
- d × RNA を DNA または RNA プローブで検出する方法．
- e × DNA や RNA を電気泳動せずに直接ニトロセルロースなどに固定させ，DNA プローブなどで検出する方法．

11.3 酵素を用いた分析法

本節は免疫反応と関連しない酵素を用いた分析法を取り上げる．

【重要事項のまとめ】

酵素：ある物質（基質）を特定の反応物質に変換または転移させる触媒作用を有するタンパク質

活性の定義：1分間に1μmolの基質を変化させることのできる酵素量＝1U（国際単位）
　臨床検査では血清1L当たりの酵素活性（U/L）が多い

比活性：酵素タンパク質1mg当たりの酵素活性（U/mgタンパク質）で純度の指標

酵素反応速度論の基本式
　ミカエリス・メンテン Michaelis-Menten の式
$$V = \frac{V_{max}[S]}{[S] + K_m}$$
　　v：基質濃度が［S］のときの初速度
　　V_{max}：最大速度，K_m：ミカエリス定数

　ラインウィーバー・バーク Lineweaver-Burk の式
$$\frac{1}{v} = \frac{1}{V_{max}}\left(1 + \frac{K_m}{[S]}\right)$$

酵素反応に影響を及ぼす因子
　　基質濃度，温度，pH，緩衝液の種類と濃度，補因子，賦活剤または阻害剤など

測定法：平衡分析法（end-point assay）→ K_m が小さい酵素
　　　　　　　　　　　［S］≫ K_mでは0次反応となり，最大速度での反応を利用できる

　　　　速度分析法（rate assay）→ K_m 大きい酵素
　　　　　　　　　　　［S］≪ K_mでは1次反応となり，反応速度から［S］を算出できる

応用：固定化酵素法　　　酵素を固定化して利用，繰り返し利用可
　　　酵素電極法　　　　固定化酵素を用い，酵素センサーとして利用
　　　酵素サイクリング法　酵素活性の増幅測定法

【チェック問題】

次の記述について，正しいものに○，誤っているものに×を付けよ．

1)（　　）生体内において，酵素活性は常に一定に保たれているので，酵素活性を測定しても病気の診断には利用できない．

2)（　　）酵素活性の単位（I.U.）は，最適条件下で，1分間当たり1μmolの基質を変化させることのできる酵素量を1Uと定義されている．

3)（　　）酵素の比活性とは，1mgの酵素タンパク質のもつ酵素活性（U/mgタンパク質）のことである．

4) ( ) 補酵素は，一般に酵素タンパク質が酵素活性を発揮する際に必須な有機の補因子であり，酵素と不可逆的に結合する．
5) ( ) 複数の酵素を共役させて検出反応に導く場合，検出に利用した酵素反応を指示反応という．
6) ( ) 固定化酵素は，酵素の変性，失活がない限り繰り返し利用できる．
7) ( ) 酵素電極法は，固定化酵素と電気化学的測定法を組み合わせた方法で酵素センサーとも呼ばれる．

〈解答と解説〉
1) × 病態によっては酵素活性に変化を生じるものもある．
2) ○
3) ○
4) × 可逆的に結合する．共有結合しているものは補欠分子族という．
5) ○
6) ○
7) ○

例題 11.3A 酵素反応に関する記述のうち，正しいものの組合せはどれか．
a 酵素反応はすべて不可逆反応である．
b 酵素は反応の活性化エネルギーを上昇させる．
c 酵素反応速度論では，反応速度が最大速度の1/2になる条件で，ミカエリス定数（K_m）と基質濃度は等しくなる．
d 酵素反応には至適 pH が存在する．

1 (a, b)　　2 (a, c)　　3 (a, d)　　4 (b, c)　　5 (b, d)　　6 (c, d)

〈解答と解説〉正解　6
酵素反応の基本である．
a × 基質と反応生成物とのバランスによっては可逆反応もありうる．
b × 触媒反応なので活性化エネルギーは低下させる．
c ○ ミカエリス－メンテンの式で，$v = V_{max}/2$ を代入して計算すると，$K_m = [S]$（基質濃度）が導かれる．
d ○ 酵素と基質の反応が最も効率よく進行する条件が存在する．タンパク質が変性する条件では酵素は失活してしまう．

> **例題 11.3B** 酵素反応に関する記述のうち，正しいものの組合せはどれか．
> a 基質濃度をミカエリス定数（K_m）の 100 倍にすると，見かけの酵素反応は 0 次反応になる．
> b 酵素反応は，温度の上昇に伴って反応速度が速くなる．
> c 酵素活性を発揮するために必要な無機または有機の低分子化合物を補因子という．
> d 補酵素とは，酵素と可逆的に結合し，酵素活性を発現するタンパク質である．
> 1 (a, b)   2 (a, c)   3 (a, d)   4 (b, c)   5 (b, d)   6 (c, d)

〈解答と解説〉 正解　2

これも酵素反応の基本である．

a ○ ミカエリス–メンテンの式で，$[S] = 1/100 \cdot K_m$ を代入して計算すると，$v ≒ [S] \cdot V_{max}/K_m$ が導かれる．逆に，$[S] \gg K_m$（例；$[S]=100K_m$）では，$v = V_{max}$ となり，0 次反応となる．

b × 酵素反応には，至適 pH と同様に，至適温度が存在する．多くの酵素は，20〜37℃が至適温度であり，これから極端に外れるとタンパク質が変性し，活性を失ってしまう（失活）．

c ○ 記述の通り．

d × 有機化合物（例；ビオチン，NAD など）だが，タンパク質とは限らない．酵素活性を有する酵素–補因子複合体をホロ酵素，補因子がなくて不活性状態の酵素をアポ酵素という（注；酵素活性の発現にサブユニットを形成している酵素も同様に活性の有無でホロ酵素，アポ酵素という）．

> **例題 11.3C** 酵素を用いた分析法に関する記述のうち，正しいものの組合せはどれか．
> a 平衡分析法に使用する酵素は，K_m 値が小さいものが適している．
> b 平衡分析法では，反応速度は基質濃度に比例する．
> c 速度分析法は，K_m 値の 1/10 以下の基質濃度で行われる．
> d 速度分析法は，1 試料当たりの分析時間が平衡分析法よりも長い．
> 1 (a, b)   2 (a, c)   3 (a, d)   4 (b, c)   5 (b, d)   6 (c, d)

〈解答と解説〉 正解　2

使用する酵素により測定方法が異なる．我々が日常的に接する測定法は平衡分析法であり，速度分析法は検査センターなど自動化した装置を備えているところでみられる．

a ○ 平衡分析法に使用される酵素は，少ない基質濃度でも最大反応速度に達する K_m 値が小さいものが良い．

b × この設問の記述は速度分析法のことで，平衡分析法では使用する基質濃度の範囲で一定の反応速度あることが求められる．

c ○ 速度分析法は，設問にある条件下では見かけ上反応速度が基質濃度に比例することを利用した分析法である．

d × 最大反応速度に達する前に測定できるため，分析時間は平衡分析法よりも著しく短縮されるが，温度，pH，イオン強度，時間等の条件を厳密にコントロールしないといけないため，精度は悪くなる．自動化により高精度なコントロールが可能になり，検査センターなどで多用されてきている．

例題 11.3D 酵素を用いたグルコースの定量法に関する記述のうち，正しいものの組合せはどれか．

a グルコースの定量法に利用される酵素は，基質特異性が低いので，血清などの生体試料の分析には適切ではない．

b ヘキソキナーゼにより生成したグルコース-6-リン酸を，デヒドロゲナーゼの作用で6-ホスホグルコン酸に転換する際に生じる NADPH の吸光度や蛍光強度を測定する．

c グルコースオキシダーゼによって生成した過酸化水素を，ペルオキシダーゼの作用により，呈色反応や蛍光反応に利用して測定する．

d ペルオキシダーゼのような指示反応は，基質であるグルコースの量にのみ対応し，他の酸化物質や還元物質の影響は考慮しなくてよい．

1 (a, b)　　2 (a, c)　　3 (a, d)　　4 (b, c)　　5 (b, d)　　6 (c, d)

〈解答と解説〉**正解　4**

グルコースを例に，酵素を用いた定量法を問題にした．利用する酵素によって種々の方法があるが，脱水素酵素系と酸化酵素系の代表例として b, c を取り上げた．

a × 酵素は基質特異性が非常に高いので，酵素が比較的安価で入手できるようになった経緯もあり，さまざまな臨床検査で利用されている．

b ○ 脱水素酵素による還元反応を利用した方法である．この反応はグルコース-6-リン酸デヒドロゲナーゼを用いるため，指示反応での特異性も高い．

c ○ 酸化酵素による酸化反応を利用した方法である．ペルオキシダーゼを用いる指示反応がよく利用されているが，過酸化水素自身や過酸化水素を生成する際に消費される酸素を電気化学的に検出する（過酸化水素電極や酸素電極など）方法がある．

d × 上記の例のように，基質の反応に対応して，測定系の反応に導く酵素反応を指示反応という．ペルオキシダーゼを例にとると，内因性の過酸化水素が存在すると正の誤差を生じるし，アスコルビン酸のような還元性物質が共存していると過酸化水素を消費して負の誤差を生じる．

> **例題 11.3E** 酵素分析法において酵素反応に最も関連のあるものはどれか.
> a　アボガドロ定数
> b　ファラデー定数
> c　プランク定数
> d　ボルツマン定数
> e　ミカエリス定数

〈解答と解説〉正解　e

a～dは物理定数である.

> **例題 11.3F** 酵素反応において補因子に該当するものはどれか.
> a　アラニン
> b　グルコース
> c　コレステロール
> d　メチルコバラミン
> e　モルヒネ

〈解答と解説〉正解　d

ビタミンの多くは，生体内において補酵素として機能する.
dはビタミン B_{12} の補酵素型である.

11.4　電気泳動法

荷電した粒子が電場の中で，それら符号と異なる電極へ移動する現象を利用.

【重要事項のまとめ】

> **a. 電気泳動における移動速度および移動度**
>
> 移動速度 v(cm/sec) は次式で表される.
>
> $$v = \frac{Q}{6\pi\eta r} E$$
>
> （Q：電荷，η：粘度，r：粒子半径，E：電場（V/cm））
>
> 電気泳動では，試料の移動速度は電場（または電極間の距離や電圧）の影響を受ける．電場当たりの移動速度は移動度 μ(cm²/V·sec) と定義される．μ は物質固有の値であり，同一泳動条件での試料どうしの比較ができる.

$$\mu = \frac{V}{E} = \frac{Q}{6\pi\eta r}$$

移動速度と移動度の相違を，整理しておこう．

b. 種　類

自由泳動法：支持体を用いない．
ゾーン電気泳動法：支持体を用いる．
　　　　各成分の荷電状態を利用
　　　　　　ろ紙，セルロースアセテート膜など
　　　　各成分の荷電状態および分子ふるい効果を利用
　　　　　　アガロースゲル，ポリアクリルアミドゲルなど

c. 方　法

等速電気泳動，等電点電気泳動，ゲル電気泳動，キャピラリー電気泳動など

【チェック問題】

次の記述について，正しいものに○，誤っているものに×を付けよ．

1)（　）電気泳動法は，電荷のある物質が正極または負極に移動する現象を利用した分離法である．
2)（　）自由泳動法とは，ゲルなどの支持体を利用して分離する方法である．
3)（　）等電点電気泳動での分離は分子の電荷に依存している．
4)（　）ゲル電気泳動では，ゲルの網目構造による分子ふるい効果を利用する．
5)（　）SDS (sodium dodecyl sulfate)–ポリアクリルアミドゲル電気泳動は，DNA を分子量の大きさに従って分離する方法である．
6)（　）キャピラリーゾーン電気泳動法では，支持体を使用しないため，電気浸透流は抑えられている．
7)（　）ミセル動電クロマトグラフィーは中性化合物の医薬品の分離に利用されている．

〈解答と解説〉

1)　○
2)　×　支持体を利用するのはゾーン電気泳動法．
3)　○
4)　○
5)　×　DNA ではなくタンパク質．
6)　×　電気浸透流を積極的に利用している．
7)　○

例題 11.4A 電気泳動法に関する記述のうち，正しいものの組合せはどれか．
a 本法は直流電流を用いて行われる．
b イオンの移動速度は電場の強さに比例する．
c イオンの移動速度はイオンの電荷に影響されない．
d イオンの移動速度はイオンの大きさに影響されない．
1 (a, b)　2 (a, c)　3 (a, d)　4 (b, c)　5 (b, d)　6 (c, d)
〈第86回　問31〉

〈解答と解説〉正解　1

電気泳動におけるイオンの移動速度に影響を与える因子に関する問題である．移動度および移動速度の定義を確認しておこう．

a ○　電気泳動法では，一方的な電流の流れが必要であるため，直流電流で行う．
b ○　電場が強いほど，移動速度は大きくなる．なお，移動度では電場の影響はなくなることに注意しておく．
c ×　移動速度はイオンの分子量当たりの電荷数に比例する．
d ×　イオン半径が大きいほど媒体（粘度）の抵抗が大きくなり，移動速度は遅くなる．

例題 11.4B キャピラリー電気泳動法に関する記述のうち，正しいものの組合せはどれか．
a 電気的に中性な物質の相互の分離は不可能である．
b タンパク質や核酸などの生体高分子の分離に用いられる．
c 検出器として紫外可視吸光光度計や蛍光光度計が用いられる．
d pH 7 の電解質溶液を満たしたフューズドシリカ fused silica 製の毛細管を用いて泳動を行う場合，毛細管内部の溶液は陰極から陽極に向かって移動する．
1 (a, b)　2 (a, c)　3 (a, d)　4 (b, c)　5 (b, d)　6 (c, d)
〈第92回　問27〉

〈解答と解説〉正解　4

キャピラリー電気泳動の原理とその応用についての一般的問題である．

a ×　電気泳動法は本来電気的中性な物質どうしの相互分離はできない．しかし，泳動液にイオン性界面活性剤を入れ，電荷を帯びたミセルを形成させると，中性物質の電気泳動による相互分離が可能となる．これをミセル動電クロマトグラフィーという．
b ○　電気泳動法により分離可能なものは，キャピラリー電気泳動でも可能である．
c ○　検出器として紫外可視吸光光度計，フォトダイオードアレイ，高感度検出の目的で蛍光光度計がある．また，質量分析計への結合も試みられている．
d ×　pH 7 ではシラノール基（Si–OH）の解離によりキャピラリー内壁は負に帯電し，内壁表面付近に電気二重層が形成される．この状態でキャピラリー両端に電圧をかけると，

キャピラリー内部の電解質溶液全体が陽極から陰極に移動する（電気浸透流）．キャピラリーゾーン電気泳動やミセル動電クロマトグラフィーは電気浸透流を積極的に利用している．

例題 11.4C 電気泳動法に関する記述のうち，正しいものの組合せはどれか．
a 等電点電気泳動法では，物質の分子量は分離にほとんど影響しない．
b SDS-ポリアクリルアミドゲル電気泳動法では，物質の分子量は分離にほとんど影響しない．
c キャピラリーゾーン電気泳動で DNA の分離を行う場合，DNA の鎖長が 2 倍になると泳動速度も 2 倍になる．
d 二次元電気泳動法は分離能が高いため，生体内のタンパク質を一斉に分析するプロテオーム解析に利用される．

1 （a, b）　**2** （a, c）　**3** （a, d）　**4** （b, c）　**5** （b, d）　**6** （c, d）

〈第 94 回　問 28〉

〈解答と解説〉正解　3

電気泳動法の種類について，それぞれの知識を必要とする問題である．

a ○　アミノ酸やタンパク質は両性電解質の見かけの電荷が 0 になる溶液の pH を等電点といい，両性電解質はそれぞれ固有の等電点をもっている．等電点電気泳動法は，両性担体（アンホライン）によって形成された pH 勾配中で，両性電解質が等電点と等しい pH に達すると，それ以上移動しないことを利用しており，分子量は分離にほとんど影響しない．

b ×　SDS-ポリアクリルアミドゲル電気泳動法（SDS-PAGE）は，陰イオン界面活性剤である SDS で，タンパク質に強制的に負電荷を負わせて分子量当たりの電荷を等しくし，還元剤処理を行うことにより，分子量に依存したタンパク質の分離を行う方法である．電荷は支持体中を移動するための動力であり，分離の主体はゲルの網目構造による分子ふるい効果である．

c ×　キャピラリーゾーン電気泳動の場合，支持体を用いず，電気浸透流によって主に泳動がなされる．陰性荷電している DNA と電気浸透流との間に生じる粘性抵抗が加算され，大きなものは遅く，小さなものは早く泳動する．

d ○　二次元電気泳動法は，異なる分離機構（例えば，SDS-ゲル電気泳動法と等電点電気泳動法）を組み合わせる方法であり，それぞれ単独では分離できなかった構造の物質でも分離できる．ゲノム解析やプロテオーム（ゲノムを元にしてつくられるタンパク質の総称）解析などに応用されていて，一度に 1000 種類以上のタンパク質の分離が可能である．

第 11 章　臨床分析法

> **演習問題 11.4.1**　電気泳動法に関する記述のうち，正しいものの組合せはどれか．
> a　電気泳動移動度は物質に固有であり，その物質の電荷，大きさ，温度に影響される．
> b　電気浸透流はキャピラリー電気泳動に特有のものであり，ろ紙電気泳動では発生しない．
> c　アガロースゲル電気泳動でDNAが分子サイズに従って分離できるのは，DNAごとに単位電荷当たりの質量が異なるからである．
> d　SDS-ポリアクリルアミドゲル電気泳動で，タンパク質はアミノ酸残基2つに対して1分子のSDSが結合した複合体となって泳動される．
> 1　(a, b)　　2　(a, c)　　3　(a, d)　　4　(b, c)　　5　(b, d)　　6　(c, d)

〈解答と解説〉正解　3
a　◯
b　×　支持体（セルロースなど）と泳動緩衝液との間に電気二重層を形成できれば，キャピラリー電気泳動に限らず電気浸透現象はみられる．
c　×　逆の記述．単位電荷当たりの質量が同じで，移動速度がほぼ等しくなるからである．
d　◯

> **演習問題 11.4.2**　電気泳動法に関する記述のうち，正しいものの組合せはどれか．
> a　キャピラリー電気泳動は，高電圧での使用が可能なので，泳動時間を短縮できる．
> b　フューズドシリカ製のキャピラリーを用いた場合，電気浸透流の大きさは電解質溶液のpHに依存しない．
> c　中性での電気泳動移動度は，亜硝酸イオンのほうが硝酸イオンより大きい．
> d　キャピラリー電気泳動が高い理論段数を示すのは，泳動液の流れが電気浸透流による放物線流であるためである．
> 1　(a, b)　　2　(a, c)　　3　(a, d)　　4　(b, c)　　5　(b, d)　　6　(c, d)

〈解答と解説〉正解　2
a　◯　キャピラリー内部で発生するジュール熱が効率よく発散されるからである．
b　×　緩衝液のpHによってシラノール基の解離に影響が出る．
c　◯　どちらも1価のアニオンだが，粒子サイズは亜硝酸イオンのほうが硝酸イオンより小さいので，移動度は亜硝酸イオンのほうが大きくなる．
d　×　キャピラリー電気泳動は，電気浸透流による栓流と，熱対流による拡散が少ないため高い理論段数を示す．

演習問題 11.4.3 電気泳動法を利用したアラニン，グルタミン酸，リシンの分離に関する次の記述のうち，正しいものの組合せはどれか．

a　リシンは，pH 7.4 の緩衝液では負極方向に泳動される．
b　アラニンは，pH 7.4 の緩衝液では負極方向に泳動される．
c　pH 2.0 の緩衝液ではすべてのアミノ酸が負極方向に泳動される．
d　キャピラリーゾーン電気泳動を用いて，pH 7.4 の緩衝液で分離した場合，最も早く検出されるのはグルタミン酸である．

1　(a, b)　　2　(a, c)　　3　(a, d)　　4　(b, c)　　5　(b, d)　　6　(c, d)

〈解答と解説〉正解　2

a　○　pH 7.4 におけるリシンなどの塩基性アミノ酸は陽性荷電（＋）である．
b　×　pH 7.4 では，アラニンなどの中性アミノ酸の電荷は釣り合っていると考えても正解を導けるが，実際は，アラニンの等電点は 6.0 であり，酸性アミノ酸ほどではないが陰性荷電状態（−）にある．
c　○　pH 2.0 ではすべてのアミノ酸は陽性荷電（＋）である．
d　×　この設問の条件で最も早く検出されるのはリシンである．

演習問題 11.4.4 電気泳動で使用される支持体はどれか．
a　アクリル
b　アガロース
c　活性炭
d　オクタデシルシラン
e　シリカゲル

〈解答と解説〉正解　b

a に支持体としての使用法はない．c〜e はクロマトグラフィーに利用される．

演習問題 11.4.5 SDS-ポリアクリルアミドゲル電気泳動が適用される試料はどれか．
a　DNA
b　ヌクレオチド
c　ヌクレオシド
d　タンパク質
e　アミノ酸

〈解答と解説〉正解　d
　SDS-ポリアクリルアミドゲル電気泳動はタンパク質を分子量サイズに従って分離する方法である．アミノ酸や核酸類の分離方法としては適当ではない．

11.5　代表的センサー

　音，光，温度，圧力や濃度などの感知装置．温度や音などの物理量を検出する物理センサーと濃度などの化学量を検出する化学センサーとに分類される．

【重要事項のまとめ】

イオンセンサー
　　イオン伝導性あるいはイオン交換性の膜の両端に発生する膜電位からネルンストの式に基づいてイオン濃度を算出
　　　固体膜型電極　　　ガラス電極
　　　液膜型電極　　　　イオン交換型（Ca^{2+}：ジデシルリン酸）
　　　イオン担体型　　　（K^+：バリノマイシン，Na^+：クラウンエーテル）

バイオセンサー
　　識別素子として，微生物，酵素および抗体など生物もしくは生物由来物質を利用し，これらの生化学反応により生じた物質の濃度変化などを検出
　　酵素センサー，免疫センサー，微生物センサー

ガスセンサー
　　ガスを検出
　　　半導体ガスセンサー（ガス検知器）
　　　薄膜型ガスセンサー（液相中のガスを検出：O_2センサー，CO_2センサー）

各種医療用センサー
　　　体温計，聴診器，血圧計，心電計など

【チェック問題】

次の記述について，正しいものに○，誤っているものに×を付けよ．

1) (　) センサーは，分析対象物質の物理量あるいは化学量に応答した電気信号あるいは光信号を検出する装置のことであり，一般に定量性をもたない．
2) (　) 光，音，圧力，温度などの物理量を測定するものを物理センサー，特定の化合物の物質量を測定するものを化学センサーという．
3) (　) イオンセンサーは，特定のイオンに感応する膜を有しており，ガラス電極を用いたpH測定器はイオンセンサーには分類されない．
4) (　) バイオセンサーは，目的成分を選択的，迅速かつ繰り返し測定できるので臨床生化学検査の分野で多用されている．
5) (　) 酵素センサーは，感応膜に酵素を固定化するため，基質特異性が損なわれる．
6) (　) ガスセンサーは，液相中の溶存ガスを検出する．

〈解答と解説〉

1) ×　多くのセンサーは定量性をもっている．
2) ○
3) ×　イオンセンサーである．
4) ○
5) ×　基質特異性は維持されている．
6) ×　気相中や液相中のガスを検出する．

例題 11.5A センサーに関する記述のうち，正しいものの組合せはどれか．

a　物理量を化学量に変換して検出・計測する装置である．
b　ドップラー血流計は，超音波センサーである
c　ガスセンサーは，化学センサーの一種である．
d　センサーは，電磁波分析法の一種である．

1　(a, b)　　2　(a, c)　　3　(a, d)　　4　(b, c)　　5　(b, d)　　6　(c, d)

〈解答と解説〉　正解　4

a　×　物理量や化学量を電気信号に変換して検出・計測する装置である．
b　○　超音波のドップラー効果を利用して，血流量，血流速度などを観察する．
c　○　記述の通り．
d　×　最終的には，変換された電気信号を検出する電気化学分析法である．

例題 11.5B イオンセンサーに関する記述のうち，正しいものの組合せはどれか．
 a ハロゲンや2価陽イオンなどを検出する比較的イオン選択性が低い電極もある．
 b pHメーターに利用されるガラス電極は，H^+選択性のガラス薄膜を使用している．
 c バリノマイシン電極は，イオン交換型の液膜型電極である．
 d クラウンエーテル電極は，イオン担体型の固体膜型電極である．
 1 (a, b)　2 (a, c)　3 (a, d)　4 (b, c)　5 (b, d)　6 (c, d)

〈解答と解説〉 正解　1
 a ○ 難溶性無機塩型の固体膜電極などに設問のような目的のものがある．
 b ○ 記述の通り．Na^+測定用のガラス電極もある．
 c × イオン担体型である．
 d × 液膜型電極である．

例題 11.5C バイオセンサーに関する記述のうち，正しいものの組合せはどれか．
 a 酵素センサーは，酵素量を測定するためのセンサーである．
 b 血液中の電解質を測定するイオンセンサーはバイオセンサーである．
 c 免疫センサーは，抗原抗体複合体の量を測定するセンサーである．
 d 微生物を生存状態のまま，電極に固定した微生物センサーがある．
 1 (a, b)　2 (a, c)　3 (a, d)　4 (b, c)　5 (b, d)　6 (c, d)

〈解答と解説〉 正解　6
 a × 酵素の基質特異性を利用して基質の濃度を求めるもの（例；血中グルコース測定装置）．
 b × 生物由来物質を感応膜に利用したものがバイオセンサーである．
 c ○ 記述の通り．有効な測定法がなかったが，表面プラズモン共鳴現象や水晶振動子を利用した高感度検出が可能になっている．
 d ○ 記述の通り．細胞内酵素を利用しており，固定化酵素より長寿命で安定性に優れている．発酵の状態のコントロールや，生物化学的酸素要求量の測定に利用されている．

例題 11.5D 化学センサーに分類されるのはどれか．
 a 圧力センサー
 b 温度センサー
 c 酵素センサー
 d 赤外線センサー
 e 超音波センサー

〈解答と解説〉正解　c

酵素センサー以外は物理センサーである．

例題 11.5E　血清カリウムの測定に利用される感応膜はどれか．
- a　クラウンエーテル
- b　ジデシルリン酸
- c　Ni・バソフェナントロリン
- d　ノナクチン
- e　バリノマイシン

〈解答と解説〉正解　e

- a　クラウンエーテルは Na^+，Li^+．
- b　ジデシルリン酸は Ca^{2+} などの2価陽イオン．
- c　Ni・バソフェナントロリンは NO_3^-
- d　ノナクチンは NH_4^+ の測定に利用される．

例題 11.5F　バイオセンサーに関係あるものはどれか．
- a　エックス線
- b　ガラス電極
- c　固定化酵素
- d　サーモグラフィー
- e　バリノマイシン

〈解答と解説〉正解　c

a，d は物理センサー，b，e はイオンセンサー．

11.6　代表的な画像診断技術および画像診断薬

　画像診断技術は，放射線，核磁気共鳴，超音波等の物理現象を利用しており，生体外から体内の各種臓器の病態や機能を画像としてとらえるため，物理的診断法と呼ばれる．

　X線の人体組織吸収係数を利用した**X線撮影**や**X線CT**，核磁気共鳴を利用応用した**磁気共鳴イメージング** magnetic resonance imaging（**MRI**），超音波を利用した**超音波診断法**，放射性同位元素を利用した**陽電子放射断層撮像法** positron emission tomography（**PET**）や，**単光子放射型コンピュータ断層撮像法** single photon emission tomography（**SPECT**）などの核医学診断法がある．また病態や病変部を検査する上で，物理的診断法だけでは診断することができない場合があり，**画像診断薬（造影剤・放射性医薬品）** を必要する場合が多い．画像診断薬は，人為的に病変部と**周辺組織との画像のコントラストを明確**にするために用いられるが，画像診断薬ごとに診断可能な組織・臓器や機能が異なる．

問題を解くためには，**各々の物理的診断法の特徴と画像診断薬との組合せ**，その**測定原理**を軸に理解しなければならない．

【重要事項のまとめ】

a. X線を利用した画像診断（X線撮影およびX線CT）の特徴

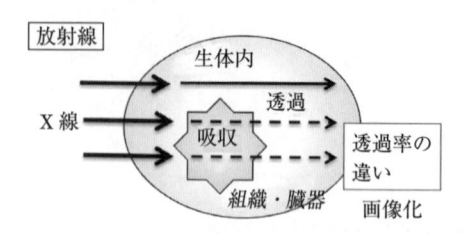

1) 人体各組織・臓器の**X線吸収係数（透過率）**の違いを利用し画像化する技術である．
2) 放射線の特性上，**Ca（カルシウム）**を多く含む**石灰化した病変や骨**，空気・ガスの多い**肺**などを診断するのに適している．
3) 生体内の**構造や臓器の形態**を把握することができ，MRIやPET & SPECTよりも**検査時間が比較的短い**．
4) **造影剤の併用**が必要な場合が多い．また**造影剤による副作用に十分な注意を必要とする**．
5) 検査に伴うX線の**被曝量に注意**を要する．
   被曝線量：X線CT検査 ≫ 一般的なX線検査
6) 乳がん検査のために，乳房の撮影専用に作られたX線撮影装置を，**マンモグラフィー**と呼ぶ．

X線用造影剤

1) X線造影剤は，**陽性**造影剤と，**陰性**造影剤に大きく分類される．
2) 陽性造影剤は，X線吸収係数の高い**バリウム**（硫酸バリウム）や**ヨウ**素化合物がある．
3) **硫酸バリウム**は，胃や小腸などの**消化器系の検査**に利用される．
4) **ヨウ素化合物（ヨード造影剤）**は，血管の診断のほかに，**腎臓**および**尿管の検査**に利用される．
5) **非イオン系**ヨード造影剤のほうが，イオン系よりも副作用が少ない．
6) 陰性造影剤は，**空気**，**酸素**ならびに**炭酸ガス**など，臓器などの軟組織よりもX線吸収係数が低いものである．
7) **陽性**造影剤と**陰性**造影剤を同時に使用する場合もあり，特に**胃や小腸**の精密検査時において**二重造影法**が一般的となっている．

b. 超音波による画像診断の特徴

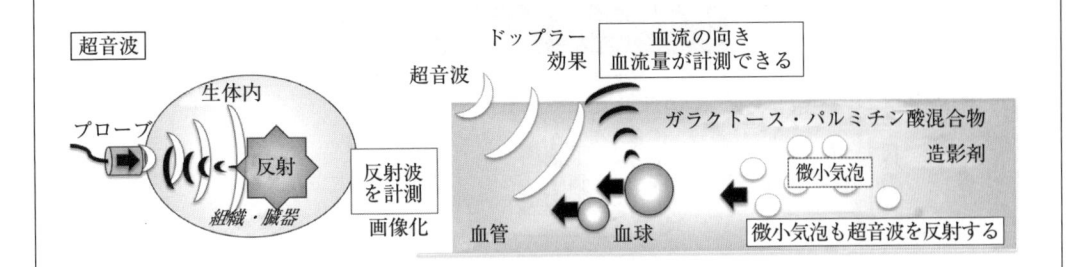

1) **ヒトの可聴域の上限を超える周波数をもつ音波**(診断用は **1〜20 MHz**)を生体に照射して,その**反射波(エコー信号)**を計測し体内組織を画像化する技術である.
   *MHz であることに注意.
2) 超音波診断は**無侵襲性**であり,またリアルタイムでの診断情報(音,臓器および器官の動き)を得ることができるため,**心臓や腹部臓器,胎児診断**に適している.
3) **ドップラー Doppler 効果**を利用し,血管内を流れる**赤血球の流れ**の向きや**速度**(血流速度)を測定することができる.
4) 超音波は**空気中を伝わりにくいため**,空気・ガスを多く含む肺や**消化管の診断には適していない**.
5) X線 CT や MRI などと比べて対象臓器全体の情報量や**解像度に劣る**.
6) 超音波を発生させ,反射された反射波を受信する**プローブ(探触子)**は,ゲルやゼリーを体表面に塗り,**人体と密着**させ隙間に空気が入らないようにする必要がある.

超音波診断用造影剤
1) **超音波用造影剤**として,**ガラクトース・パルミチン酸混合物**(999:1)が**唯一市販**されている(**商品名:レボビスト**).
2) **ガラクトース・パルミチン酸混合物**の溶解時に発生する**微小気泡**が,超音波に対して強い反射波を生じさせる(エコー信号を増強効果がある).
3) **ガラクトース・パルミチン酸混合物**は,静脈内投与や子宮内投与され,**肝がんの診断,心臓血管**や**子宮卵管の造影**に利用される.ただし,ガラクトース血症の患者,重篤な心疾患や肺疾患のある患者,妊婦または妊娠している可能性のある患者は原則禁忌.

c. 核磁気共鳴による画像診断（MRI）の特徴

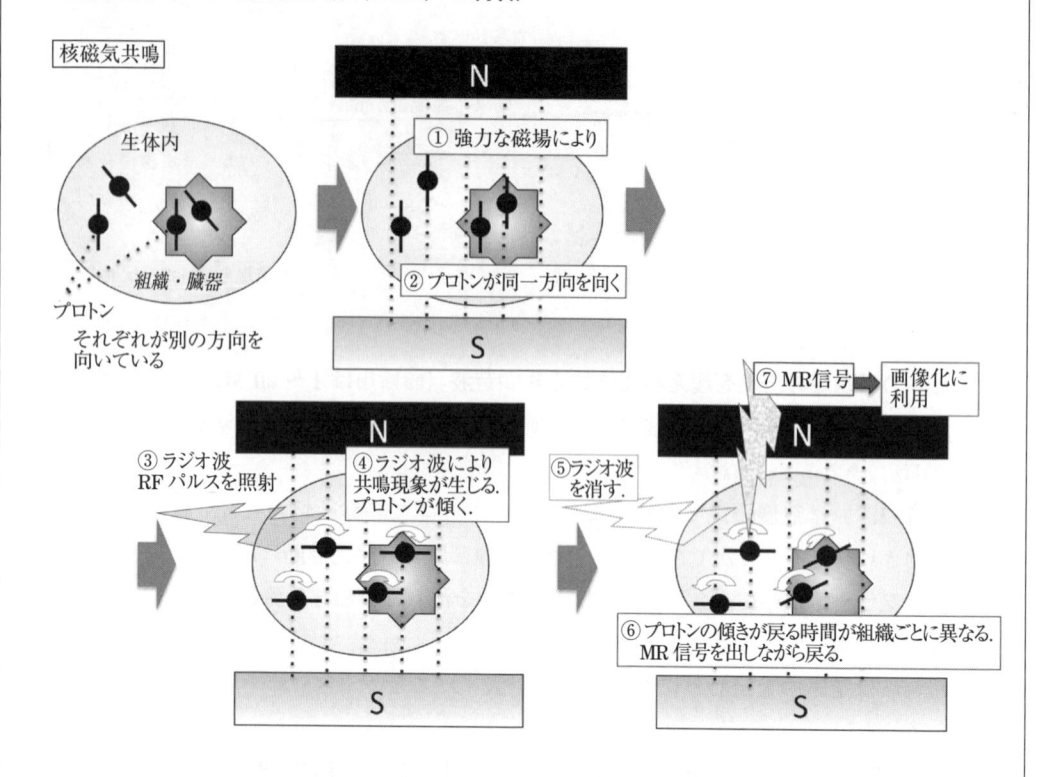

1) 生体内の組織および臓器に存在する水分子の**水素原子核（^{1}H：プロトン）**と**強力な磁力**，**ラジオ波（RFパルス）**を用いて，**磁気共鳴の物理現象**を計測し画像化する技術である．
2) X線CTに比べ，**軟部組織においてコントラストの高い画像**を得ることができる．
3) 任意の方向での断層撮影が可能であり，**骨や空気による画像への影響が少ない**．
4) **強力な磁力**を利用するため，人体内に**ペースメーカーや手術用クリップ**などの金属部品がある場合には，検査を受けることができない．
5) MRIは**造影剤を使用しなくても血管像を画像化**することができる．
   磁気共鳴血管撮影 magnetic resonance angiography（MRA）
6) 計測で得られる生体の情報（組織パラメータ）としては，**縦緩和時間（T_1）**，**横緩和時間（T_2）**，**プロトン密度**などがある．

MRI診断用造影剤

1) MRI造影剤は，**陽性**造影剤と**陰性**造影剤に分類される．
2) **陽性**造影剤には，**ガドリウム（Gd）**金属錯体や**クエン酸鉄**製剤がある．周囲の水素原子核のT_1の緩和時間を**短縮**し，T_1強調画像において高い信号を得ることが可能になる．
3) **ガドリウム（Gd^{3+}）**は**常磁性**を示す金属イオンである．
4) **ガドリウム（Gd）**製剤は，脳・脊髄・体幹部の造影や**血管造影（MRA）**に利用される．

5) **クエン酸鉄**製剤（クエン酸鉄アンモニウム）は，**経口投与**される**消化管用**造影剤である．

6) **陰性**造影剤として，**フェルモキシデス**（超常磁性酸化鉄コロイド粒子製剤）があり，肝臓に取込まれ，T_2の緩和時間を**短縮**して肝腫瘍とのコントラストを強調できる．

d. 核医学を利用した画像診断（PETおよびSPECT）の特徴と放射性医薬品

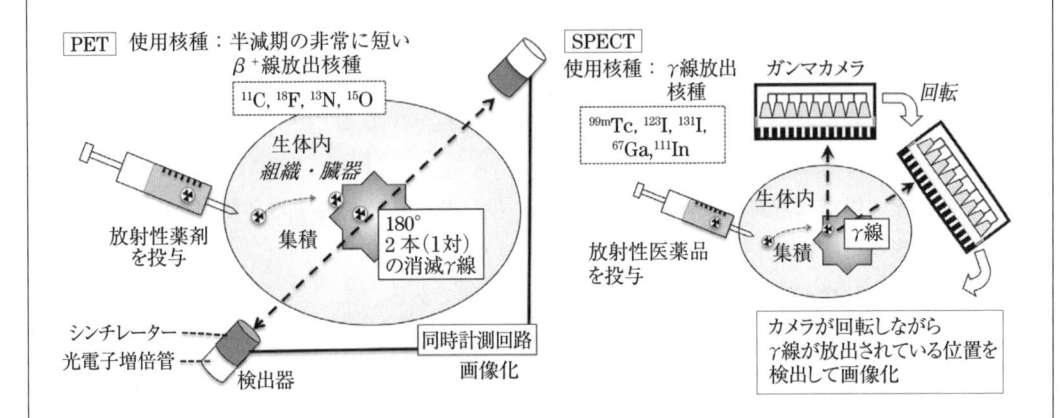

1) PETおよびSPECTは，X線CT画像やMRI画像と比較すると空間分解能（**解像度**）で劣るが，代謝等の**機能画像**を得ることができる．

2) PETでは$β^+$線（ポジトロン：陽電子）放出核種である，^{18}F（半減期：109.8分），^{11}C（半減期：20.4分），^{13}N（半減期：9.96分），^{15}O（半減期：122秒）など**半減期が極めて短い**放射性核種を用いる．

3) PETに利用される^{11}C，^{13}N，^{15}Oは**生体の構成元素**であり，多様な**生理活性物質**に標識導入（合成）が可能で，**糖代謝**やアミノ酸代謝や**神経受容体の結合活性**など生体でのさまざまな生理的，生化学的プロセスを測定することができる．

4) PET用放射性薬剤として，脳血管障害を適用疾患として^{15}O標識ガスによる**酸素代謝測定**，^{18}F-2-デオキシ-2-フルオロ-D-グルコース（^{18}F-FDG）による**がん等の診断**や**糖代謝測定**が保険適用されており，全国で急速に整備されつつある．

5) PET用放射性薬剤は，検査を行う病院内にて**ポジトロン放出核種を製造**し，さらに**放射性薬剤の合成と品質管理**を行わないといけないという制約がある．

6) SPECTでは$γ$線放出核種である，^{99m}Tc（半減期：6.01時間），^{111}In（半減期：2.81日），^{123}I（半減期：13.27時間），^{131}I（半減期：8.02日），^{67}Ga（半減期：78.3時間）などを用いる．**半減期：SPECT用放射性核種 ＞ PET用放射性核種**

7) SPECTに利用する放射性医薬品は，必要に応じて**放射性医薬品製造会社から購入して**使用することができる．

8) **放射性医薬品の取扱い**にあたっては，放射線障害防止法や医療法に基づき**許可された場所**において使用しなければならない．

【チェック問題】

次の記述について，正しいものに〇，誤っているものに×を付けよ．

1)（　）X線撮影は，人体各組織のX線反射係数の違いを利用した画像診断法である．
2)（　）X線の物質透過性は，原子番号に比例する．
3)（　）X線吸収係数は，脂肪組織のほうが血液よりも大きい．
4)（　）硫酸バリウムやヨウ素化合物は，物理特性としてX線を効率的に吸収する．
5)（　）硫酸バリウムやヨウ素化合物の造影剤は，ほとんどが人体に吸収・分解されずに排出される．
6)（　）X線検査において，ヨード造影剤は血管内に投与することで，血管や尿管の形態や血行動向を検査できる．
7)（　）X線造影剤は重篤な副作用がないため，投与時に注意を要する必要がない．
8)（　）造影剤は，排泄が遅いものが最も望ましい．
9)（　）硫酸バリウムやヨウ素化合物は，陰性造影剤である．
10)（　）X線を用いた胃や腸の精密検査において，空気や炭酸ガスを用いることがある．
11)（　）一般的な胸部X線検査と比較して，X線CTの被曝量はおおよそ同じである．
12)（　）X線造影法においては，放射線の人体への影響は考えなくてよい．
13)（　）X線検査では，骨に含まれるカルシウムのX線透過性が高いことを利用している．
14)（　）人体各組織のX線吸収率の大きさは，骨＞筋肉＞血液＞脂肪＞肺の順である．
15)（　）X線CTでは，かならず造影剤を必要とする．
16)（　）ヨード造影剤は，MRIによる画像診断において血管造影に利用される．
17)（　）ヨード造影剤は，X線を用いた画像診断の際に，腎臓などの泌尿器系の検査に利用される．
18)（　）ヨード造影剤は一般的にイオン系のほうが，副作用が少ない．
19)（　）造影剤の投与後に行うX線診断法は，胸部や骨格系の診断に広く用いられる．
20)（　）超音波診断法は，1～20 Hzの音波を用いる．
21)（　）超音波診断法は，照射した音波が組織に吸収される度合いを画像化する．
22)（　）超音波診断法は，体内臓器ごとの組織透過率の違いを利用した診断技術である．
23)（　）超音波をよく反射する媒質は空気である．
24)（　）超音波の伝わる速度は，水中より空気中のほうが速い．
25)（　）ヒトの可聴域の周波数は，20～20000 Hzである．
26)（　）超音波は，組織・臓器と周辺組織との音響インピーダンスの差がある場合に，その境界面で反射する．
27)（　）超音波画像は，X線CTやMRIに比べ画質が優れている．
28)（　）超音波診断装置は，X線CTやMRIに比べ小型で移動しやすいため，即時性と取扱いの簡便さに優れている．
29)（　）超音波診断法に用いられる超音波を受けると人体に著しい影響が現れる．
30)（　）超音波診断法は，ラーモア周波数を用いることで血流速度を血液の向きを測定できる．

31)（　　）超音波診断法では，心室や弁膜の動き（弁運動）を観察することができない．
32)（　　）MRI の測定原理は，体内にある水分子中の酸素原子核の磁気緩和時間の差を利用する．
33)（　　）MRI は，主に放射性同位元素が用いられる．
34)（　　）MRI 法では，非侵襲的に体内を描画することができる．
35)（　　）MRI は，生体内の水と脂肪とを区別して画像で表示することができる．
36)（　　）水素原子核にラーモア周波数の等倍の周波数の電磁波を照射すると，励起状態に移行することができる．
37)（　　）励起された水素原子核が基底状態へ戻る際の緩和時間が，病変部や組織によって異なる．
38)（　　）MRI は造影剤を使用しなくても血管像を画像化できる．
39)（　　）Gd（ガドリウム）製剤は，MRI 造影剤のうち陰性造影剤に分類される．
40)（　　）MRI では，傾斜磁場コイルもしくは傾斜磁場システムがなくても信号の発生位置を計測できる．
41)（　　）陽電子放射断層撮像法（PET）では，^{99m}Tc や ^{123}I などのポジトロン放出核種が用いられる．
42)（　　）ポジトロン CT は，安定同位体で標識した薬物の体内動態を定量的に画像表示できる．
43)（　　）単光子放射型コンピュータ断層撮像法（SPECT）は，^{18}F や ^{11}C などの γ 線放出核種が用いられる．
44)（　　）PET や SPECT は，X 線 CT と比較して空間解像度が劣っている．
45)（　　）^{18}F-FDG は，大腸や肺がんなどの悪性腫瘍の診断として保険適用されている．
46)（　　）PET では，ポジトロン放出核種から放出された β$^+$ 線を直接測定している．
47)（　　）甲状腺機能の診断のため，^{123}I-ヨウ化ナトリウムが用いられる．
48)（　　）^{99m}Tc 標識リン酸化合物は，乳がんその他の骨転移の有無を調べるため，全身シンチグラフィーに利用される．
49)（　　）核医学診断法で利用される放射性医薬品により汚染された廃棄物は，一般廃棄物として処理することができる．
50)（　　）サーモグラフィーは，生体表面の温度分布をイメージングすることができる．
51)（　　）内視鏡検査に用いられるファイバースコープは，体内や臓器内を光の屈折を利用して観察することのできる装置である．
52)（　　）ファイバースコープでは，低屈折率ガラスで被覆してある高屈折率ガラスの繊維であるグラスファイバーを用い，光が全反射を繰り返しながら体内を照射し観察する．

〈解答と解説〉

1)　×　X 線撮影は，人体各組織の X 線吸収係数の違いを利用した画像診断法である．
2)　×　X 線の物質透過性は，原子番号に反比例する．
3)　×　X 線吸収係数は，血液のほうが脂肪組織よりも大きい．
4)　○　硫酸バリウムやヨウ素化合物は，物理特性として X 線を効率的に吸収する．

5) ○ 硫酸バリウムやヨウ素化合物の造影剤は，ほとんどが人体に吸収・分解されずに排出される．
6) ○ X線検査において，ヨード造影剤は血管内に投与することで，血管や尿管の形態や血行動向を検査できる．
7) × X線造影剤は重篤な副作用があるため，投与時に注意を要する必要がある．
8) × 造影剤は，速やかに排泄されるものが望ましい．
9) × 硫酸バリウムやヨウ素化合物は，陽性造影剤である．
10) ○ X線を用いた胃や腸の精密検査において，空気や炭酸ガスを用いることがある．
11) × 一般的な胸部X線検査と比較して，X線CTの被曝量は大きい．
12) × X線造影剤（特にヨード系造影剤）は，悪心，嘔吐，血圧低下，アナフィラキシーショック様症状が報告されており，副作用は皆無ではない．
13) × X線検査では，骨に含まれるカルシウムのX線吸収係数が高いこと（X線透過性が低いこと）を利用している．
14) ○ 人体各組織のX線吸収率の大きさは，骨＞筋肉＞血液＞脂肪＞肺の順である．
15) × X線CTでは，造影剤を用いなくても石灰化した病変部や骨を画像化できる．
16) × ヨード造影剤は，X線造影検査法において血管造影に利用される．
17) ○ ヨード造影剤は，X線を用いた画像診断の際に，腎臓などの泌尿器系の検査に利用される．
18) × ヨード造影剤は一般的に非イオン系のほうが，副作用が少ない．
19) × X線診断法では，造影剤を用いなくても空気の多い胸部やカルシウムの多い骨格系の診断が可能である．
20) × 超音波診断法は，1〜20 MHzの音波を用いる．
21) × 超音波診断法は，照射した音波が反射する度合いを画像化する．
22) × 超音波診断法は，体内臓器ごとの組織反射率の違いを利用した診断技術である．
23) ○ 超音波をよく反射する媒質は空気である．
24) × 超音波の伝わる速度は，空気中より水中のほうが速い．
25) ○ ヒトの可聴域の周波数は，20〜20000 Hzである．
26) ○ 超音波は，組織・臓器と周辺組織との音響インピーダンスの差がある場合に，その境界面で反射する．
27) × 超音波画像は，X線CTやMRIに比べ画質が劣る．
28) ○ 超音波診断装置は，X線CTやMRIに比べ小型で移動しやすいため，即時性と取扱いの簡便さに優れている．
29) × 超音波診断法に用いられる超音波を受けても生体影響は少ない．
30) × 超音波診断法は，ドップラー効果により血流速度を血液の向きを測定できる．
31) × 超音波診断法では，心室や弁膜の動き（弁運動）を観察することができる．
32) × MRIの測定原理は，体内にある水分子中の水素原子核の磁気緩和時間の差を利用する．
33) × MRIは，体内にある水素原子核の磁気緩和時間を画像化する技術である．

34) ○ MRI 法では，非侵襲的に体内を描画することができる．
35) ○ MRI は，生体内の水と脂肪とを区別して画像で表示することができる．
36) ○ 水素原子核にラーモア周波数の等倍の周波数の電磁波を照射すると，励起状態に移行することができる．
37) ○ 励起された水素原子核が基底状態へ戻る際の緩和時間が，病変部や組織によって異なる．
38) ○ MRI は造影剤を使用しなくても血管像を画像化できる．
39) × Gd（ガドリウム）製剤は，MRI 造影剤のうち陽性造影剤に分類される．
40) × MRI では，傾斜磁場コイルもしくは傾斜磁場システムがなければ，信号の発生位置を計測できない．
41) × 陽電子放射断層撮像法（PET）では，^{18}F や ^{11}C などのポジトロン放出核種が用いられる．
42) × ポジトロン CT は，放射性同位体で標識した薬物の体内動態を定量的に画像表示できる．
43) × 単光子放射型コンピュータ断層撮像法は，^{99m}Tc や ^{123}I などの γ 線放出核種が用いられる．
44) ○ PET や SPECT は，X 線 CT と比較して空間解像度が劣っている．
45) ○ ^{18}F-FDG は，大腸や肺がんなどの悪性腫瘍の診断として保険適用されている．
46) × PET では，ポジトロン核種から放出された陽電子は，体内に存在する電子と結合して消滅し，その際，γ 線を放出する．この γ 線を消滅放射線といい，ポジトロン CT はこれを計測している．
47) ○ 甲状腺機能の診断のため，^{123}I-ヨウ化ナトリウムが用いられる．
48) ○ ^{99m}Tc 標識リン酸化合物は，乳がんその他の骨転移の有無を調べるため，全身シンチグラフィーに利用される．
49) × 核医学診断法で利用される放射性医薬品により汚染された廃棄物は，一般廃棄物として処理することができない．
50) ○ サーモグラフィーは，生体表面の温度分布をイメージングすることができる．
51) × 内視鏡検査に用いられるファイバースコープは，体内や臓器内を光の全反射を利用して観察することのできる装置である．
52) ○ ファイバースコープでは，低屈折率ガラスで被覆してある高屈折率ガラスの繊維であるグラスファイバーを用い，光が全反射を繰り返しながら体内を照射し観察する．

例題 11.6A 物理的診断法に関する記述のうち，正しいものの組合せはどれか．
a 超音波診断法では，ヒトの可聴域の周波数をもつ音波が使用される．
b MRI (magnetic resonance imaging) 法では，非侵襲的に体内を描画することができる．
c CT (computed tomography) スキャン法には遠赤外線が使用される．
d 内視鏡検査に用いる光学ファイバーは，光の全反射ではなく屈折光を利用している．
e X線造影法では，ヨウ素を含む有機化合物を造影剤として用いる．
1 (a, b)   2 (a, e)   3 (b, d)   4 (b, e)   5 (c, d)   6 (c, e)

〈第 94 回　問 35〉

〈ヒント〉 この問題を解くには，超音波の周波数はどのくらいか，MRI の測定原理，CT スキャン法に利用される放射線の種類，光学ファイバーの原理に関する光の全反射と屈折の違い，X線造影法でなぜ造影剤が使用されるかを理解しておかなければならない．

〈解答と解説〉 正解　4

a ×　超音波とはヒトの可聴領域を超える音波である（1〜20 MHz）．
b ○　**MRI の測定原理**：磁場中における体内の水や脂肪中の**水素**原子核の**磁気緩和時間の差**を画像化する技術である．
c ×　CT (computed tomography) の意味は，コンピュータを用いてデータを再構築し，体内を輪切り状態として見ることのできる断層撮影法のことである．**X線**を用いる**X線CT**，β^+**線**放出核種を用いる **PET**，γ**線**放出核種を用いる **SPECT** がある．遠赤外線は用いられない．
d ×　**光学ファイバー**は，**光の全反射**を利用したものであり，体内や臓器内に挿入し病変部の観察や手術にも利用される．屈折光や半反射という言葉は，まったく関係しない光の物理現象である．
e ○　**X線造影剤を用いる理由**：検査したい組織や臓器と周辺の組織との間に，**X線吸収係数**の差が少ない場合，人為的に画像のコントラスト（X線吸収係数に差）を大きくするために用いる．**ヨウ素**は，血管，腎臓，尿管，膀胱などの**泌尿器系のX線造影剤**として利用される．

例題 11.6B 超音波診断法に関する記述のうち，正しいものの組合せはどれか．
a 診断用超音波の周波数は 80 MHz 以上である．
b 超音波診断装置では，超音波の反射波を画像としている．
c 心臓や血管内の血流検索を行う超音波診断法では，ドップラー効果を利用している．
d 微小気泡は超音波を反射しないので，エコー信号の増強につながらない．
1 (a, b)   2 (a, c)   3 (a, d)   4 (b, c)   5 (b, d)   6 (c, d)

〈第 94 回　問 35〉

〈ヒント〉 この問題を解くには，前問の例題 11.6A よりも，超音波診断法に利用される周波数域を正確に覚えておかなければならないが，**超音波診断法の原理**および**ドップラー効果**を覚えておけば，選択肢 b と c の正誤を判断することで正解を導き出せる．選択肢 d は，超音波診断法に**唯一**市販されている商品名：**レボビスト**に関連する選択肢である．

〈解答と解説〉正解　4

a　×　**超音波**：診断用超音波の周波数は **1～20 MHz** である．
b　○　**超音波の測定原理**：人体に超音波を照射して，体内の組織・臓器の境界面で反射するエコー信号（**反射波**）を画像化する技術．
c　○　**ドップラー効果**とは，超音波などの音が動いている物体に当たり，反射して戻ってくる音の周波数が変化する現象のことである．この現象を利用することで，血管内の**血液の流れの向き**や**血流速度**また**心臓の弁運動**を計測することができる．
d　×　レボビストは，**ガラクトース・パルミチン酸混合物**である．微小気泡を含んでおり，その気泡が**強い反射波**（エコー信号の増強）を生み出す．

例題 11.6C　MRI（magnetic resonance imaging）に関する記述のうち，正しいものの組合せはどれか．
a　生体内の水分子の酸素原子核の磁気共鳴を利用する．
b　ラーモア周波数の 2 倍の周波数をもつ電磁波を照射し，核を励起状態に移行させる．
c　励起した核の基底状態への緩和時間が，組織や病変によって異なることを利用する．
d　体内の信号発生部位での強度情報を，非侵襲的に画像として描画できる．
e　傾斜磁場をかけることで，体内の信号発生部位の位置を知ることができる．
1　(a, b, c)　　2　(a, b, e)　　3　(a, c, d)　　4　(b, d, e)　　5　(c, d, e)
〈第 93 回　問 35〉

〈ヒント〉 この問題を解くにはキーワードとなる，**MRI の測定原理**，**ラーモア周波数**，**緩和時間**，**傾斜磁場**について理解しておかなければならない．詳細は《第 9 章　核磁気共鳴スペクトル法》を参考にすること．しかし MRI の測定原理さえ覚えておけば，選択肢 a，c，d の正誤を判断することで正解を導き出すことができる（MRI の重要事項のまとめを再確認すること）．

重要事項のまとめ【c. 核磁気共鳴による画像診断（MRI）の特徴】に示す図を参考にして，下記に示す選択肢 a～e を理解してほしい．

〈解答と解説〉正解　5

a　×　**MRI の測定原理**：生体内水分子の**水素原子核（プロトン）**と強力な磁力，**ラジオ波**を利用し，**磁気共鳴の物理現象**を計測する技術である．
b　×　**ラーモア周波数**：強力な磁場の中で（図中 ①），正電荷をもつ水素などの原子核に，**ラーモア周波数に等しい電磁波**をかけると（図中 ③），原子核はそのエネルギーを吸収し

励起状態となり，歳差運動の向きが変わる．この現象を磁気共鳴現象（MR 現象）という（図中 ④）．このラーモア周波数は共鳴周波数とも呼ばれ，周波数域はラジオ波の領域である．

c ○ **緩和時間**とは，磁気共鳴現象（図中 ④）が生じた後に，ラジオ波の照射をやめると（図中 ⑤），吸収していたエネルギーを放出しながら励起状態から基底状態に戻る（図中 ⑥）．この過程に要した時間を**緩和時間**といい，その際に放出されるエネルギーを **MR 信号**という（図中 ⑦）．この緩和時間は，組織や臓器の違い，また病変部によって異なっており，それを基に画像化する．

d ○ 体内の信号発生部位での強度情報を，非侵襲的に測定し画像化することができる．

e ○ **傾斜磁場**とは，図中 ⑦ で示される **MR 信号**が非常に微弱なため，**MR 信号**の発生している**位置**を**特定**するために用いられる技法である（**傾斜磁場システム**）．

演習問題 11.6.1 物理的診断法に関する記述のうち，正しいものの組合せはどれか．

a CT（computed tomography）スキャン法では，X 線やポジトロン（陽電子）が使用される．
b PET（positron emission tomography）では，^{11}C などの核種から放出されたポジトロンを直接検出している．
c X 線造影剤に利用される硫酸バリウムでは，バリウム原子が照射 X 線エネルギーを効率的に吸収する．
d 脂肪組織のほうが血液より X 線吸収値が大きい．
e X 線撮影の二重造影法では，空気あるいは炭酸ガスで硫酸バリウムの吸収を高めている．

1 (a, c)　　2 (a, d)　　3 (b, d)　　4 (b, e)　　5 (c, d)　　6 (c, e)

〈第 92 回　問 35〉

〈解答と解説〉**正解　1**

a ○ CT スキャン法というと X 線 CT のみと間違いやすいが，コンピュータを用いて測定データを再構築し体内の断層像を得る診断法には，X 線を用いる **X 線 CT**，ポジトロン（陽電子：$β^+$ 線）放出核種を用いる **PET**，$γ$ 線放出核種を用いる **SPECT** があることを忘れてはいけない．

b × PET の検出器は，ポジトロン（$β^+$ 線）を直接測定するのではなく，ポジトロンが体内の電子と結合した際に放出される **2 本（1 対）の消滅 $γ$ 線**を計測する．

c ○ 硫酸バリウムは陽性造影剤であり，原子番号の大きなバリウムは X 線を効率的に吸収する．

d × X 線吸収係数の大きさは，骨＞筋肉＞血液＞脂肪＞肺の順である．

e × **陰性造影剤**である空気や炭酸ガスを用いる理由は，胃や腸を膨らますことで周辺組織や病変部とのコントラストを増加させるためであり，陽性造影剤の吸収を高めるためではない．

11.6 代表的な画像診断技術および画像診断薬

> **演習問題 11.6.2** 造影剤と画像診断法の正しい組合せはどれか.
> 1 硫酸バリウム ──────────── 単光子放射型コンピュータ断層撮像法（SPECT）
> 2 ガラクトース・パルミチン酸 ── MRI（magnetic resonance imaging）法
>   混合物
> 3 ガドリニウム金属錯体 ──────── X線造影検査法
> 4 空気・炭酸ガス ──────────── PET（positron emission tomography）
> 5 ヨード造影剤 ──────────── X線造影検査法

〈解答と解説〉 正解　5

1 × 硫酸バリウム（陽性造影剤）──────── X線造影検査法
2 × ガラクトース・パルミチン酸混合物 ── 超音波診断法
3 × ガドリニウム金属錯体（陽性造影剤）── MRI
4 × 空気・炭酸ガス（陰性造影剤）──────── X線造影検査法
5 ○ ヨード造影剤（陽性造影剤）──────── X線造影検査法

> **演習問題 11.6.3** 画像診断法に関する記述のうち，正しいものの組合せはどれか.
> a 陽電子放射断層撮像法（PET）の放射性核種として，^{99m}Tc や ^{123}I が用いられる.
> b X線造影剤のうち，ヨード造影剤は陰性造影剤に分類される.
> c 超音波診断法は，血管内を流れる赤血球の流れの向きや心臓の弁運動を測定することができる.
> d MRI 診断法は，生体内の脂肪と水を区別して画像化することができない.
> e X線CTは人体各組織のX線吸収係数の違いを利用した測定法である.
> 1 (a, c)　　2 (a, d)　　3 (b, d)　　4 (b, e)　　5 (c, d)　　6 (c, e)

〈解答と解説〉 正解　6

a × PET用の放射性核種として，^{11}C，^{18}F，^{15}O などのポジトロン放出核種が用いられる.
b × ヨード造影剤は，X線造影検査法において陽性造影剤に分類される.
c ○ 超音波診断法によって，血液の流れの向きや心臓の弁運動を測定できる.
d × MRI 診断法において，生体内の脂肪と水を区別して画像化することができる.
e ○ X線CTは人体各組織のX線吸収係数の違いを利用した測定法である.

演習問題 11.6.4 超音波診断法に関する記述のうち，正しいものの組合せはどれか．
a 体内各臓器の超音波の透過率を測定して画像化する診断法である．
b 超音波診断法は，空気の多い肺等の臓器の診断に適している．
c 造影剤として微小気泡を利用したガラクトース・パルミチン酸混合物が用いられる．
d 画像の解像度は，X線CTよりも劣っている．
e 利用する超音波の周波数は1〜20 GHzである．
1 (a, b)　**2** (a, e)　**3** (b, c)　**4** (c, d)　**5** (c, e)　**6** (d, e)

〈解答と解説〉正解　**4**

a × 体内各臓器の超音波の**反射波（率）**を測定して画像化する診断法である．
b × 空気は超音波を反射してしまうため，空気の多い肺等の診断に適していない．
c ○ 超音波診断法において，ガラクトース・パルミチン酸混合物は唯一市販されている造影剤である．
d ○ 画像の解像度はX線CTよりも劣っているが，X線に比べ生体に対する影響がほとんどないため，胎児の診断が可能であるという利点を有する．
e × 診断用超音波の周波数は，1〜20 MHzである．

第12章 その他の分析法

12.1 粉末X線回折測定法

【重要事項のまとめ】

> 粉末試料に**特性X線**を照射して，**干渉性散乱X線の回折強度**を，各回折角について測定する．結晶，結晶多形，溶媒和結晶の同定，定量，結晶性の定性的評価などに用いる（未知化合物の構造解析はできない）．
> 　銅（Cu）やコバルト（Co）などをターゲット（対陰極）に用いたX線発生装置から発生する**特性X線**を利用する．
> 　波長 λ のX線が面間隔 d の結晶に入射角 θ で入射するとき，$2d\sin\theta = n\lambda$（**ブラッグの式**）が満たされる方向のみに回折像が現れる（ただし，n は整数である）．

【チェック問題】

次の記述について，正しいものに〇，誤っているものに×を付けよ．

1)（　　）粉末X線回折測定法では，X線源のターゲット（対陰極）に原子間結合距離に近い波長の特性X線が得られる Cu または Mo が用いられることが多い．

2)（　　）波長 λ のX線が面間隔 d の結晶に入射角 θ で入射するとき，$2d\sin\theta = n\lambda$ が満たされる方向のみに回折像が現れる．ただし，n は整数である．

3)（　　）粉末X線回折パターンは回折角 2θ に対して回折X線の強度をグラフにしたもので，結晶，結晶多形および溶媒和結晶などの同定および判定に用いられる．

4)（　　）粉末X線回折測定法では，未知化合物の立体構造が決定できない．

5)（　　）粉末X線回折測定法では，医薬品の結晶多形，溶媒和物などの同定はできるが，結晶か非結晶かの判定はできない．

6)（　　）粉末X線回折測定法が結晶多形の確認に用いられるのは，結晶中に存在している分子の幾何学的配置の状態が多形間で互いに異なることによる．

〈解答と解説〉

1) ○
2) ○
3) ○
4) ○
5) ×　結晶か非結晶かの判定はできる．
6) ○

例題 12.1A　日本薬局方における粉末X線回折測定法に関する次の記述について，正しいものに○，誤っているものに×を付けよ．

a 本法は，結晶性の粉末試料にX線を照射し，その物質中の原子核を強制振動させることにより生じる干渉性散乱X線による回折強度を，各回折角について測定する方法である．

b ある結晶面からの回折X線の方向はブラッグの法則 $2d_{hkl}\sin\theta = n\lambda$ で規定される．ここで d_{hkl} は結晶面 (hkl) の面間距離，2θ は回折角度，λ はX線の波長，n は反射次数を示している．

c 原則として測定試料を微粉末にするのは，入射X線に対して試料の各結晶面がありとあらゆる方向に向いた結晶の集合体として取り扱えるからである．

d 2種類の粉末X線回折パターンの回折角度とその相対強度比が同じ場合，両者は同一物質であると言える．

e 本法が結晶多形の確認に用いられるのは，そのX線回折パターンが結晶中での分子のつまり方の差異を反映するためである．

〈第88回　問27〉

〈解答と解説〉

a ×　干渉性散乱X線は，物質中の電子を強制振動させることにより生じる．
b ○
c ○
d ○
e ○

演習問題 12.1.1　粉末X線回折測定法に関する次の記述について，正しいものに○，誤っているものに×を付けよ．

a 波長 λ のX線が面間隔 d の結晶に入射角 θ で入射するとき，$2d\sin\theta = (n+1/2)\lambda$ が満たされる角度でX線回折が生じる．ただし，n は整数である．

b 粉末X線回折測定法は，結晶性の粉末試料にX線を照射し，生じる干渉性散乱X線に

よる回折強度を，各回折角について測定する方法である．
- c 粉末X線回折パターンは，結晶，結晶多形および溶媒和結晶などの同定および判定に用いられる．
- d 粉末X線回折測定法で，未知化合物の立体構造が一義的に決定できる．

〈第93回 問24 改変〉

〈解答と解説〉

a × 粉末X線回折測定法では，$2d\sin\theta = n\lambda$（ブラッグの法則）が満たされる角度でX線回折が生じる．

b ○

c ○

d × 未知化合物の立体構造は決定できない．

12.2 熱分析

【重要事項のまとめ】

熱質量測定法（TG：Thermogravimetry）
　試料の温度変化に伴って，脱水，吸着，熱分解などによる質量変化を観測する方法．

示差熱分析法（DTA：Differential Thermal Analysis）
　加熱炉中の試料と**基準物質**（**熱分析用α-アルミナ**）を一定速度で加熱し，試料と基準物質との間に生じる温度差を観測する方法．

示差走査熱量分析法（DSC：Differential Scanning Calorimetry）
　加熱炉中の試料と**基準物質**（**熱分析用α-アルミナ**）を加熱し，試料と基準物質との間に生じる温度差をゼロに保つために必要なエネルギーを観測する方法．

【チェック問題】

次の記述について，正しいものに○，誤っているものに×を付けよ．
1) (　) 示差熱分析法では，通例基準物質として熱分析用シリカゲルが用いられる．
2) (　) 示差走査熱量分析法は，試料の結晶多形や溶媒和結晶の区別に有効である．
3) (　) 熱質量測定法では，融点を知ることができる．
4) (　) 熱質量測定法では，恒温状態で試料の質量変化を観測する．

226　第12章　その他の分析法

〈解答と解説〉
1) ×　基準物質として熱分析用α-アルミナが用いられる．
2) ○
3) ×　融点では熱質変化を伴わないので，融点を知ることはできない．
4) ×　熱質量測定法では，温度変化に伴って試料の質量変化を観測する．

例題 12.2A　下図は，融点を有する化合物の水和物結晶について，TG（熱質量測定法）およびDSC（示差走査熱量測定法）による熱分析の結果を示している．これに関する次の記述について，正しいものに○，誤っているものに×を付けよ．

a　温度aは，化合物水和物の脱水温度を示している．
b　温度bに対応するDSCピーク面積は，化合物の融解エンタルピーを示している．
c　温度cは，化合物の分解し始める温度を示している．
d　熱分析法は，化合物の結晶多形と溶媒和結晶の区別に利用できない．
e　熱分析法では，通例基準物質として熱分析用α-アルミナが用いられるが，これは通常の測定温度範囲内で熱変化しないことによる．

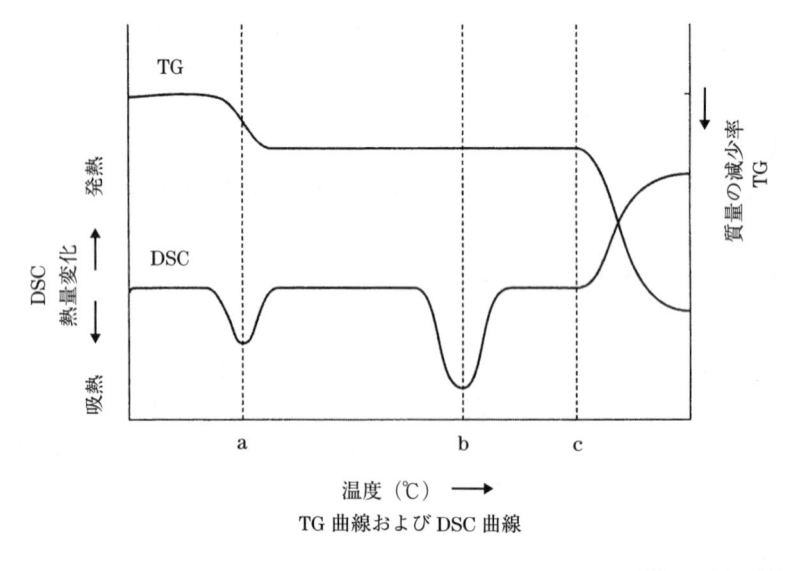

TG曲線およびDSC曲線

〈第89回　問31　改変〉

〈解答と解説〉
a　○
b　○
c　○
d　×　結晶多形と溶媒和結晶の区別に有効である．
e　○

> **演習問題 12.2.1** 熱分析に関する次の記述について，正しいものに○，誤っているものに×を付けよ．
> a 熱質量測定（TG）では，温度に対する試料の質量変化を測定する．
> b TG は，医薬品中の付着水や結晶水の定量に用いることができない．
> c 示差熱分析（DTA）では，試料と基準物質を加熱あるいは冷却したときに生じる両者間の温度差（吸熱または発熱）を測定する．
> d DTA は，医薬品の純度測定や結晶多形の確認に利用される．
>
> 〈第 85 回 問 30 改変〉

〈解答と解説〉

a ○
b × 医薬品中の付着水や結晶水の定量に用いることができる．
c ○
d ○

12.3 分析法バリデーション

【重要事項のまとめ】

> **誤差**：測定値と真の値との差．
>   表示法で区別：〈絶対誤差〉値の差で表す．
>   〈相対誤差〉絶対誤差の真の値に対する割合（％）で表す．
>   分類：〈系統誤差〉分析者の個人差，熟練度，測定器具，試薬中の不純物などに由来．
>   真の値から一方向に偏った値を与える．補正が可能である．
>   〈偶然誤差〉偶発的に起こる原因不明のもので，真の値に対して両方向にばらつく．補正はできない．
> **真度**：分析法で得られる測定値の偏りの程度のことで，真の値と測定値の総平均との差．
> **精度**：均質な検体から採取した複数の試料を繰り返し分析して得られる一連の測定値が，互いに一致することで，測定値の分散，標準偏差および相対標準偏差など．
> **特異性**：分析対象物を正確に測定する能力のことで，分析法の識別能力．
> **検出限界**：試料に含まれる分析対象物の検出が可能な最低の量または濃度．
> **定量限界**：試料に含まれる分析対象物の定量が可能な最低の量または濃度．
> **直線性**：分析対象物の量または濃度に対して直線関係にある測定値を与える分析法の能力．
> **範囲**：適切な精度および真度を与える分析対象物の下限および上限の量または濃度に挟まれた領域．

【チェック問題】

次の記述について，正しいものに○，誤っているものに×を付けよ．
1)（　）系統誤差は，真の値に対して一方の方向（正または負）に偏った値を与える．
2)（　）偶然誤差は測定器具や試薬中の不純物などに由来する．
3)（　）真度とは，均質な検体から採取した複数の試料を繰り返し分析して得られる一連の測定値が，互いに一致することである．
4)（　）真度は，分散，標準偏差および相対標準偏差などで表される．
5)（　）精度とは，分析法で得られる測定値の偏りの程度のことである．
6)（　）検出限界とは，試料に含まれる分析対象物の定量が可能な最低の量または濃度のことである．

〈解答と解説〉

1) ○
2) × 偶然誤差は偶発的に発生．系統誤差が測定器具や試薬中の不純物などに由来する．
3) × 精度である．
4) × 精度である．
5) × 真度である．
6) × 検出限界とは，定量ではなく検出が可能な最低の量または濃度のことである．定量が可能な最低の量または濃度のことは定量限界という．

> **例題 12.3A** 次の記述について，正しいものに○，誤っているものに×を付けよ．
> a 真度とは，均質な検体から採取した複数の試料を繰返し分析して得られる一連の測定値が，互いに一致する程度を表す．
> b 精度とは，分析法に対する系統誤差の影響を評価するパラメーターで，得られる測定値の偏りの程度を表す．
> c 頑健性とは，分析法の条件について一部故意に変動させたときに，測定値が影響を受けにくい能力を意味する．
> d 特異性とは，分析法の識別能力を表すパラメーターで，試料中の共存物質の存在下，測定対象物質を正確に測定できる能力を表す．

〈解答と解説〉

a × 真度とは，分析法に対する系統誤差の影響を評価するパラメーターで，得られる測定値の偏りの程度を表す．
b × 精度とは，均質な検体から採取した複数の試料を繰返し分析して得られる一連の測定値が，互いに一致する程度を表す．
c ○
d ○

演習問題 12.3.1 次の記述について，正しいものに○，誤っているものに×を付けよ．

a 分析法のバリデーションとは医薬品の試験に用いる分析法の妥当性を科学的に示すことである．
b 精度とは，測定値の総平均と真の値との差により評価する．
c 真度とは，得られた測定値の偏りの程度を示すパラメーターである．．
d 定量限界とは検出限界のことである．

〈解答と解説〉

a ○

b × 精度の評価ではなく，真度の評価である．精度とは，均質な検体から採取した複数の試料を繰返し分析して得られる一連の測定値が，互いに一致する程度を表し，標準偏差などである．

c ○

d × 定量限界は定量可能な最低の量または濃度で，検出限界は検出が可能な最低の量または濃度である．

索　引

ア

亜鉛半電池　34
アガロースゲル　201
亜硝酸ナトリウム　74, 89
アスコルビン酸　127
　定量法　69
アスピリン　93
　定量法　48
　^{1}H-NMR スペクトル　161
アセタゾラミド　90
アセトアミノフェン
　^{1}H-NMR スペクトル　161
アゾ色素　82
アッベ屈折計　149
アドレナリン　88
アポ酵素　198
アミドトリゾ酸　95
　定量法　66
4-アミノアンチピリン　81, 91
アミノ酸
　定性反応　83
　ラベル化　121
アミノ酸自動分析　126
アミン類　89
アルカリ熱イオン化検出器　116
アルキル水銀　127
アルゴンプラズマ　105
アルデヒド　81
アルプレノロール塩酸塩　88
アルミナ　123, 129
安息香酸クロリド　175
アンモニア-塩化アンモニウム緩
　衝液　20
アンモニウム塩緩衝液　21
アンモニウム試験法　83
α-アミノ酸　88
α-ケトール　92
α-ヒドロキシケトン　92
ICP　105
ICP 発光分析法　105
R_f 値　129
RI　121
RIA　190, 191

イ

イオン化　11
イオン化法　172
イオン形　23, 24
イオン交換　39
イオンセンサー　206
異種イオン効果　29, 30
移動度　200
イドクスウリジン　90
イミド基　52
イムノアッセイ　190
陰イオン交換　39
陰イオン交換樹脂　39, 121
陰性造影剤　220
インドフェノール系色素　81, 91
ECD　116, 121
EDTA　28, 59, 60
EI　172
EIA　190, 191
EI-MS　171
ELISA　191
ESI　172
inductively coupled plasma
　105

ウ

ウエスタンブロット法　195
右旋性　152

エ

液体クロマトグラフィー　113,
　120
液膜法　143
エコー信号　211
エチレフリン塩酸塩　79
　定量法　56
エチレンジアミン四酢酸　28
エチレンジアミン四酢酸二ナトリ
　ウム液　60
エテンザミド　94
エトスクシミド　95
エレクトロスプレーイオン化法
　172

塩化アンモニウム　16
塩化カリウム錠剤法　143
塩化カルシウム水和物　95
塩化鉄(Ⅲ)　90
塩化鉄(Ⅲ)試液　81, 93
塩化物試験法　83, 96
塩化ベンゾイル　175
塩化マグネシウム液　61
塩基　11
塩基解離定数　12
炎光光度検出器　116
炎光光度法　107
炎光分析法　105
エンザイムイムノアッセイ　191
炎色反応　81, 85, 88
円二色性測定法　150
APCI　172
EMIT　193, 194
end-point assay　196
enzyme-linked immunosorbent
　assay　191
enzyme multiplied immunoas-
　say technique　193
^{18}F-FDG　213
FIA　190
FID　116
FLD　121
FPD　116
FPIA　194
FTID　116
^{1}H-NMR　157
LC　120
LIA　190
MALDI　172
MALDI-TOF 質量分析法　174
MLC　193
MR 信号　220
MRA　212
MRI　209, 212, 218, 219
MRI 診断用造影剤　212
m/z　171
NMR　155
NOE　155
SDS-ポリアクリルアミドゲル電
　気泳動法　203
SDS-PAGE　203
SFC　128

オ

SI　1
SI 基本単位　1
X 線撮影　209, 210
X 線造影剤　210, 218
X 線 CT　209, 210, 220

オ

オキシドール　68
オキシム　82
オクタデシルシリル(ODS)化シリカゲル　121, 124
オクタロニー反応　190, 191, 193
オフレゾナンスデカップリングスペクトル　169
オフレゾナンスデカップリング法　155
オルトフタルアルデヒド　121, 126
ODS 化シリカゲル　124
ORD　150

カ

解離　11
過塩素酸　53
化学イオン化法　172
化学シフト　155
核オーバーハウザー効果　155
核磁気共鳴　212
核磁気共鳴スペクトル法　155
核スピン　155
確認試験　88
過酸化水素
　定量法　68
ガスクロマトグラフィー　116
ガスセンサー　206
画像診断薬　209
ガドリウム　212
可燃性ガス　105
カフェイン水和物　94
過マンガン酸イオン　69
ガラクトース・パルミチン酸混合物　211, 219, 222
カラム温度　125
カラムクロマトグラフィー　112
カラム効率　110
カラムスイッチング　189
カルバマゼピン
　定量法　136

カールフィッシャー法　78
カルボニル基　81
　定性反応　82
カルボン酸アミド　90
カロリー　2
還元気化法　103, 104
頑健性　228
干渉　99
緩衝液　19
緩衝作用　19
干渉性散乱 X 線　223
間接滴定　42
完全デカップリング法　155, 166
乾燥水酸化アルミニウムゲル
　定量法　58
官能基
　定性反応　81
感応膜　209
d-カンフル　94
緩和時間　220
γ 線　213

キ

気・液クロマトグラフィー　117
基準ピーク　171
輝線スペクトル　99, 103
規定度　4
起電力　32
キニーネ硫酸塩水和物
　定量法　57
逆相カラム　122
逆相分配クロマトグラフィー　124
逆滴定　49, 65, 67
キャピラリーゾーン電気泳動　203
キャピラリー電気泳動法　202, 204
キャリヤーガス　116
吸光度　133
吸着指示薬　64
共通イオン効果　29, 30
キレート　28
キレート効果　28
キレート試薬　28
キレート滴定　42, 58
銀–塩化銀電極　77
銀鏡反応　81
金属塩類
　定性反応　87

金属錯体　27
金属分析　99

ク

空試験　42
偶然誤差　227
クエン酸鉄　212
クエン酸鉄アンモニウム　213
クエンチャー　139
屈折率　152
屈折率測定法　149
クラウンエーテル　206
クリスタルバイオレット　54
グルコース
　定量法　199
クロマトグラフィー　112
　原理　109
クロマトグラム　109
クロム酸カリウム　85
クロルフェネシンカルバミン酸エステル　88
クロルプロパミド
　定量法　51
クロロブタノール　65
　定量法　64

ケ

蛍光　140
蛍光イムノアッセイ　190
蛍光強度　138
蛍光検出器　121
蛍光光度法　138, 142
傾斜磁場　220
傾斜磁場システム　220
系統誤差　227
ケトン　81
ゲルろ過クロマトグラフィー　125
原子吸光光度法　99
原子スペクトル　99
検出限界　227
原子量　3
限度試験　83
検量線　99

コ

光学ファイバー　218
高周波誘導結合プラズマ炎　105

索引

酵素　196
酵素イムノアッセイ　190
酵素サイクリング法　196
酵素電極法　196
酵素反応速度論　196
高分解能マススペクトル　173
国際単位系　1
誤差　227
固相抽出法　185
コットン効果　150
固定化酵素法　196
computed tomography　218

サ

サイズ排除クロマトグラフィー　123
酢酸　13, 118
酢酸イオン　14
酢酸エチル
　^{13}C-NMR スペクトル　166
酢酸塩緩衝液　20
酢酸-酢酸ナトリウム緩衝液　20
酢酸ナトリウム　16
錯体　27
左旋性　152
サラシ粉　95
サリチル酸メチル
　^{1}H-NMR スペクトル　161
酸　11
三塩基酸　26
酸・塩基平衡　12
酸解離定数　11
酸化還元滴定　43
酸化還元電位　31
酸化還元平衡　32
参照電極　77
酸性雨　17
サンドイッチ法　190
thermogravimetry　225

シ

次亜塩素酸塩　95
ジアゾ化　74
ジアゾカップリング反応　89
ジアゾ滴定　43
ジアゾニウム塩　82, 89
紫外可視吸光度測定法　133, 135
紫外可視分光光度計　133
紫外吸光度検出器　121

磁気共鳴イメージング　209
磁気共鳴血管撮影　212
ジギトキシン錠
　含量均一性試験　140
示差屈折計　121
示差走査熱量分析法　225
示差熱分析法　225
N,N'-ジシクロヘキシルカルボジイミド　82, 91
指示電極　77
指示薬　53
指示薬法　42
ジチゾン　59
質量対容量百分率　4, 6
質量電荷比　171
質量百分率　4
質量百万分率　4
質量分析法　171
質量分布比　109, 113
支燃性ガス　105
指紋領域　144
弱塩基　14, 15, 23
弱塩基性物質　187
弱酸　23
弱酸性物質　187
自由泳動法　201
臭化カリウム錠剤法　143
重金属試験法　83, 96
純度試験　83, 94
硝酸塩　86
消毒用フェノール
　定量法　72
除タンパク法　185, 188
シラノール基　202
シリカゲル　122, 124, 129
伸縮振動　144, 145
深色移動　134
真度　227, 228
シンメトリー係数　110
^{13}C 化学シフト　166
CD　150
CI　172
^{13}C-NMR　166
^{13}C-NMR スペクトル　155, 166
CT　218
CT スキャン　220
GC　116
single photon emission tomography　209

ス

水銀　103, 104
水素炎イオン化検出器　116
水素原子核　219
水分測定法　78
スピン-スピン結合　155
スピン-スピン結合定数　155
スルホサリチル酸　188
スルホンアミド　52
SPECT　209, 213, 218, 220

セ

正規分布曲線　111
生体試料
　前処理　185
精度　227, 228
精密質量　178
生理食塩液
　定量法　63
赤外吸収スペクトル　148
赤外吸収スペクトル測定法　143
積分曲線　155
絶対検量線法　111, 116
接頭語　1
全安定度定数　27
旋光度　153
旋光度測定法　149
旋光分散　152
旋光分散測定法　150
センサー　206
浅色移動　136
全生成定数　27

ソ

速度分析法　196, 199
ゾーン電気泳動法　201

タ

対応量　41
大気圧化学イオン化法　172
体積百分率　4
多価イオン　173
多環芳香族炭化水素　125
多座配位子　28
縦緩和時間　212
ダニエル電池　34

索引

単位　1
単極電位　31
単光子放射型コンピュータ断層撮像法　209
炭酸塩　86
炭酸リチウム　106
探触子　211
ダンシルクロリド　121

チ

チオ硫酸ナトリウム液　70
チャート　109
中空陰極ランプ　100
抽出率　36, 38, 187
中和滴定　42, 46
超音波　211, 219
超音波診断法　209
超音波診断用造影剤　211
超臨界流体クロマトグラフィー　128
直接滴定　41
直線性　227
沈殿滴定　42, 63
沈殿平衡　29, 30

ツ

津田試薬　83
ツベルクリン反応　193

テ

定性反応　81, 85
定電圧分極電位差滴定　78
定電圧分極電流滴定法　78
定量　41
定量限界　227
滴定曲線　18
滴定終点　42
鉄試験法　83, 96
テトラアンミン銅(Ⅱ)イオン　27
テトラブロムフェノールフタレインエチルエステル試液　66
テトラメチルシラン　155
テーリング　111
電位差滴定法　42, 44, 77, 79
電気泳動法　200
電気化学検出器　121
電気的終点決定法　42

電気的終点検出法　77
電気滴定法　77
電気量　78
電子イオン化法　172
電子捕獲型検出器　116, 120
伝導度滴定　78
デンプン試液　71, 73
電流滴定法　42, 77, 79
DCC　91
differential scanning calorimetry　225
differential thermal analysis　225
DSC　225
DTA　225
TCD　116
TG　225
TMS　155

ト

同位体イオン　171, 172
透過率　133
透過度　133
等電点電気泳動法　203
導電率測定法　78
導電率滴定法　78
銅半電池　34
当量点　32
特異性　227, 228
特性吸収帯　144
特性 X 線　223
ドップラー血流計　207
ドップラー効果　211, 219
トリクロロ酢酸　188
トリス-塩酸緩衝液　23

ナ

内標準物質　111
内標準法　111, 115
ナトリウムスペクトルのD線　149
p-ナフトールベンゼイン　54
ナプロキセン　91

ニ

ニカルジピン塩酸塩定量法　126
二酸化イオウ　17

二次元電気泳動法　203
二重拡散法　190, 210
ニトラゼパム　93
乳酸カルシウム水和物定量法　62
ニンヒドリン　83, 121, 126
ニンヒドリン試液　88

ヌ

nuclear magnetic resonance　155
nuclear Overhauser effect　155

ネ

熱質量測定法　225
熱伝導度検出器　116
熱分析　225
熱分析用 α-アルミナ　225
ネルンストの式　32, 33

ノ

濃度　1
　計算　6
　単位　4
normality　4

ハ

配位子　27
バイオセンサー　206
バイルシュタイン反応　81, 88
薄層クロマトグラフィー　129, 130, 131
波数　145
白金電極　78
バックグラウンド　99
白血球混合培養　193
発光イムノアッセイ　190
発光分析法　105
バネ定数　145
ハプテン　192
パラオキシ安息香酸メチル
　^{1}H-NMR スペクトル　161
バリウム　210
バリノマイシン　206
バルビタール類　52
範囲　227
反射波　211, 219

半値幅法　116
percentage　4

ヒ

比活性　196
光分析法　133
比吸光度　133
ピーク高さ　111
ピーク面積　111
比重　7
非水滴定　42, 53
比旋光度　149, 153, 154
ヒ素試験法　83, 96
ヒドラゾン　82, 94
ヒドロキサム酸　82, 90, 93
ヒドロキシルアミン　82, 91
ヒドロコルチゾン　91
非標識イムノアッセイ　193
百分率　83
百万分率　83
標準起電力　32
標準酸化還元電位　33
標準添加法　101, 111, 115
B/F 分離　190
pH　11
pH 計算　14
pH メーター　208
ppm　4

フ

ファクター　41
ファヤンス法　44, 63, 64, 66
フェナセチン
　^{13}C-NMR スペクトル　167
1,10-フェナントロリン　85
フェニレフリン塩酸塩
　定量法　76
フェノール　72
フェノール性水酸基　81, 88, 91
フェノールフタレイン　53
フェーリング試液　92
フェーリング反応　81
フェルモキシデス　213
フォルハルト法　44, 65, 67
フタル酸水素カリウム　53, 54
物質量　9
ブドウ糖注射液
　定量法　151
ブフェキサマク　90

フラグメンテーション　173
フラグメントイオン　171
フラグメントピーク　178
ブラッグの式　223
フルオレセインナトリウム　63, 64
フルオロウラシル　52
ブルーシフト　136
フレーム分析法　105
プレラベル法　120
プロカイン塩酸塩　79
　定量法　73
プロトン　219
プロトン密度　212
プロトン NMR スペクトル　157
プローブ　211
ブロムヘキシン塩酸塩
　定量法　54
ブロモバレリル尿素
　定量法　67
分子イオン　171, 172
分子形　23, 24
分子量　3
分析法バリデーション　227
分配係数　35
分配比　35
分配平衡　35
粉末 X 線回折測定法　223
分離係数　110
分離度　110
分離モード　109
Hooke の法則　145

ヘ

平均原子量　178
平均質量　178
平衡定数　32
平衡分析法　196, 198
平板クロマトグラフィー　129
ヘキサシアノ鉄(Ⅱ)酸イオン　27
ヘキサシアノ鉄(Ⅲ)酸イオン　27
ヘキサシアノ鉄(Ⅱ)酸カリウム　85
ペースト法　143
ベタメタゾン　97
ペーパークロマトグラフィー　129
ベルリン青　95

ベンジルアルコール
　定量法　50
β^+ 線　213
Henderson–Hasselbalch 式　19
PET　209, 213, 218, 220

ホ

芳香族第一アミン
　定性反応　82
保持時間　110, 113
ポジトロン　213
ポストラベル法　120, 126
ポリアクリルアミドゲル　201
ポリクローナル抗体　192, 194
ホロ酵素　198
positron emission tomography　209

マ

マクラファティー転位　173
マススペクトル　171
マトリックス支援レーザー脱離イオン化法　172
magnetic resonance angiography　212
magnetic resonance imaging　209
McLafferty 転位　176, 179

ミ

ミカエリス–メンテンの式　196, 198
見かけの分配係数　35
ミクロン　2
ミセル動電クロマトグラフィー　202
ミリミクロン　2
Michaelis–Menten の式　196
mixed lymphocyte culture　193

ム

無機イオン
　定性反応　81, 85

メ

メクロフェノキサート塩酸塩　93
メタノール　124
メタリン酸　70
メチルケトン　82, 181
メチルテストステロン
　定量法　137
メチルレッド　53
免疫比濁法　194

モ

モノアイソトピック質量　178
モノクローナル抗体　192
モル吸光係数　133
モル濃度　4
molarity　4

ユ

有効数字　3
誘導体化　120, 186

ヨ

陽イオン交換　39
陽イオン交換樹脂　39, 121, 124
溶液調製　8
溶液法　143
溶解度　29
溶解度積　29
ヨウ化カリウム
　定量法　75
ヨウ素　70, 73, 90, 210, 218
ヨウ素酸化滴定　70
ヨウ素酸カリウム　71
陽電子放射断層撮像法　209
溶媒抽出法　37, 185, 186
容量分析　41
容量分析用標準液　41, 42, 45
横緩和時間　212
ヨージメトリー　70
ヨード造影剤　210
ヨードホルム反応　82

ラ

ラインウィーバー-バークの式　196
ラジオイムノアッセイ　190, 191
ラジオ波　219
ラナトシドC錠
　溶出試験　142
ラベル化　120
ラマン散乱　139
ラーモア周波数　219
ランベルト-ベールの法則　99, 133, 136, 143
Lineweaver-Burkの式　196

リ

リットル　2
リーディング　111
硫酸　46
硫酸アンモニウム鉄(Ⅲ)試液　65
硫酸塩　86
硫酸塩試験法　83
硫酸バリウム　210, 220
理論段数　110
理論段高さ　110, 113
リン光　140
リン酸塩　86
臨床分析法　185
リンモリブデン酸アンモニウム　86

レ

レイリー散乱　139
レッドシフト　134
レボドパ　88, 91
レボビスト　211, 219
rate assay　196

ワ

ワッセルマン反応　193